论证挖掘与论证形式化

鞠实儿 等 著

科学出版社
北京

内 容 简 介

论证是一种具有说理功能的话语序列。在科学研究中，它具有演绎和归纳两种形式。在日常社会生活中，由于涉及不同的语境(包括文化传统)，论证呈现出千变万化的形式。为了满足人与人以及人与机器之间日常交流的需求,本书采用两种不同的自下而上方法——广义论证本土化研究程序和机器学习,从具体事例和文本中挖掘或习得不同语境下论证模式、论证元素及结构。进一步，为形式化论证理论——抽象论辩理论具有更广泛的适用范围，本书将这两种自下而上的论证挖掘方法与抽象论辩理论提供的形式方法相结合，符号化处理上述挖掘所得结果，对论证进行合理重建。论证研究对于推动论证科学和人工智能相关领域的发展具有积极意义。

本书涉及逻辑学、社会人类学和人工智能等不同学科及其交叉领域，适合相关研究领域的高校师生和科研院校工作者阅读参考。

图书在版编目(CIP)数据

论证挖掘与论证形式化/鞠实儿等著.—北京：科学出版社，2022.10
ISBN 978-7-03-073467-9

Ⅰ.①论… Ⅱ.①鞠… Ⅲ.①论证–研究 Ⅳ.①B812.4

中国版本图书馆 CIP 数据核字(2022)第 190515 号

责任编辑：郭勇斌　邓新平／责任校对：杜子昂
责任印制：张　伟／封面设计：刘　静

科学出版社 出版
北京东黄城根北街 16 号
邮政编码：100717
http://www.sciencep.com
北京天宇星印刷厂印刷
科学出版社发行　各地新华书店经销
*

2022 年 10 月第 一 版　开本：720×1000　1/16
2025 年 1 月第三次印刷　印张：17 1/2
字数：336 000
定价：128.00 元
(如有印装质量问题，我社负责调换)

前　言

　　论证是一种广泛的社会现象，具有不同的形式。当它展现为主体间言语互动时，又被称为论辩。本书采用两种不同的自下而上方法——广义论证本土化研究程序和机器学习，从具体事例和文本中挖掘或习得论证模式、论证元素及其关系，并基于一类形式化论证理论——抽象论辩理论和广义论证理论，将上述挖掘所得结果进行符号化处理，进而基于这类符号化的结果（即形式表达），对论证进行合理重建。

　　广义地说，论证是某社会文化群体的成员，在语境下依据其所属社会文化群体的规则生成的旨在通过说服与协商消除意见分歧的言语行动序列。如所周知，社会的存在与发展要求社会成员的行动具有协调性。而论证就是社会成员处理意见分歧达成一致观点的基本手段。鉴于论证这类社会互动形式在人类社会生活中的独特地位，在不同的时代与不同的文化中，它一直是人类研究的首要对象之一。由于论证是在变动的语境下按规则形成的语篇行动序列，因此理解和把握某一论证的首要工作就是采掘、理解和分析在语境下生成这一论证的规则和模式。

　　主流论证理论构建论证规则和模式的方法是：首先从哲学的角度确立合理性概念和论证模式概念；其次利用这类模式分析现实的论证语篇，进而完成上述论证语篇的系统重建。这就是所谓自上而下的理性重建过程。一方面，其优点在于：比较系统地描述了主流文化典型情景下论证的规则和模式。但是，如何描述和评价非主流文化甚至主流文化非典型情景下的论证活动？如何在不断变化的语境下恰当使用论证规则？这些正是主流论证理论难以解决的问题。与之相反，广义论证本土化研究程序的方法论取向是自下而上的：它始于田野调查，以便获取论证者所属社会文化群体的社会规范和搜集论证语篇行动数据或"田野文本"；利用社会规范解释论证语篇行为的理由，进而确立该群体的论证规则；最终描述一个实现论证目标的语篇行动序列。由此，广义论证本土化研究程序作为论证规则和模式的采掘方法，为解决上述困难提供可行的途径。

　　另一方面，这类人工分析方法的优点在于分析方法和结果的精致性、准确性和灵活性。人脑具有的分析能力是机器暂时无法比拟的，能够更好地对文本进行分析。但其缺点是效率较低，对海量的文本无能为力。由于文本分析方法和机器学习尤其是深度学习的发展，可以采用人工智能的方法对遍布于社会活动中的大量文本进行挖掘分析学习，输出文本中的论证元素、论证元素之间的关系及论证结构。作为自下而上的方法，机器学习的最大优势就是能够通过自然语言理解的方法对文本进行自动分析，速度很快，大量文本的分析如果能够通过机器学习的方式进行挖掘无疑对论证文本的研究会有极大的助益。但是，相对于论证经验研究中的人工分析而言，机器分析的准确性尤其对文本意义语境敏感性的把握还有待改进；这使得论证中较复杂的问题还不能得到恰当的处理，并且需要大量的语料库进行训练。因此，在这一研究方向上，"人工"和"机器"这两种自下而上的采掘方法将互为补充。

进一步，采用广义论证方法，能够描述在一定语境下一个局部合理论证的模式及其所遵循的规则。但是，我们注意到这类描述的恰当性并非证研究追求的唯一目标（参见本书第 25~26 页）。事实上，为了在某语境下采用某种方法或技术处理展开论证活动，或者仅仅为了提供简单、明确和易操作的论证处理工具，研究人员往往放弃上述目标，转而依据某些技术指标对论证过程的描述加以限定，使之只保留所关注情景下的某些特征。此时，描述的恰当性与问题处理的高效性之间必须保持一种合理张力。否则，精密的机器在生活世界中将无用武之地。而构建这种张力的途径之一就是执行广义论证本土化研究程序，获取论证参与者所属文化群体的论证规则，在这些规则的基础上重建该群体的论证活动。如果这类重建能够在所限定的范围内，在实现技术指标的同时输出被该群体成员所接受的结论，那么它就是成功的或局部合理的重建。

根据以上所述，形式论证方法依然能够在上述局部合理重建中发挥重要作用。事实上，抽象论辩理论在描述分析论证理论时，需要先将论证及其关系进行符号化——一种形式化处理论证的过程，进而基于这类符号化的结果，对论证进行分析和评估。这种形式化研究论辩的方式是近十多年来的研究热点和计算论辩研究的主流，在人工智能中也是一个重要的研究课题。尽管抽象论辩理论具有优美简洁的论证框架模式，为论证评估提供了语义规范，但是由于该理论并未涉及实际论证元素及其关系的挖掘和识别，因此抽象论辩框架应该和具体论证中的实质性规则和内容结合起来进行推理。这一切表明：上述两种自下而上的采掘方法与抽象论辩理论提供的形式方法相结合，完全有可能推动论证科学和人工智能相关领域的发展。

正是基于上述考虑，本书由三篇组成。在第一篇中，我们阐明了广义论证理论及基于该理论的论证采掘方法——广义论证本土化研究程序；并运用该程序获取具体论证实践中的规则和模式，例如：广式早茶情境下的说理活动，以及明代嘉靖时期"大礼议"论辩活动。第二篇结合自然语言理解和机器学习技术，构造论辩文本语料库，对亚里士多德《尼各马可伦理学》的文本和法律中法庭的判例文本，进行论辩信息的自动提取和类型的识别，在识别论辩元素的同时识别了元素之间的关系。在第三篇中，我们聚焦计算论辩领域，也是形式化论证理论研究的重要分析领域——抽象论辩理论。第三篇的重点在于通过形式化的方法，对前两篇通过挖掘所获取的论证模式、论辩元素及关系进行形式表达和可计算化处理，对论证进行局部合理的重建。

本书涉及跨学科的研究领域。在这一领域中工作就像大海航行，没有万能的舵手只有无尽的探索。本书只是航程中的一步，我们期待批评、建议和合作。

鞠实儿　鲜于波　崔建英

2022 年 4 月

目　录

前言

第一篇　论证的社会文化结构——广义论证理论

第 1 章　广义论证的理论与方法 ... 3
1.1　引言 ... 3
1.2　论证研究的社会文化解释途径 ... 4
　1.2.1　论证形式系统的同质性 ... 4
　1.2.2　自然语言论证的异质性 ... 6
1.3　广义论证概念 ... 8
　1.3.1　广义论证概念的内涵 ... 8
　1.3.2　三种论证概念的比较 ... 10
　1.3.3　广义论证概念的外延 ... 11
1.4　广义论证的分层结构理论 ... 12
　1.4.1　广义论证的规则 ... 12
　1.4.2　广义论证的分层结构 ... 14
　1.4.3　广义论证分层结构的适用性 ... 16
1.5　广义论证本土化研究方法论 ... 18
　1.5.1　广义论证研究的基本问题与原则 ... 18
　1.5.2　广义论证本土化研究程序 ... 19
　1.5.3　论证研究方法比较 ... 22
1.6　结论 ... 25

第 2 章　广式早茶说理的功能结构分析——以"谝"为例 ... 27
2.1　引言 ... 27
2.2　问题与方法 ... 28
　2.2.1　常人方法学与会话分析 ... 28
　2.2.2　互动社会语言学 ... 28
　2.2.3　广义论证与功能分析法 ... 29
2.3　广式早茶"谝"式论证功能结构分析 ... 30
　2.3.1　广式早茶"谝"的背景知识 ... 30

2.3.2 "諗"案例分析与功能结构提取··················31
　　2.3.3 功能结构和规则的合理性说明··················36
2.4 结论····················36
第3章 明代"大礼议"论证规则研究——以"争帝"环节为例····················38
3.1 引言····················38
3.2 广义论证及其研究方法····················38
3.3 "大礼议"的文化背景····················40
　　3.3.1 宗法传统····················40
　　3.3.2 孝道传统····················41
　　3.3.3 明代的皇帝、内阁及礼部····················41
　　3.3.4 《皇明祖训》····················42
3.4 "大礼议"的基本情况····················42
　　3.4.1 议礼缘起····················42
　　3.4.2 三种解决方案····················43
　　3.4.3 主要过程····················44
3.5 "争帝"环节的论证····················45
　　3.5.1 "争帝"环节····················45
　　3.5.2 论证规则的合理性····················49
　　3.5.3 规则验证····················50
3.6 结论····················51

第二篇 论证的语言结构——机器学习视角下的论辩挖掘研究

第4章 论辩计算分析的发展与现状····················55
4.1 引言····················55
4.2 论辩研究传统回顾与论辩理论的现代复兴····················56
4.3 论辩挖掘的主要研究与方法····················57
　　4.3.1 论证成分检测····················58
　　4.3.2 论辩元素的分类····················61
　　4.3.3 论辩元素之间关系的识别和论辩结构的预测····················62
　　4.3.4 论辩语料库的建设····················64
　　4.3.5 主流论辩挖掘方法的特点····················66
　　4.3.6 深度学习与论辩挖掘····················67
4.4 论辩挖掘其他扩展研究····················69
4.5 结论····················71

目　录

第 5 章　机器学习的模型和特征选择 ································· 73
5.1　引言 ··· 73
5.2　论辩挖掘与特征选择方法 ····································· 75
5.3　模型的评估和选择 ·· 77
5.3.1　实验评估方法 ·· 77
5.3.2　性能评估 ·· 78
5.3.3　比较检验 ·· 79
5.4　论证挖掘中特征选择的比较研究 ··························· 81
5.4.1　实验设置 ·· 81
5.4.2　实验结果与讨论 ·· 83
5.4.3　特征选择方法在论证挖掘和文本分类中对比 ··· 101
5.5　论证挖掘中的模型选择 ······································· 102
5.5.1　实验设置 ·· 103
5.5.2　实验结果与讨论 ·· 103
5.6　结论 ··· 105

第 6 章　哲学文本论辩元素挖掘——基于统计学习的方法 ······ 108
6.1　引言 ··· 108
6.2　论辩挖掘模型与实践 ··· 108
6.2.1　论辩挖掘的主要流程 ································· 108
6.2.2　语料库标注 ·· 109
6.2.3　研究方法 ·· 114
6.2.4　实验结果 ·· 118
6.3　结论 ··· 120

第 7 章　法庭判例摘要的论证成分与结构解析 ····················· 122
7.1　引言 ··· 122
7.2　论辩中的图尔明模型简介 ····································· 122
7.3　基于图尔明模型标注的判例摘要语料库 ·················· 124
7.3.1　判例摘要 ·· 125
7.3.2　预处理 ··· 127
7.3.3　基于图尔明模型的标注 ······························ 128
7.3.4　标注工作的执行 ·· 130
7.3.5　标注文本示例 ·· 131
7.3.6　统计学分析 ·· 132
7.4　论辩挖掘的深度学习模型 ····································· 132
7.4.1　模型框架及算法细节 ································· 133

7.4.2　模型整体损失函数 ··· 137
　　　7.4.3　模型评价指标 ··· 137
　　　7.4.4　模型实现细节 ··· 138
　7.5　实验结果和模型评估 ·· 139
　　　7.5.1　基线模型 ··· 139
　　　7.5.2　随机初始化词向量和预训练词向量的对比实验 ················· 140
　　　7.5.3　有无循环神经网络的对比实验 ·································· 141
　　　7.5.4　单向循环神经网络与双向循环神经网络的对比实验 ············ 142
　　　7.5.5　不同种类的循环神经网络的对比实验 ·························· 143
　　　7.5.6　本节模型与类似论辩挖掘工作的实验结果对比分析 ············ 143
　　　7.5.7　模型预测结果可视化 ··· 145
　7.6　结论 ··· 146
第 8 章　融合逻辑与外部知识的自然语言推理 ·································· 148
　8.1　引言 ··· 148
　8.2　自然语言推理工作 ·· 150
　　　8.2.1　基于一阶经典逻辑的自然语言推理方法 ························ 150
　　　8.2.2　基于神经网络的自然语言推理方法 ······························ 151
　　　8.2.3　结合外部知识的方法 ··· 151
　8.3　知识稠密交互推理网络 ··· 153
　　　8.3.1　基础模型 ··· 153
　　　8.3.2　语义知识 ··· 154
　　　8.3.3　依存关系知识 ··· 157
　　　8.3.4　逻辑规则 ··· 159
　　　8.3.5　模型训练 ··· 161
　8.4　实验 ··· 161
　　　8.4.1　数据 ·· 162
　　　8.4.2　实验配置 ··· 162
　　　8.4.3　MultiNLI 数据集 ·· 163
　　　8.4.4　缺省实验 ··· 163
　8.5　结论 ··· 164
第 9 章　中文论辩语料库的建设与网络论辩文本标注 ······················ 166
　9.1　引言 ··· 166
　9.2　网络论辩文本标注方法 ··· 166
　9.3　网络论辩文本标注软件的安装环境 ··· 168
　　　9.3.1　标注软件的安装方法 ··· 168

目 录

  9.3.2 BRAT 使用说明和案例···169
9.4 标注的评价标准···171
  9.4.1 卡帕系数···172
  9.4.2 卡方检验···172
9.5 结论··173

第三篇 论证的形式结构——抽象论辩理论

第 10 章 抽象论辩理论及其拓展理论···177
10.1 引言··177
10.2 抽象论辩理论概述··177
  10.2.1 论证···180
  10.2.2 论证间的冲突··181
  10.2.3 论证间的击败··182
  10.2.4 论证的辩证地位···183
10.3 抽象论辩框架···183
  10.3.1 基本概念···184
  10.3.2 抽象论辩语义··187
10.4 结论··196

第 11 章 结构化的抽象论辩框架···198
11.1 引言··198
11.2 $ASPIC^+$ 框架的基本设定··198
11.3 理性公设··203
11.4 $ASPIC^+$ 框架的特点及一些变体/扩展·······························205
11.5 广式早茶说理"家吵屋闭"案例的刻画·································205
11.6 法庭判例摘要文本的刻画···207
11.7 其他结构化论证形式体系简述——*ABA* 与 *DeLP*·················209
  11.7.1 *ABA* 框架··209
  11.7.2 *DeLP* 系统···211
11.8 结论··213

第 12 章 基于抽象论辩框架的坚实可接受性··································214
12.1 引言··214
12.2 基础知识··216
  12.2.1 抽象论辩···216
  12.2.2 分级可接受性··217

12.3 坚实可接受性 ··· 218
  12.4 坚实语义 ··· 220
    12.4.1 坚实可相容外延 ································· 221
    12.4.2 坚实完全外延 ···································· 223
    12.4.3 坚实稳定外延 ···································· 225
    12.4.4 坚实基外延 ······································· 226
    12.4.5 示例 ··· 227
  12.5 相关工作 ··· 227
  12.6 结论 ··· 228
第 13 章 基于语境、规范和价值的论证系统 ············· 230
  13.1 引言 ··· 230
  13.2 系统构建 ··· 232
  13.3 结论 ··· 239
参考文献 ·· 241
后记 ·· 265

第一篇
论证的社会文化结构
——广义论证理论

当代主流论证理论采用了主流文化的论证概念、模式、合理性规则等来描述和评价不同文化的论证活动，因而无法如实刻画非主流文化及主流文化中非典型情景下的论证实践，也不能对其进行恰当评价。鉴于此，我们提出广义论证理论，旨在建立能够包容文化多样性的论证理论。为了恰当地研究涵盖各种文化的广义论证实践，广义论证理论不采用大多数主流论证理论运用的自上而下的方法，即从假定的理性观念出发，先验地构造论证模型和规则，并以此为基础对论证性语篇进行重构和评价。而是采用自下而上的方法，从论证语篇本身出发进行经验分析，致力于从中找出被特定社会文化群体运用的论证规则与论证结构，从而扩展了论证研究的视角与方法。本篇将系统地阐述广义论证理论及其研究方法，并将广义论证的方法用于分析不同社会文化背景下发生的论证案例，从而从具体案例中提取或采掘不同社会文化群体中的论证方式和规则。本篇的结构如下。

第 1 章，首先根据自然语言的异质性表明自然语言论证具有语境敏感性和文化相对性，从而主张有必要采取社会文化解释的途径来考查论证。然后依据此途径分别阐明了广义论证的概念、论证规则和结构；提出获取不同社会文化群体的论证规则和结构的广义论证本土化研究方法论。最后将该方法论与形式逻辑理论等的研究方法进行了比较，结果表明虽然它们之间存在差异，但是并非互不相容；进而指出，广义论证理论的社会文化解释途径可以为形式化论证提供局部合理模拟的基础。第 1 章为本书其余篇章奠定了基础。

第 2 章，基于第 1 章提出的广义论证研究方法，对广式早茶情境下的说理活动进行考查，其中选取"㓤"这一说理类型进行分析，描述和呈现了这一说理模式的功能结构，并说明其合理性，从而展示了广义论证理论功能分析法在地方性说理研究中的适用性和可行性，以及相比常人方法学、会话分析和互动社会语言学的方法所具有的优势。

第 3 章，依照广义论证本土化研究程序，对明代嘉靖时期"大礼议"这一论辩活动进行研究；描述了"大礼议"的文化背景、主要过程等，并选择论辩过程"争帝"环节中的论证性语篇进行具体分析；提取了这一环节中论证性语篇生成所运用的论证规则，对规则的合理性进行了辩护与验证。通过这一实例的分析，进一步揭示出广义论证理论的应用价值，也为构建具有语境敏感性的形式论辩理论提供了具体的实例。

第 1 章　广义论证的理论与方法*

1.1　引　　言

　　由于重新发现亚里士多德论辩学和修辞学，在 20 世纪 50 年代论证研究再次兴起。在此期间，图尔明 (S. E. Toulmin) [1] 对论证研究形式化方法的局限进行反思，促成论证研究的范式转变，使之进入语用分析时代。随之而来，范·爱默伦 (F. H. van Eemeren) 等[2] 关注论证的语用性质，提出了一系列有影响的理论，如语用论辩学等。[3] 由此，论证的语用分析成为当代论证理论研究的主流。作为亚里士多德论证理论的后续发展，当代论证理论根植于当代主流文化①，并将其视为论辩活动的社会文化背景。这主要表现在：① 论证的基本概念、模式，尤其是合理性观点等均来自主流文化的论证活动；② 采用 ① 中要素描述和评价主流文化、非主流文化中的论证活动。

　　鉴于主流论证理论②的文化特性，它系统地忽视了非主流文化中论证活动的特点（参见 1.3.2 节）。一方面，由于不同的文化具有不同的语言、知识、价值体系、社会规范和习俗，不同社会文化群体③的论证，作为社会互动遵循不同的规范、具有不同的形式和服从不同的合理性标准。如果采用主流文化的论证方式对它们进行描述和评价，其结果就有可能与非主流文化中的论证实践相悖。[4,5] 另一方面，人类文化分成不同的亚文化，不同的亚文化本身又分为不同的子文化。在不同层次的文化及其分支的基础上形成不同的社会文化群体。而不同社会文化群体之间的冲突和消解为人类社会发展提供机遇。一般而言，消解方式有两种：① 通过强力推行一种文化构想或已有的文化观念，无视文化差异，达到冲突消解；② 通过依据冲突语境进行协商或交易，保留文化差异，达成共识消除冲突，即所谓和而不同。[6] 采用第二种方式的必要条件是尽可能如实地④把握不同社会文化群

---

*本章对教育部人文社会科学重点研究基地重大项目 "基于符号化学习的推理系统研究" 系列成果《广义论证的理论与方法》一文（鞠实儿，《逻辑学研究》，2020 年第 1 期）作了修订。修改主要集中在对间接社会化的描述和广义论证本土化研究程序。

① 所谓当代主流文化是指：发源于古希腊、在西方成形、经由现代多种文化背景的民族共同参与发展、当今不同文化中最为人类社会所接受的文化，科学便是其重要组成部分。

② 主流论证理论是指采用固定规则和框架描述论证的理论。

③ 社会文化群体是指享有共同文化的有组织的人群。

④ 如实描述一个事物是难以实现的理想状态。如果在人类认知发展的某一阶段，所有已知证据都表明对某事物的某一描述是真实的可靠的，那么在这一阶段这样描述属尽可能如实。这其实就是通常语言交流中 "如实" 一词的用法。当然，这种描述是可修正的，如同任何科学真理。

体的论证方式。因此，本章无意提出立足于某特定文化的论证理论，而是主张扩展主流理论的研究视角，建立更有包容性的论证理论。

为此，鞠实儿[4]阐述了广义论证定义，并指出：广义的论证概念涵盖了包括主流文化在内的各种不同文化的说理方式，而所有这些广义论证方式相对于论证者各自所属社会文化群体均具有局部合理性（参见第9页脚注①）。由此奠定广义论证理论的哲学基础。本章将采取社会文化解释途径进一步探讨广义论证的结构和研究方法。通过分析论证合理性的文化相对性与自然语言论证的语境敏感性，1.2节指出：有必要搁置基于固定规则的论证理论，引入社会文化解释途径，在变动的社会文化语境中考察论证的规则和结构。1.3节依据上述途径将广义论证概念定义重新表述为：社会文化群体成员依据社会规范生成的具有说理功能的语篇行动序列；该定义涵盖了保留主流文化在内的不同文化的论证方式，为通过描述制约论证语篇行动的社会规范来刻画广义论证的规则和结构提供基础。1.4节在社会规范的基础上，分析和解释论证形成过程中的论证规则，并描述广义论证的分层结构。1.5节提出广义论证本土化研究程序，借助社会文化解释从经验数据出发获取论证规则和结构。由此，通过社会文化解释途径，我们将不同类型的论证纳入广义论证范畴，进而提出一种包容多元文化和语境敏感性的广义论证理论。

1.2 论证研究的社会文化解释途径

1.2.1 论证形式系统的同质性

论证或论辩是一类普遍存在的社会现象。鉴于论证在人类社会生活中的独特地位；在不同的时代与不同的文化中，它一直是人类研究的首要对象之一。[7] 在主流文化中，论证研究可以追溯到古希腊时期。根据文献记载[3] 53-54，论辩学和修辞学分别发源于：哲学家群体成员间的学术争论；以及公民发表言论以获取公众支持的社会政治活动。因此，古希腊的论证方法和理论是社会活动的产物。亚里士多德是这一时期论证理论的集大成者。他明确地将其论证研究划分为三个领域："分析学""论辩术""修辞学"。其中，亚里士多德在分析学中从形式的角度探讨证明性论证，形成了论证研究的主流，即后人所谓的形式逻辑[8]。

亚里士多德的分析学是在柏拉图"普遍理性"（universal reason）概念的基础上发展起来的。[9] 24-25 在后者看来，人类应该在这种居于天国的绝对无误的理性规范之下进行推理活动。[10] 亚里士多德的证明性论证和三段论理论便体现了这种理性。亚里士多德[11]认为：推论是一个论证，在这里某些东西或前提被给定了，另外的东西或结论必然地由前一些东西得出。其中，前提和结论由命题表达；推理由若干合规范的语言表达式组成；而正确的推理必须满足逻辑规则，如三段论正确的格[参见文献[9]第8-9页，规则本身的正确性可由推理中出现的词项的外延之间的（集合）关系判定]。不仅如此，亚里士多德[11]使用数学演绎方法证明三段论的有效性。在证明三段论的有效性时，他考虑词项之间的集合关系，而忽略它们的具体内容。因此，从论证活动中抽离论证者、语境和语言表达式的具体特征，提取形式结构进行分析和数学处理，这一逻辑学研究传统至少可以追溯到亚里士多德。

莱布尼茨继承了亚里士多德对论证进行形式分析的传统。他试图采用数学方法构造一种新颖的形式逻辑系统，认为这类系统应该具有严格的数学结构，包含演算规则集和普遍符号系统，使得哲学家可以不考虑命题的具体内容，用计算来处理他们之间的争端。[9] 56-57 在该系统中，用自然语言表达的论证将变形为人工符号语言表达的形式论证，仅凭形式规则的力量便可得出论证的结论，而不需要补充任何其他信息。[12] 573 尽管莱布尼茨本人没有给出一个完整的推理形式演算系统，但是，弗雷格、罗素、塔斯基及后来的学者致力于践行他的理想。他们根据哲学、元逻辑、数学等事先假定的背景知识，对论证中的概念、判断和语言表达进行分析；给出形式语言和形式语义学；在此基础上，构建逻辑学形式公理系统，完成论证过程的形式公理化重建。如果该系统不仅被证明具有一致性、可靠性和完全性，还能够描述直观论证的某些特征，那么它就会被认为同时具有来自数学的形式合理性和来自直观情景的直觉恰当性。由此形成的现代形式逻辑学是当代逻辑学之主流。

这类逻辑系统的核心部分是：形式语言、形式语义学和形式公理系统。其中，形式语言从给定的初始符号出发，按规则递归地生成系统中的任意合式语句；形式语义学按规则生成系统中语句的语义；而逻辑学形式公理系统采用系统中的公理和推理规则，在形式语言的基础上构造作为证明的语句序列。进一步，除了逻辑系统中的规则之外，没有其他任何东西参与上述逻辑运算过程；一旦逻辑系统的规则被确定下来，便不能改变；否则原有的系统将被一个新的系统所取代。因此，无论外部语境如何变化，系统在其运行过程中保持规则不变。在此意义上可以说，形式逻辑具有语境封闭性。其后果是：上述语言、语义和证明是它们各自所对应的那一套固定规则的产物，或者出自同一个模板的制成品。换言之，它们各自具有相同的性质或结构。这一切表明，逻辑学形式公理系统的各个组成部分都是同质体①。最后，弗雷格的工作表明：逻辑学形式公理系统的语言、语义和推理机制，起源于数学表达和论证方式的理性重建。在稍后的发展中，这种公理化方法的模式成为对其他论证（如模态论证等）进行理性重建的工具。逻辑学家群体不仅要求所建立的系统具有直观恰当性；同时要求系统本身具有一致性、可靠性和完全性。这集中体现了逻辑学家群体的合理性观念。而这一观念至少可以

---

① 在本章中，同质体是指一组由相同性质、相同结构的元素组成的类。异质体是同质体的否定概念。

追溯到柏拉图对普遍理性的执着。综上所述，逻辑学形式公理系统及其所产生的论证满足逻辑学家群体的合理性观念，并且是在变动的语境中保持不变的同质体。

1.2.2 自然语言论证的异质性

自然语言是人类群体在交流过程中自然生成的符号系统，它主要由语音、词汇、句法、话语等构成。人类交流便是在变动的语境下采用口头或书面语言进行的社会互动。广义地说，所谓语境是指语言单元在其中被系统地使用的动态环境的任何相关要素。[13]13 通常认为语境主要由如下要素组成：使用语言时的地域、历史、文化背景、具体时空场景；使用者的知识信念系统、社会属性及其他个人特点，如家庭状况、品格、经历、性别和年龄等。由于不同的主体有不同的认知能力，在不同的时间有不同的认知需求。因此，在语言使用过程中，主体会激活和加工所处语境中与当前信息处理相关的部分。由此得到的语境信息构成所谓认知语境。语用学和社会语言学研究表明 [14] 56-59：语言在语境中的使用由连续不断的选择构成；选择由语言内部结构和语言外部原因等语境因素驱动，发生在语言形式或结构的每一个可能的层面上，如语种、语音/音位、形态学、句法、词汇、语义、语域、风格、体裁。语言在其使用过程中发生变异，变异为选择提供了范围。因此，变异同样在语言的各个层面存在。正如沃德豪（R. Wardhaugh）和富勒（J. M. Fuller）[15] 6 断言：语言的变异普遍存在。由于选择过程中语言使用者有可能创造或引入新选择项，变异的范围是动态变化的；据此社会语言学认为语言是不断变化的。①[17] 150 根据综观论（perspectives）中的协商（negotiation）原则 [14] 56-59，语言使用中的选择不是机械地按严格的规则或形式-功能之间固定关系进行，而是依据灵活的原则与策略做出。因此，一组动态变化的变异之间不必具有相同本性或一致性，因而是变化的异质体。进一步，社会语言学基本原理表明：变异的形成不是任意的，它受到语境中规范的限制，否则变异不被社会所接受，因而有序。此处，有序的含义是：在某社会文化群体内具有合理性。由此可以引出社会语言学的论断：无论是共时还是历时，语言都应该看作有序异质体。[17] 98-100 因此，语言结构在各个层面上都是不断变化的有序异质体。我们将这一结论称为语言变异性原理。

由于语篇②的意义涉及论者如何产生和理解论证中的语篇，我们将在上述结论的基础上深入探讨语言变异性原理的特殊情况：实际使用的语言单位的功能

---

① 克斯德博特（Kees De Bot）等 [16] 采用动态系统理论证明了一个广为认同的假定：语言的变化具有不可预测性。

② 语篇是由语言符号和非语言符号组成的整体，其组成部分形式上相互衔接，意义上前后连贯，是实际使用的语言单位。

1.2 论证研究的社会文化解释途径

和意义的变异性;进而阐明语篇的意义,即它在社会互动中的功能①及其使用效果,也会发生变异和变化。事实上,在交流过程中,语篇与其功能之间没有一一对应关系。一方面,在不同的语境中,相同语篇可以被选择用来发挥不同的功能或具有不同的使用方式。而语篇与其使用效果之间也没有一一对应关系,相同的语篇在不同的语境中会产生不同的效果。因此,语篇的意义具有变异性。另一方面,在相同的语境下,不同的语篇可以被选择用来实施同一种功能。[13] 103 所以,具有某一功能的语篇也是变异体。在语言使用过程中,使用者会面临上述两种情况并作出选择,正如上文所说:这种选择不是按照固定规则进行,而是受制于是否有助于满足交际的需求。由于语言与语境都是不断变化的,选择的范围也不断变化;因此,上述两者都符合语言变异性原理,都属于变化的有序异质体。这一结论得到维特根斯坦家族类似理论的支持:语言、语句和词具有无数种不同种类的用法;这些不同的用法之间不存在共同本性,只是家族类似。[18] 23,108

现在,我们转向自然语言论证领域。所谓自然语言论证是借助自然语言、按论证者所属社会文化群体规范开展社会互动的产物。一方面,从语言表达结构看,它具体表现为一个语篇序列(参见第 1.3.1 节)。根据语言变异性原理及上文对语篇意义变异性的分析:论证作为互动中形成的语篇,语篇和语篇意义的变异都是有序异质体。事实上,在不同的语境下,人们采用不同的语篇实施论证,这些语篇在语言、语域、风格、体裁方面千差万别,形成一个家族类似,以至于无法从中归纳出论证表达式的本质特性。因为不能排除这样一种可能性:存在一种语境,在该语境中一个与所设想的本质特性不符的语篇成功地实施了论证。[16] 151-153 另一方面,从语言使用的规范性看,构造语篇进行论证必须符合语言使用者所属社会文化群体的规范;否则论证的结果不会被接受。但是不同语境下的论证会涉及不同的社会文化群体,相应地遵循不同的社会文化规范,具有不同的论证合理性标准,从而相对历史文化背景和具体情境具有合理性。这就是论证的文化相对性原则(参见下页脚注)。[4] 综上所述,在变动的语境中通过互动产生的自然语言、自然语言论证语篇及语篇意义都是有序异质体,且论证的合理性依赖于语境。

然而,逻辑学形式公理系统的形式语言及其所产生的论证和论证的形式语义是同质体,它们在变动的语境中保持不变且满足逻辑学家群体的合理性观念。如果采用逻辑学形式公理系统来刻画日常论证,那么必用形式语言刻画自然语言,形式公理系统刻画自然语言论证,形式语义学刻画日常论证的意义。而采用同质的、按固定的规则生成形式语言、形式论证和形式语义来完备描述有序异质体且变化不可预测的自然语言、论证语篇及其意义,这是不可能的。值得一提的是:基于同样的理由,不仅逻辑学形式公理系统,在自然语言语境下,任何采

---

① 一般地说,所谓**功能**是指:在正常条件下,一事物使他事物发生某种变化的能力。特别是:某事物具有实现某种目标或满足某需求的能力。

用固定语言形式和规则的逻辑系统或论证系统都将面临类似的困难。究其原因，逻辑学形式公理系统及由固定规则构成的逻辑系统在变动的语境中保持不变，即封闭且不具有语境敏感性；而自然语言在使用的过程中随语境而变动，其变动不服从固定的规则，即开放且具语境敏感性。而导致语言具有语境敏感性的原因正是：使用语言的社会文化背景下的社会互动。因此，若要求论证理论能够描述论证规则与语言结构具有语境敏感性，就需要在论证研究时尽可能全面地考虑对论证有影响的语境因素，尤其是社会互动相关因素。这就是论证研究的**语境原则**。根据这一原则，在构建论证理论时，要在变动的语境下揭示论证的表达形式和规则。

最后，由于论证具有文化相对性[4-5]，社会互动都在一定的社会文化群体中发生，而语境敏感性就是论证社会文化依赖性或文化相对性的具体表现。因此，某种文化的论证规则和结构只能用该文化的规范来描述，而不能够用另一种文化的规范来描述。这就是论证研究的**本土化原则**[19]。为了尽可能如实描述不同社会文化群体的论证活动，根据上述两个原则，我们将在社会文化群体成员间的社会互动中考察论证；在变动的社会文化语境中分析和解释论证这类社会互动的规则和结构；揭示论证在生活世界中的本来面貌；建立既容纳文化多样性，又允许语境敏感性的论证理论。这就是论证研究的社会文化解释途径（简称**社会化**）。

1.3 广义论证概念

1.3.1 广义论证概念的内涵

如所周知，论证萌动于社会文化群体成员在交流活动中产生的意见分歧。其典型案例是不同观点之间的论辩和不同利益方之间的谈判等。它的实质是社会文化群体成员试图借助语篇展开博弈进行说理，即实现如下目标：在一定语境下，协调彼此的立场，对某一有争议的论点采取某种一致态度或有约束力的结论。事实上，论辩双方具有不同的论点，希望通过论辩展示理由、营造语境说服其他论辩者或旁听者拒绝对方的观点，进而接受己方的论点。在谈判过程中，论证者会调整各自先前的观点，形成双方共同采纳的具有约束力的结论。当论证以说者独自陈述的方式进行时，说者假想听者所处语境、论点与论据及其变化，针对论点给出一个说理过程；假想的听者始终以论证参与者的身份在场。因此，即使是独白式论证也隐含着多个论证者之间的博弈。

根据以上描述，在借助对话或语言博弈进行论证的过程中，论证者（说者）依据所处语境实施某个语篇的行动，致使其他论证者（听者）做出所预期的反应，而听者以类似的方式对说者的语篇行动做出回应；如此来回往复直至实现论证的目标，最终生成一个语篇行动序列。根据韦伯对社会行动的定义："行动是指行动者赋予其主观意义的人类行为。……当行动者赋予行为的主观意义与他人的行为有关时,该行动是社会行动。而社会行动可以是指向他人过去、现在和未来预期的行动。"[20] 因此,上述说者与听者用语篇实施的行为或语篇行动都属于社会行动范畴。又根据戴维·波普诺[21] 711 的定义,当行动者以交互的方式对他人行动做出回应时,这个过程就是社会互动。由此,我们得到一个具有根本性的重要结论:**论证是以语篇实施的社会互动**。

从论证的形式来看,作为对话或语言游戏,论证是论证者在一定语境下进行的社会互动,具体表现为语篇行动序列,这类语篇序列就是论证的语言形式。我们称该论证序列中的语篇为子语篇(行动),排位 n 的语篇(行动)为第 n 步语篇(行动)。从论证的内容来看,在论证中论证者每一个语篇行动都会引起语境的变化,为下一步行动提供新的语境;这为论证者使用不同功能的语篇最终实现说理功能提供条件,如允诺、声明、要求等。因此,作为语篇行动序列,论证是在变动的语境下实施的、具有不同功能的、相互有关联的、时间上相续的语篇复合体,这种多功能复合体使得论证整体上是具有说理功能的。

作为社会互动的主体,论证者在变动的语境下按符合其所属群体规范的规则实施每一个语篇行动及其组成环节,进而生成上述多功能语篇序列。社会学的研究表明[21] 82,84,所谓规范是人们在特定的环境下被要求如何行动、思考和理解的期望,遵从规范行事是社会控制的目标之一。因此,论证作为一种社会行动当然要遵循规范。事实上,正是具有社会约束力的规范控制论证者的言行,使之满足社会文化群体对"合理性"的期望,论证才有可能终止于被论证者所属社会文化群体所接受的结果。否则,不受社会规范制约的论证将与社会秩序发生冲突,引发更多的争议;而这有违论证活动的初衷。因此,论证是遵循符合社会规范的规则而生成的多功能语篇行动序列。

社会由拥有共同家园、分享共同文化、相互依赖的人群组成。而文化则是社会成员共享的价值、信仰和对世界的认识,他们以此解释经验、发起行动,并且体现在他们的行动中。[22] 530,537 因此,论证规则作为某社会文化群体共享的社会规范在社会互动中的具体体现,它展示了该社会文化群体的文化特性,在该文化中发挥协调意见达成共识的作用,并为该文化群体所接受,进而相对于该文化具有局部合理性①。[4,23] 同时,由于论证中做出的每一语篇都是依据规范生成的社会行动,它的结论同样是依据社会规范得出,因而论证具有逼迫性或社会必然性。对此,维特根斯坦[24] I-116 曾指出:推理的法则如同人类社会的其他法则一样逼

---

① 当某论证规则满足某一社会文化群体的规范时,它相对于该文化具有局部合理性。但是,相对于某文化局部合理的论证在另一文化中并非如此。于是有问题:跨文化交流何以可能?通过多重文化融合理论(简称五环理论[6,23]),我们可以在保持论证或逻辑文化相对性的条件下,解决这一问题。事实上,不同社会文化群体的成员,可以通过交流形成不同于原有文化的公共文化,在其中成功地进行交流。利用广义论证理论可以描述在这公共社会文化群体中局部合理的论证规则和系统。不过,这类公共文化本身不具超越性,它只是另一种特殊文化[6]。

迫我们。如果你推出不同的结论，就会受到惩罚，并与社会和其他实际结果相冲突。因此，论证在论证者所属的社会文化群体内具有局部合理性和逼迫性。所谓逻辑必然性不过是这种逼迫性的一种形式。

根据以上所述，我们将广义论证重新定义为：某一社会文化群体的成员，在语境下依据合乎其所属社会文化群体规范的规则生成的语篇行动序列；其目标是形成具有约束力的一致结论。如果广义论证所使用的规则都合乎上述规范且实现论证目标，该论证就具有局部合理性。而一个局部合理的广义论证是在变动的语境下形成的具有逼迫性的多功能语篇复合体。

1.3.2 三种论证概念的比较

上述定义保持了广义论证原有定义[4]的基本特征。其主要区别在于：其一，用语篇行动序列概念取代语言博弈，明确界定论证的语言形式，以便从语言学角度开展相应的论证研究。不过，语言博弈概念依然蕴含在定义之中。其二，由于论证过程中语境、论证规则和语篇行动的意义不断发生变化，故用语篇行动序列取代原定义前提和结论二分法，用行动序列分析取代分析传统的前提–结论分析。不过，该定义并不拒绝前提–结论分析，只要所处理的恰是形式逻辑学家群体所实施的那类论证。其三，用"形成具有约束力的一致结论"这一短语取代"拒绝和接受某结论"，将通过谈判搁置分歧达成共识引入论证研究范畴。不过，在协调立场时，论证者也能够一致地拒绝或接受某个先前有争议的观点。因此，后一概念并没有被抛弃。相形之下，上述广义论证概念的改进版更具包容性与开放性。

形式逻辑将论证定义为一个语句串，其中的某个语句为结论，其余为前提。而论证的合理性则采用有效性概念加以描述。这一论证概念构成演绎科学的核心。但是，在论证中出现的语言表达式并非都是语句，更常见的是人们所说的语篇，其中包括不完整的语句等。不仅如此，通常被认为合理的论证并非都满足有效性，如归纳论证；同时，并非在所有的场合都有必要根据前提和结论之间的真值关系来评判论证的合理性，如中国春秋时期的赋诗论证。[25]进一步，从形式逻辑的发展史可知，它建立在主流文化的哲学理论之上。因此，它本身隶属一种独特的社会文化。由于形式逻辑在语言表达、合理性概念和文化归属方面的局限，它难以容纳不同社会文化群体的论证方式。

主要考虑形式逻辑有效性概念的局限及论证活动的社会性，当代论证学者[3] 2-7将论证定义为："一个交流和相互作用的行动复合体，其目的是通过提出一系列论者要负责的命题，使得论点（standpoint at the issue）被理性裁判者所接受，从而消解（resolving）意见分歧。"其中，论点就是引发论证的有争议的观点，命题由简单语句组合而成，由命题组成的论证则为论点辩护。所谓理性裁判者是指能够排除本能、直觉、天性和情感的影响，合理地做出判断的人。该定义

1.3 广义论证概念

的优点是：从语用学的角度引入交流和互动的观点对论证进行描述，避免单纯使用形式语义学的有效性概念定义论证的合理性，从而为探讨主流文化社会活动领域中的论证提供较形式逻辑更为恰当的方法。

但是，在论证的语言形式方面，它与形式逻辑具有相同的局限。当代论证学者引入语用学的观点分析论证时，确实考虑了语境在论证中的作用。不过，从整体倾向来说，并不重视论证实施过程中语境的动态变化及其对论证进程的影响。同时，由于主流论证理论主要研究在相对固定的语境下主流文化人群的论证模式，该论证定义用所谓理性审判官——主流社会文化群体合理性观念之化身，替代形式有效性概念作为论证合理性评判标准，并且理所当然地认为这类模式具有普遍性。事实上，当他们关注不同社会文化群体甚至主流文化中非主流分支的论证时，就采用这类模式对他文化的论证方式进行重建。最后，主流论证理论与形式逻辑相同，其合理性观念不能涵盖和容纳论证的文化多样性和局部合理性。

根据以上所述，由于论证规则的语境敏感性、语言表达形式和合理性概念等方面的原因，形式逻辑与主流论证理论都难以为建立更具包容性的论证理论提供基础。相比较而言，广义论证概念延展了论证概念的内涵，有望克服形式逻辑和主流论证理论的局限。

1.3.3 广义论证概念的外延

广义论证实质上是规则控制的以说理为目标的语言游戏。维特根斯坦[18]54认为游戏规则可以分为两类：其一，被明确展示的规则，如它们在游戏教学过程作为辅助手段或游戏活动中作为玩法时所呈现的那样；其二，未被明确展示的规则，它们既没有出现在规则列表上，也没有以上述两种方式被使用；但是，人们可以通过观察学会玩这类游戏，并习得游戏规则。根据这一分类标准，我们同样可以将论证规则分为两类：其一，在课堂上教授和生活中被明确表达的规则，如形式逻辑、语用论辩学、因明等。其二，可以从论证者的论证活动中习得，但未被表述的论证规则，如阿赞德人[4]、中国春秋时期政治家[25]、广州茶馆食客[26]等的说服活动。

相应地，广义论证也可以分成两类。它们分别由第一类和第二类论证规则控制。广义论证理论将从规范制约的社会互动这一角度，描述这些论证，实施论证研究的社会化。对于第二类论证，我们直接采取广义论证研究程序（见1.5.2节）对它们进行描述（简称**直接社会化**）。根据这一途径，鞠实儿和何杨[25]从文化背景、社会语境和社会规范三个方面对春秋时期政治家的赋诗论证活动进行分析，揭示了控制春秋赋诗论证的规则及其支配这些规则的社会交往规范：以礼为理、以礼服人。

逻辑学家或论证学者所提出的论证理论属第一类论证，主要是为了追求论证的普遍性，这类论证及其规则从生活中被抽取出来，通过所谓辩护使之服从某文化中抽象理念或合理性观念，从而屏蔽这类论证的社会属性。但是，这并不意味着它们不能被纳入广义论证范畴。因为它们本来就是某一社会文化群体中的互动。在此我们同样采用社会文化解释途径或社会化解决这一问题。

关于形式逻辑论证的使用方式，莱布尼茨有一段广为引证的描述：一旦出现分歧，两位哲学家不需辩论，只需如同两位演算者那样，拿起鹅毛笔且坐到演算板前，然后互相说，让我们演算吧。[9] 57 在这里，形式论证是一种解决社会文化群体成员之间争端的方法。根据这一直观，形式逻辑学界可看作一个社会文化群体，形式逻辑规则体现制约该群体内互动的社会文化规范；群体成员按规则做出论证序列或证明，进而解决群体内成员的争议，达成一致意见。另外，当我们独自证明或肯定某命题时，另一个与之矛盾的命题被反驳或否定了，而我们不能同时持有上述两个命题，因此，证明/反驳或肯定/否定一个命题时总是默认多主体的博弈或互动。正如博弈语义学[27]所示，证明者以逻辑理性代言人的身份给出证明的每一步，直接拒斥假想的非理性对手的所有可能的反驳，并在证明的终点宣布真理。因此，形式证明同样预设了多主体互动；这一类型的独白可以视为虚拟的广义论证。①根据以上所述，按莱布尼茨的视角从社会互动的观点看形式逻辑运算，可以将后者置入社会互动背景中，从而作为特例纳入广义论证的范畴（参见 1.4.2 节）。我们可以更为一般地将上述途径称为：**间接社会化**。这如同在社会生活环境中考察生物学意义上的人，就是将生物人通过社会化复原为社会活动主体。此时，生物人反而成为一个抽象。

根据以上所述，我们通过社会文化解释途径，阐明了广义论证概念的内涵和外延，它确实覆盖了包括主流文化在内的各种不同文化的论证方式。进一步的工作是揭示广义论证的结构。

1.4 广义论证的分层结构理论

1.4.1 广义论证的规则

广义论证是在变动的语境下出于说理的目的实施的语篇行动序列。通过对论证过程的观察和分析可以看到：在论证语篇行动的生成过程中，论证者根据所接收的信息和互动目标，设想论证进程，修改认知语境，理解其他论证者发出的语篇，试图实施具有某功能的语篇行动，旨在实现论证整体的说服功能。由此形成论证语篇序列，显示论证者的论证规划和策略。

---

① "In monological argumentation, recipients are all constructed by imagination of the speakers, which are called virtual recipients." [28] 19

1.4 广义论证的分层结构理论

对于论证中的每一个步骤而言，关键问题是：① 在给定语境下，其他论证者发出的语篇行动的意义及其引发的语境变化是什么？② 为了实现论证目标，论证者在相应语境下试图采取的语篇行动应该具有什么功能或实现什么目标？③ 在这一语境应该用什么语篇行动实施这一功能或实现这一功能？当我们回答了上述"在哪里"、"做什么"和"如何做"这三个问题，关于某一语篇行动的决策过程便被阐明。对于论证整体而言，关键问题是：④ 为了实现论证的目标，某个语篇是否与其他语篇以某种方式配合，共同发挥某个功能或实现论证的某个子目标[①]？回答了这一关于"为什么"的问题，也就揭示了论证者在论证中的"谋篇布局"。根据以上所述，上述问题之间具有相互依赖性，后一问题的解答依赖于前一个问题。同时论证规划在论证过程中不断修正，直至论证结束时才形成。所以，我们按次序考虑上述问题。

首先，考虑问题 ①。问题 ① 的核心是：由于语篇行动的意义只有在认知语境中才能理解，而某一语篇行动和伴随事件会改变原有认知语境；只有更新原有认知语境才能理解语篇行动。同时，对该论证者而言，理解其他论证者的语篇行动就是为自己下一步行动提供认知语境。由于生成语境和理解语篇意义涉及论证者将要开展的社会交往，这就要求论证者采取合乎所在社会文化群体的规范和习俗的方式，其中包括语言表达和思维方式，完成理解语篇、更新认知语境的任务。我们将这些规范或合乎规范的方式称为（论证）**语境理解-构造规则**（简称理解规则）。

其次，考虑问题 ②。该问题要求论证者决定：为了实现论证的说理目标，在修正后的语境下回应其他论证者时所使用的语篇应该具有何种功能。因为广义论证是社会规范制约下的语篇行为序列。于是问题就转变为：为了实现论证的目标，应该根据何种社会规范或合乎规范的方式，决定在给定语境下将要采取的语篇行动所具有的功能？我们称这种满足上述约束条件的社会规范或合乎规范的方式为（论证）**功能-目标规则**（简称功能规则）。

再次，考虑问题 ③。正如语言交流活动反复显示的那样，同一种语言功能具有多重语篇实现的可能性。不仅不同的语境下同一功能可以由不同的语篇行动实施，即使在同一语境下，也存在多种具有这一功能的语篇行动。因此，在问题 ② 得到解决的条件下，论证者必须在给定的语境下选择某一具体语篇去实施语篇行动，以实现其预期功能。我们称语篇选择时所遵循的社会规范或合乎规范的方式为（论证）**表达-实施规则**（简称表达规则）。它在论证中的作用是：为了实现论证目标，决定在给定语境下应该采取什么语篇去实施具有给定功能的行动。

另外，不同的论证者有不同的文化背景、社会地位、教育水平、语言习俗。因

[①] 在本章中，行动的目标意指行动试图实现的状态。相应地，语篇行动的目标是语篇行动试图实现语篇功能。

而，在语篇选择中有不同的个人偏好，这将部分决定论证者如何选择具体语篇。我们称这些个人偏好为（论证）**表达偏好**。但是，这些偏好必须满足社会规范和表达规则。

最后，考虑问题 ④。如日常论证经验所示：论证通常可以分为若干个阶段。在每个阶段，论证者在特定背景下按社会规范，有预谋地或权宜地组织某些语篇行动以实现某种功能或阶段性子目标。因此，整个论证被划分成若干个目标不同的功能块，它们分别由不同语篇行动组成。而这一划分所遵循的社会规范就是（论证）**策略-分块规则**（简称分块规则）。

由此，整个论证序列被表达成论证阶段或功能块序列，我们称之为二阶论证序列。用会话分析的术语说就是话轮块序列。基于类似的理由，二阶论证序列成员同样有可能被分成若干个阶段，形成一个三阶论证序列。这样的升阶分析可以继续下去，直到面临整个论证序列本身为止。广义论证序列的等级层次结构尤其是分块规则，集中体现论证者的论证策略；而在论证中这些分块规则之间的关系便是策略结构。类似地，我们同样可以讨论：在给定语境下，决定 N 阶论证序列分块的规则。这就是 N 阶论证序列分块规则或策略。

1.4.2 广义论证的分层结构

现在，我们可以考虑在上述四类规则的作用下，论证语篇序列整体结构的形成过程。论证是在变动语境下按时间次序开展的语篇行动序列。根据上文对语篇行动的分析，论证者首先依据论证理解规则把握论证初始语境；然后，为实现论证的说理目标，在这一语境下依据功能规则决定将要实施的语篇行为应该具有的功能；进而依据表达规则和表达偏好选择具有上述功能的语篇行动。实施这一语篇行动的后果将改变论证进一步展开的语境。因此，下一步语篇行动的实施者将依据理解规则，修改原有语境，生成新语境；然后，在新语境下依据功能规则，决定下一步语篇行动应该具有的功能；依据表达规则和表达偏好选择并实施具有该功能的语篇行动。如此循环往复，正是借助论证理解规则、功能规则、表达规则、分块规则，论证者对应于变动语境分别确定该语境下的子语篇行动，试图实现论证的阶段性目标，进而产生一个语篇行动序列，形成具有完整说理功能的论证语篇整体，实现论证的整体目标。需要指出的是：在生成论证语篇序列的每一步行动中，论证者并不只是单纯地考虑当下情景和当下的行动，而将依据论证总目标，权衡当下的行动与前后行动之间的关系做出决策，这就是论证策略；而体现论证者论证策略的就是分块规则。

在论证语篇序列这一整体中，依论证者所属的社会文化背景，论证整体的各子语篇在相应语境下所具有的功能相互关联，构成所谓的**论证功能系统**；它们之间的关系构成论证功能结构。同时，根据语篇行动序列成员的结构，序列中每一

1.4 广义论证的分层结构理论

个语篇行动的功能对应于该语篇本身,不同语篇功能之间的关系对应于不同语篇之间的关系,因此,对应地就有:所谓的论证语篇系统和论证语篇结构。进一步,上述所有的系统都是在动态生成的语境下展开;故而又有论证的动态语境系统和由语境间关系构成的论证动态语境结构。

体现论证策略的 N 阶论证序列分块规则,将论证序列分割组合成 N 阶论证序列;这类序列中成员相互之间的关系就构成 N 阶论证块结构,该结构与相应序列中的成员构成 N 阶论证块系统。

根据以上所述,若将论证语篇行动序列构成的整体视为一个系统,论证语境、功能、语篇、N 阶论证块系统/结构从多方面完整地描述整个论证系统的动态形成过程:论证者从论证初始语境出发,构想与实施子语篇行动;产生后续行动的新语境,又生成下一步语篇行动;如此循环往复,直至论辩结束。而论证的结论作为社会互动的产物,是一种共同"签署"的社会"协议",对协议签署者具有约束力。正如对论证系统产生过程和论证规则的分析所示,论证功能系统和论证语篇系统的结构本身是论证者在变动语境下互动的产物,而不是某种先在的固定不变的决定系统生成的框架。

为了便于进一步分析广义论证的特点,我们将以图表的方式表述广义论证语篇序列的结构与分层。该序列开始于论证者在某语境下关于某议题的争端,终止于达成共识、消除或搁置争议。两端点之间,按时间次序排列不同语境下的语篇行动,从而展示一个语境敏感的、动态的论证生成过程。不过,这或多或少是一个简化的结构。因为在序列中的某个时间点上,论证者可能会就另一个与论证有关的议题发生新的争议。只有当新争议解决后,原先的论证才能继续下去。在这样的情况下,面向前一争议的论证序列将会出现一个新的分支。不过,根据我们对论证的分析,所有的论证包括这类新论证分支应该具有相同的结构。这就是说,根据基本结构可以构建更为复杂的广义论证。因此,我们将根据以上所述给出**广义论证基本结构:**

(1) 在给定语境下,社会成员产生分歧且有意构建具有说理功能的语篇,由此论证开始。

(2) 某论证者(说者)依据其所处语境和功能规则生成将要实施的论证语篇行动的功能。

(3) 依据表达规则生成具有上述功能的语篇。然后,实施论证语篇行动。

(4) 听者依据理解规则理解说者给出的语篇行动及其他伴随效应,修改其原有的语境。然后,本轮听者改变身份为说者,随同新语境返回 (2)。

⋮

(n) 结束,如果实现说理或论证者终止论证。

将上述用图表示就有广义论证基本结构图，如图 1.1 所示。

N 阶论证块系统可以表示为广义论证基本结构分层图，如图 1.2 所示。

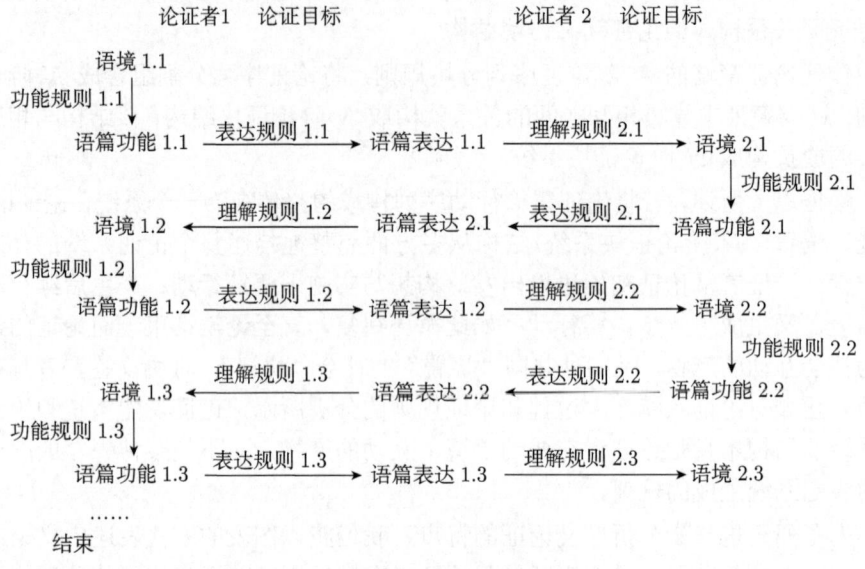

图 1.1　广义论证基本结构图

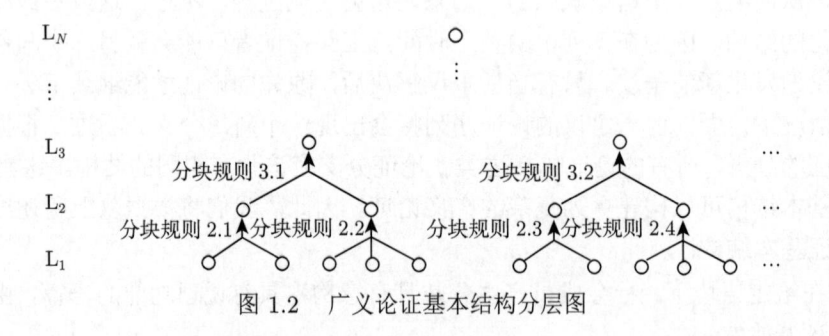

图 1.2　广义论证基本结构分层图

1.4.3　广义论证分层结构的适用性

广义论证基本结构图和基本结构分层图描述了广义论证的分层结构。该结构表明在变动的语境下，不同类型的论证规则按结构所示各司其职，生成论证语篇行动序列，简称论证序列。因此，我们可以将分层结构作为框架，对论证的每一个环节乃至整体进行分析、描述和评价。首先，考察论证者是否正确地把握所处语境和理解其他论证者提供的论证语篇；是否在相应的语境下合理地使用社会文化规范确定语篇的功能与具体表达形式；论证语篇行动序列是否能够合理地生成论

1.4 广义论证的分层结构理论

证的结论，等等。其次，如果论证被评价为局部合理，这意味着该论证使用的规则满足社会文化群体的规范且论证目标实现。而作为局部合理的论证，它又为评判和构造其他局部合理论证提供范例或模式。以下，我们称被判定为局部合理的广义论证为广义论证模式。反之，论证者或者未能把握语境、理解他人语篇行动；或者误用社会规范导致不合理的语篇行动；或者语篇行动序列不完整，以至于无法合理地达成所要求的一致意见。广义论证的结构将为进一步分析导致不合理论证的意图、目的和策略，以及寻找反驳或修改论证的方法等提供必要手段。最后，如果根据论证者之间的争议及他们所处语境、规范和习俗，我们能够事先发现合理的论证规则；我们就有可能从这些规则出发构造一个论证序列处理争议。这意味着，采用广义论证理论提供的论证规则和论证结构，可以为用户提供包括语境设计、功能设计和表达设计在内的路线图，设计合乎给定社会文化群体规范的合理的论证规则和论证系统。因此，广义论证分层结构可以为描述、评价、构造和设计广义论证提供有效的工具。下述案例分析将进一步支持这一结论。

此外，第 2 章及文献 [29] 通过直接社会化，采用广义论证研究程序分别探讨广式早茶说理和苗族理辞、祭祀请神说理，揭示了发挥上述说理功能的广义论证所具有的分层结构。不仅如此，我们将形式论证视为一种象牙塔中的社会互动，进行间接社会化，并以此为范例表明如何将第一类论证纳入广义论证的范畴（见 1.3.3 节）。从广义论证社会化的角度看，形式论证是形式逻辑学家群体中的社会互动。而使群体成员产生不同意见的场景构成论证的初始语境，它们通常由待证明的命题和给定前提组成。一旦初始语境给定，开始生成形式论证；此时，论证中的语句将处于形式语句序列的上下文中，而且具有语言语境依赖性。因此，在形式论证过程中，论证者首先要把握将要做出的论证步与先前完成的和未来要实施的论证步之间的上下文关系，明确当前的问题；然后设想具有解题功能的论证步；最后选择适当语篇实施这一论证步。依据先前所述，在上述过程中论证者需要理解规则、功能规则、表达规则和分块规则等。不过，在广义论证范畴中形式论证是社会互动，它所遵循的规则必须符合形式逻辑学家群体的社会规范，正是这些规范为论证规则及策略的合理性提供辩护。它们通常由该群体学术活动必须遵循的元方法组成，如数学、哲学和元逻辑等。事实上，从形式逻辑的发展史可知，它建立在主流文化的数学和哲学的基础上。进一步，在论证语篇上下文中，处于不同位置的语篇会有不同的性质，如前提、结论等，相应地有不同的处理方式。因此，形式论证是在动态变化的上下文语境中生成的语篇行动序列，其生成过程满足广义论证的结构和分层。

当然，我们可以将形式论证和任何借助固定规则的论证过程置于更为复杂的社会生活中加以考察。此时，论证的上下文与外部语境交融成一体，单纯学术活动被还原为现实生活中的社会事件。因此，论证作为社会互动将表现出语境敏感性和更为复杂的层次结构。不过，形式论证研究与其社会化分属两个不同的研究领域，它们之间可以合作，但是不能相互替代，就如生物学和社会学对人的研究。

由此，本节表明在动态变化的语境中运行时，广义论证展现为一个语境敏感的基于规则的分层结构。下一步的工作是提出发现和确认某社会文化群体论证规则的方法，实现广义论证理论研究的目标。

1.5 广义论证本土化研究方法论

1.5.1 广义论证研究的基本问题与原则

论证理论研究的目标是为构造、理解和评价论证提供方法。根据广义论证分层结构理论，在给定论证语境和论证者的条件下，拥有理解规则、功能规则、表达规则、分块规则这四类合规范的规则便可以实现上述目标。因此，相对于这一目标，广义论证研究的基本问题就是发现与辩护上述规则。为了解决这类基本问题，我们将提出广义论证本土化研究程序。在此，首先阐明广义论证研究所要遵循的基本原则。

根据定义，广义论证是在变动的语境下按规则形成的语篇行动序列。因此，理解和把握广义论证的首要工作就是把握和理解生成该论证的规则。由于所有的规则及其导致的语篇行动都在语境中得到表达并取得其合理性；所有的语篇行动都在语境中享有意义和实施的可能性。因此，广义论证从规则的生成到表达，从论证语篇的功能到具体实施，处处依赖语境；以至于脱离了语境论证本身及其各组成部分是不可理解的。根据广义论证研究的语境原则（同上），我们将在变动的语境下考察所有能够把握的与论证相关的因素。

论证语境中最重要的因素就是论证者的社会文化背景。由此，语境原则将我们导向与社会文化相关的另一项广义论证研究基本原则。由于论证者遵循的规则在论证者所属社会文化群体内获取意义，如果采用另一文化的术语来描述某一文化中的论证，这一文化中作为原本的论证将被转换为它在另一文化中的翻译版，而论证原本经由这些翻译版就被描述为另一文化中的子系统。因此，如果我们希望尽可能如实地理解某文化中的论证，就必须采用某文化语言尽可能如实地表述该文化的论证。同时，采用另一种文化的标准评价某一文化中的论证同样不可行。因为这类标准是在一定的社会文化背景下形成的，体现了另一种文化的规范；而不同文化的论证具有不同的规则，且遵循不同的规范，它们具有文化相对性。既不存在判定某一文化论证合理性的其他特殊文化，也不存在判定其他文化的论证合理性的普遍文化；某一文化的论证合理性只有在本文化内才能被判断。[4,23] 因此，研究上述基本问题要遵循本土化原则：某一社会文化群体开展论证只有在该社会文化中才能得到尽可能如实的描述和评价。①

1.5.2 广义论证本土化研究程序

根据广义论证分层结构，论证语篇行动序列按规则生成。规则的功能是在不同的语境下作用于不同的对象而产生不同的效果，为实现论证目标发挥其作用。其一般形式是：出于说理的目的，在什么语境下，应该作出什么选择或实施哪一项动作。为了执行一个规则需要了解语境，其中包括：其他论证者的状况，论证中语篇行动在序列中的上下文，等等。论证者通过连贯地使用规则生成论证。因此，掌握规则和规则的实施过程就是掌握论证。这就是本章研究论证的策略。遵循前述两个原则和研究策略，我们提出以解决论证研究基本问题为中心的广义论证本土化研究程序（简称广义论证研究程序），它由六个阶段组成。

第一阶段：论证相关社会文化背景信息搜集。根据广义论证定义和本土化原则，论证是社会规范控制下的社会互动，只有在论证者所属的文化中才能得到理解。因此，研究的首要任务就是对某文化中与说理相关的生活习俗、语言特点、社会制度（家庭等）、政治制度、民间信仰、地方性知识做充分的描述。如果研究涉及某文化群体在某一特定场合中的说理规则，则需要描述特殊场合中种种相关因素，如具体语境、论证者的社会文化属性、个性特征、所涉问题领域等。只有在论证者所把握的世界中，他们的语篇、构造语篇行动的规则、语篇行动序列、序列成员之间的关系才会具有本来的意义。只有当这一切以生活中原来的形态显现出来时，我们才有可能准确地掌握论证过程中语境的变化、规则更替、个性的展现和论证序列的形成，进而解决广义论证的基本问题。

第二阶段：开展论证的田野调查。广义论证是一个具体的社会文化事件。其中，论证者所处的语境是论证者生活世界的一部分，论证者根据具体语境确定规则的使用方式。因此，只有进入他们的生活世界才能知道：当论证者处于哪种语境时，为了实现论证目标采用哪种语篇去发挥哪种功能；从而为进一步研究提供素材。因此，随之而来的工作是：根据研究对象的性质确定田野点。如果涉及他文化则建立包含他文化人士的考察团队，进而收集当下正在进行的说理活动的数据及相关文献和文档，特别是典型论证案例的音像数据。所谓田野调查是指：研究人员为了理解他者，长时间、全方位在他者的驻地与他者互动，尽可能享有关于他者的环境、困难、背景、语言、仪式和社会关系等的第一手材料，从而对所要研究的他者社会世界有真实了解。[30] 1-3 不过，了解他者必须了解他者的历史。这就需要开展所谓文本田野调查：尽可能享有历史上关于他者的生活世界和论证发生情景的第一手材料，其中包括：历史档案、文献、数据、原始记录、口述史料和考古发现等。这绝不是单纯为了引证历史文献，而是体验和融入历史上他者

---

① 参见第9页脚注①。

的生活图景，描述论证发生时的社会文化背景和具体场景，进而可以研究历史上发生的广义论证。[25]

第三阶段：分析数据提出候选论证规则。即根据第一阶段提供的社会文化背景，分析第二阶段田野调查获取的典型论证案例的数据，提出候选论证规则和进行论证策略分析。该阶段共有三个步骤。

第一步：数据处理。其首要任务就是将田野中获取的音像材料或历史数据转录为文字材料，以便从中提取规则。如前所述，广义论证是以语言博弈方式展开、受社会规范制约、具有说理功能的语篇行动序列。因此，首先，要确定引发论证的问题和语境，以及论证者的出发立场。其次，根据论证者所属群体的语言习俗，从音像材料或历史数据中区分出对话语篇，用会话分析的方法保留数据中语言表述之外的有价值的信息，转写成语篇序列，按自然次序排列。再次，按广义论证基本结构图和基本结构分层图的要求，先确定语篇序列中的每一成员发生的语境和功能。最后，在转写序列中每一语篇上注明相应的语境、功能，借此表明：在什么语境下用什么语篇实施具有什么功能的行动。

第二步：候选规则提取。这一阶段将使用社会学、人类学、历史学、语言学、文献学等学科的方法，根据社会文化背景、具体语境、语言习俗和论证者个人特性，把握论证者更新和解释语境、理解对方语篇行动、确定己方语篇行动功能和选择实现功能的语篇等过程；进而发现不同语境下语篇行动相应的理解规则、功能规则和表达规则。这一步的数据分析主要集中于论证序列中单个语篇行动，故称为论证一阶序列的分析。

第三步：论证策略分析。这一步是要考察论证的阶段性功能，从论证序列中区分出实现阶段性功能或论证子目标的语篇块；进而考察这类分块所遵循的社会规范，即论证分块规则或论证策略。根据上文讨论，类似的分析可以在更高阶的序列上进行，获取更高阶的论证分块规则。

第四阶段：候选规则辩护或解释。由于在第三阶段是提出论证者在论证过程中实际使用的规则，我们无法保证其合理性。因此只能将其作为候选规则，需要进一步考察它们的合理性。这一阶段将从第一、二阶段提供的社会文化背景、具体语境和田野数据出发，依据论证研究的本土化原则和语境原则，揭示候选答案背后的文化蕴含和预设，并采用论证所属的文化背景解释候选答案；如果该论证的规则及其运用符合论证者所属社会群体的规范和习俗，则候选答案即论证者所属文化中的局部合理性得到初步辩护。

第五阶段：规则认可度验证。第四阶段输出的结果建立在先前阶段数据分析的基础上。这并不意味着经过辩护的规则事实上广为该社会群体的成员所遵循。因此，有必要对该规则的实际认可度做进一步研究。方法是：按程序中第一阶段至第四阶段的要求寻找类似论证案例；或者直接向相关社会文化群体展示上一阶段得到辩护的论证规则,甚至按照规则生成论证的整个过程。一旦得到成功的例证且无反例,即被确认为该群体认可的规则或论证生成过程。由此,获取合理论证规则的任务完成。反之,进入下一阶段。

第六阶段:修正阶段。由于社会规则和规范处于动态变化的过程之中,在某些场合某规范未被遵循,这可能是规范改变的先兆。如果确认这一情况发生,则修改先前获取的规则以适应变化的语境。

通过以上研究程序,我们获取了生成某个论证语篇行动序列或广义论证所必需的理解规则、表达规则、功能规则和分块规则。利用这类规则可以做出该论证的结构图和分层图,刻画实时论证过程中每一个时间点上语境的变化和论证语篇的生成,以及论证的策略和序列构造过程。如果通过上述方式描述的论证满足广义论证局部合理性条件,它就成为该论证所属社会文化群体中的论证合理性判据,也就是相应群体中的广义论证模式。某个社会文化群体所拥有的这类模式构成它的广义论证体系。

但是,上述程序的使用是有条件的。事实上,根据社会行动与日常论辩经验:当某个社会文化群体成员试图实施语篇行动实现论证目标时,在通常情况下该成员会相继思考"在哪里"、"做什么"、"如何做"和"为什么"四个问题,然后实施语篇行动。虽然,这一假定是论证决策过程的经验概括且得到交流行动认知分析的支持。但是,正如1.2.2节反复强调的那样,在社会活动中使用语言就会导致变异。正因为如此,考虑论证形式的多样性和可变性(参见1.3.3节),在使用广义论证方法分析论证时,必须先确定所关心的论证群体是否按该假定的要求进行论证。这是使用上述程序的恰当性条件。不过,如果发现某一群体在论证行动中不必遵循该假定,这只是要求我们依据该群体所遵循社会的规范去理解其行动方式的合理性,对上述假定作修正。因此,上述假定及相应的论证基本结构和分层并不表述一种固定的不变的论证结构。

从上述程序输出的结果来看,论证规则的本性是制约语篇互动的社会文化规范(包括语言习俗),其功能是规范论证者在不同情景下的言行。由于论证规则及其使用不可避免地具有创新性或权宜性;同时,由于社会文化的变动,引起规范及其习俗的变动,论证的规则也将随之而变动。因此,论证的规则具有可变性。进一步,社会文化规范之间具有相互依赖性,某一规则的使用将制约另一规则;而整个论证系统是论证者使用规则进行互动的产物。因此,规则的变动将导致整个论证语篇序列的功能系统、表达系统乃至论证块系统等的改变。因此,从广义论证的观点看,对规则及论证整体的合理性辩护就不是永恒的。而广义论证系统的这种不确定性正是其语境敏感性的结果。对于广义论证规则和案例的应用而言,这种敏感性要求:根据社会文化的变动对论证规则和合理论证案例进行更新。所幸的是,这种不断的更新使论证者有机会在变动的世界中尽可能地实现自己的目标。

综上所述，广义论证理论的假定、论证规则、论证结构和分层等均具有社会文化依赖性、可变异性和可修正性。

广义论证概念及其基本结构分层图并非如其表面上所暗示的那样，描述了一种超越文化特性且为不同社会文化的论证所共享的抽象物。首先，任何一个论证语篇序列及其所对应的功能系统、表达系统乃至论证块系统，都嵌入于论证者所属社会文化群体的社会互动序列之中。不仅如此，所有这一切及其组成部分的意义都织入于该社会文化群体的意义网络。因此，从社会互动和意义两个方面看，在某一特定文化的论证中不可能隐藏一个不具有本文化特性的外来物；换言之，一个不具有某一文化特点的事件或结构不可能在该文化中生存。因此，不存在为不同文化所共享的抽象论辩及其分层结构，更不存在描述这类抽象结构的表达方式。或许人们可以貌似客观地、文化中性地讨论这种抽象结构。但是，这种讨论连同其对象只能是讨论者所属社会文化群体中的事件，并不具有超越特殊文化的一般性。其次，根据上一段落所述，社会文化群体的论证规则和分层结构具有语境敏感性，即依据语境可变异和修正；它们服从上述群体内的生活节奏，而不受外在于群体生活的抽象理念的支配。再次，值得一提的是：本章无意将广义论证概念及其分层结构抽象化，然后引入某个理论，构建出一套论证必须遵循的合理规范。而是通过广义论证研究程序，从社会文化群体的论证活动中找回那些本来就属于该群体的论证方式及其分层结构。最后，当我们根据上述结构与分层，采用广义论证研究程序分析某社会文化群体的论证时，所得到的规则或利用这些规则生成论证的过程需要得到该群体确认。一旦成功，它们就是属于该群体，从而具有相应的文化特性。在这样的条件下，上述概念和图示究竟表述了什么？或许真如人们所设想的那样，它们只是展示了一种把握不同社会文化群体的广义论证的路线图，可以从不同文化的角度加以理解和执行。这是更为深入的哲学问题，我们将另文探讨。

1.5.3 论证研究方法比较

如上节所述，广义论证研究程序是为获取广义论证分层结构而设定。作为一种自下而上的社会文化解释方法，其一般性方法论特性是：① 搜集论证相关的社会文化背景；② 田野调查采集论证数据；③ 数据分析提出候选论证规则和策略；④ 对候选规则和策略进行解释或合理性辩护；⑤ 验证论证规则和策略是否为论证者所遵循的规范；⑥ 根据社会文化语境的变化修改规则。

经验科学的目标是描述经验世界的普遍规律，其研究方法的一般结构是：① 掌握科学理论，如科学术语表、基本假定、科学定理、观察和实验方法、计算与推理方法；② 采集经验数据；③ 用归纳或直觉的方式发现规律性假说；④ 假说理论分析；⑤ 假说实验检验；⑥ 依据新的假设修正或发展科学理论。以下，

1.5 广义论证本土化研究方法论

我们将通过比较阐明作为人文学科方法的广义论证研究方法与经验科学方法的不同。虽然经验科学方法与广义论证研究方法都依赖于观察和数据分析，且两者结构高度相似。但是，经验科学在形式逻辑学、数学、理论科学及一系列方法论预设下，运用归纳统计发现和确认关于经验界某一领域的普遍规律。简言之，经验科学是对经验领域的科学理性重建。与之不同，广义论证理论在本土化原则和语境原则之下，研究某社会文化群体开展论证必须遵循的社会规范和论证规则。不同于描述性的普遍陈述，这类规范性规则能够通过寻求论证语篇行动的解释和理由获得，不必借助归纳。因为规范决不会由于时时被违反而不称其为规范。因此，广义论证研究方法在研究目标、研究预设、研究方法等三个层面有别于经验科学方法。

  主流语用学主要研究在一定语境下发话人意义的产生和受话人所理解的意义。广义论证理论研究论证的规则，这类规则涉及如何在一定语境下构造认知语境、理解他人语篇行动，生成语篇行动作出反应，从而构建具有说理功能的语篇行动序列。因此两者的研究领域之间具有交叉之处。但是如同当代论证学主流理论，当代语用学同样着重在主流文化背景下研究话语意义的产生与理解问题。先前的分析已经表明：论证依赖于社会文化群体，而不同的群体具有不同的社会规范、世界图景、语言、思维方式等。因此，广义论证理论采用本土化的方式研究不同文化背景中的话语发生与理解问题。虽然，这也是当下语用学研究日益关注的话题。但是，广义论证理论如其研究程序所示，并不事先假定主流语用学；而是直接面向生活寻求答案。不仅如此，更为重要的是：广义论证理论不仅关心说者说什么，还要关心所说是否合乎社会规范，是否具有说服力；不仅关心听者是否理解他人所说，还要关心听者是否被说服，以及听者在理解时所使用的规则是否合理；不仅关心交流者在当下的对话，还要关心过去和未来开展的对话，也就是关心论证的过程和结果。因此两者的主要区别在于：后者在本土化原则之下不仅关心论证中话语的生成和理解，还关心论证过程及其合理性。

  用形式化方法构建逻辑学形式公理系统的过程通常可表述如下：首先，用哲学分析方法处理被形式化的对象或对象理论，从中抽象出关于这类对象的基本语义或句法特征。其次，用形式系统概念框架，主要包括形式语言、形式语义和形式公理系统描述这类抽象特征，形成相应的逻辑学形式公理系统。最后，证明有关这一形式公理系统的元定理。这一过程的特点是：自上而下，理论驱动。处于顶端起推动作用的是哲学分析方法。类似地，在主流论证理论中构建论证模式的方法是：首先，从哲学的角度确立合理性概念和论证模式概念。其次，利用这类概念分析现实的论证语篇，进而完成上述论证语篇的系统重建。最后，依据论证实践对重建做修正，得到以普遍形式表达的论证模式。这同样是一个自上而下的过程。其基础是先在的理念，追求的是理性重建。虽然，两者的理性概念有所不同。

前者是所谓形式理性，后者体现了关于某一领域的先验合理性概念。但是，两者共同面临的困难是：如何描述和评价非主流文化，以及主流文化中未被关注人群的论证活动？如何在不断变化的语境下恰当使用论证规则？广义论证研究方法的取向是自下而上，数据驱动。它始于田野调查，以便获取论证者所属社会文化群体的社会规范和搜集论证语篇行动数据；利用社会规范解释论证语篇行为的理由，进而确立该群体的论证规则；最终描述一个实现论证目标的语篇行动序列。如果一个论证被确认为局部合理，那么该论证序列及其规则就成为判例和评价论证及其规则的模式。由此为解决上述困难提供方法。

类似于由固定规则构成的形式逻辑系统，存在一类由固定规则构成的论证模式或非形式逻辑系统，所有这些系统本身均不具有语境敏感性。而如前所述，受社会活动影响的语言如自然语言系统具语境敏感性。因此，上述两类由固定规则构成的系统均无法尽可能如实描述这类具有语境敏感性的论证。但是，我们注意到这种类型的"描述"并非论证研究追求的唯一目标。事实上，为了采用某种方法或技术处理在某语境下展开的论证活动，或者仅仅为了提供简单、明确和易操作的论证处理工具，研究人员往往放弃上述目标，转而依据某些技术指标对论证过程的描述加以限定，使之只保留所关注情景下的某些特征。其后果是：限定了某些情景、某些语篇行动和某些功能之间的对应关系；建立了一系列简化的规则和论证模式，进而构成某种论证理论。这类理论是依据某些技术指标和实际目标对论证活动的重建，它限制了协商原则在语言使用中的作用，使得理论中的表达方式失去或降低语境敏感性，随之失去的便是对环境信息作出恰当反应的能力。

更重要的是，在重建的系统中控制论证的是重建系统的规则；而在被重建的系统中则是社会规范。因此前者无法替代后者。常见的情况是：重构论证活动的那些原则不属于重建对象所属的社会文化群体。于是出现这样一种现象：某个群体的成员用另一个群体的规范进行社会互动。这就是我们采用主流理论描述非主流文化论证活动时常出现的情况。顺便指出：当你指控某一文化中的论证者违反某种论证规则，而这规则恰属于另一文化时；该论证者本人或许会认为文不对题，但一定会认为这与他本人的社会活动无关。这引发一个令人深思的问题：逻辑学乃至论证理论何以可能指导生活？

尽管如此，我们可以利用广义论证研究方法，将上述重建与重建对象之间的冲突限制在设计要求规定的可以接受的范围之内。解决这一问题的途径之一是执行广义论证研究程序，获取该文化群体的论证规则，在这些规则的基础上重建该群体的论证活动。如果这类重建能够在所限定的范围内，在实现技术指标的同时输出被该群体成员所接受的结论，那么它就是成功的或局部合理的重建。至于是否有必要建立如同非经典逻辑那样的公理系统，这仅是相对技术目标而言的选择问题，而不是取得合理性证书之必要条件。[4] 因此，虽然形式化方法与广义论证研究方法之间存在差异,但是后者可以为前者提供局部合理模拟的基础。因此上述两种研究途径并非互不相容。

1.6 结 论

本章阐明了论证研究的社会文化解释途径;在此基础上提出描述不同社会文化群体的论证规则和结构的研究程序;进而建立包容文化差异和语境敏感性的广义论证理论。其主要结论如下。

第一,形式逻辑和主流论证理论用固定的语言表达式和规则产生论证,是在变动的语境中保持不变的同质体,满足了主流逻辑学家群体的合理性观念。相形之下,在变动的社会文化语境下,自然语言论证语篇及语篇意义都是异质体;并且不同社会文化群体的论证各自具有合理性。因此,如果要恰当地描述和评价不同社会文化群体中局部合理的、具有语境敏感性的论证,就要搁置用固定不变的语言表达式和规则描述论证的方法,通过社会文化解释途径研究论证。

第二,广义论证是论证者在一定语境下进行的社会互动。更具体地说,它是社会文化群体成员,在变动语境中依据其所属社会文化群体的规范生成的、局部合理的、具有说理功能的语篇行动序列。因此,要建立能够尽可能如实描述不同文化的具有包容性的论证理论,就要从控制语篇行动的社会规范入手去解释和确认论证的规则和生成过程。

第三,从社会互动的角度可以将广义论证过程中语篇行动的生成分为四个阶段:论证者依据相应的论证规则,理解语境、决定语篇行动功能和选择语篇实施行动,进而采用策略控制论证过程。在此基础上,广义论证过程展现为在动态语境下有层次结构的社会互动系统。把握某社会文化群体的论证规则和结构,就能够描述、评价、理解和设计这一群体的论证系统。

第四,对广义论证规则和系统的研究必须遵循本土化原则和语境原则,按广义论证研究程序开展:从田野采集变动语境下论证序列发生的数据;在数据基础上,通过对语篇行动理由的解释与分析获取论证规则;进而描述论证结构。考虑论证的社会文化特性和语境变化,研究程序、程序输出的结果及由此生成的论证系统都具有局部合理性、可变异性和可修正性。

第五,广义论证理论、形式逻辑和主流论证理论都以论证为研究对象。但是,广义论证通过社会化过程将论证看作某一群体的社会互动,采用自下而上的方式研究某一文化群体的论证方式,进而容纳包括主流文化在内的不同文化中的论证系统。因此,它不同于囿于主流文化的形式逻辑理论和主流论证理论。但是,这并不意味着它与上述两种研究途径互不相容。在限定的条件下,它们可以交叉融合解决问题。

第六，广义论证理论通过基于数据的本土社会文化解释的途径，描述不同社会文化群体开展论证的规则和模式。一方面，这一途径允许我们将论证研究从论证的语言结构扩展到论证的社会文化结构，从论证的语言分析进入社会文化解释，为论证研究开辟更加广泛的领域。另一方面，现代科学技术已经成为不同文化赖以生存的基本手段之一。如何采用这一手段对不同文化群体内及相互间开展的论证进行局部合理重建或模拟？广义论证理论为解决这一问题提供了必要条件。广义论证理论有望通过上述两条途径实质性地干预人类生活。

第 2 章　广式早茶说理的功能结构分析
——以"诏"为例

2.1 引　　言

　　交际互动的规则一直是社会学、逻辑学、人类学等学科研究的焦点之一。以韦伯(M. Weber)和帕森斯(T. Parsons)为代表的经典社会学尝试以抽象的概念和模型来把握社会现实中稳定的本质。20世纪五六十年代兴起的常人方法学和会话分析认为这与事实不符[31] 6,23，人们是有自己的方法——常人方法——来实现交际的有序性和融洽性的，而不是死板地遵循抽象的、外在的规则来行事的。互动社会语言学是基于会话分析、交际民族志等学科发展而来的[32] 161，这个学科同样反对传统语言学和社会学对抽象概念和结构的研究，主张研究日常的交际互动，关注特定的文化情境中人们相互理解的机制。上述研究方法的兴起使得基于常人方法视角的经验性研究成为可能。

　　近年来，广义论证的提出[4]，使得人们开始将注意力转移至特定的文化框架下的说理研究中，关注日常的说理活动。从这个角度上看，广义论证也是基于常人方法视角的。然而，正如第1章所阐述的，广义论证有着一套更系统的研究程序和功能分析法，从而能够更有效地发现系统的本土说理规则。

　　广式早茶作为广州人重要的休闲与交际空间，有着其独特文化内涵和交际功能。街坊、亲朋甚至互不相识的人都可以在早茶情境中交换信息、交流情感、发表观点，这体现着广州人休闲的生活方式和开放包容的文化特征。广式早茶中的说理是基于上述文化氛围产生的一种典型的地方说理交际，"诏"是其中一种以粤语语篇展开的论证形式，其功能便是说理。从粤语的角度解释，"诏"有着争论的意思[33] 207，随着茶客们"谈天说地"，基于不同观点的"诏"时有发生。但是大家面红耳赤地"诏"完之后，第二天总能开开心心地在茶桌上相聚，这正因为广式早茶的情境赋予"诏"特殊的意义和功能。本章在对比上述研究方法的基础上，尝试以广义论证的功能分析法来分析广式早茶中的"诏"，从而验证其适用性和可行性。①

---

① 本章内容主要摘自文献 [26]。

2.2 问题与方法

在地方性说理研究领域，研究者首要面对的问题是人们在说理的过程中遵循着什么样的规则，以什么方法来研究这些规则。本研究也不例外。互动社会语言学与常人方法学、会话分析有着密切的关系，它们为解答我们上述所关注的问题作出了一定的贡献。但这些方法能否直接套用至地方性说理研究中还需要探讨。

2.2.1 常人方法学与会话分析

加芬克尔（H. Garfinkel）开创的常人方法学反对传统社会学以抽象的概念和结构来解释行为的做法，主张回归到实践现象的本身。[31]1-2 常人方法学认为人们在互动的过程中，规则是通过行为的不断生产与再生产建构出来的，并不是外在于行为的抽象物，规则只有在行为本身中寻找。基于上述思想，基于常人方法的经验性研究是可能的而且是很必要的，这能够使研究者更加贴近实践现象的本身，发现更真实的规则。萨克斯（H. Sacks）的会话分析正是基于该思想发展而来的对"实际发生事件的细节"观察的社会学。[34]26 会话分析立足于日常会话，关注会话中的社会秩序及人们达成这些秩序的方法。[35]24-25 其一般的研究方法是通过录音、录像等手段对日常会话进行收集，然后对这些录音、录像进行精细转写，进而提取规则。[36]

常人方法学与会话分析的兴起使得基于常人方法的经验性研究成为可能，但常人方法学与会话分析拒斥抽象概念，因此其关于地方性的规则的描述往往过于琐碎而缺乏概括性。对此，互动社会语言学有进一步的发展。

2.2.2 互动社会语言学

针对会话分析的不足，互动社会语言学致力于对交际事件中人们相互理解的线索[37]和"交际框架"（frame of interaction）的把握。[32]167

互动社会语言学认为，交际的核心是意图[38]48-49，为了刻画交际意图，互动社会语言学者着重描写会话推理和策略。[39]215 在交际的过程中，参与者必须依靠各种语言、副语言和非语言信息来揣摩对方的意图，继而选择交际策略，这些表面信息被称为语境化线索（contextualization cues）。语境化线索的使用与理解遵循特定的地方性规约，遵守相同语境规约的人群能够在交际中对正常的节奏、音高、语调、语体等因素有一定的预设和期待，同时也能够识别这些线索。

互动社会语言学的另一个关注点是"交际框架"。在一次成功的交谈中，"交际框架"实质上是与人们所使用的相同的说话模式、节奏和相近的语境化线索等因素相关的。人们通过语境化线索相互交流和理解，他们会渐渐达成关于在该次交际中说什么、如何说等问题的共识，从而实现交际的"同步性"，使会话变得流畅[32] 167。达成上述"同步性"的过程实质上就是"交际框架"商议的过程[32] 167。我们可以认为,"交际框架"是研究者们大概地确定事件类型、分析事件中的主要交际情境和交际线索的重要依据。目前,互动社会语言学的方法已经被广泛运用到单语、双语甚至多语互动的研究中[40]。

互动社会语言学在确定特定类型的交际事件方面有了长足的进步,但是依然无法帮助研究者发现系统性的规则。到底以什么因素为切入点来描述一个"交际框架"？人们在某种地方性说理事件中到底遵循着一种什么样的行为模式？这些问题尚待解决。

2.2.3 广义论证与功能分析法

在第1章中,我们指出:广义论证是隶属于一个或多个社会文化群体的成员(即论证参与者),在相应的社会文化背景下,依据所属社会文化群体的规范生成的一个基于语篇的社会互动序列。其目的是:劝使论证参与者对有争议的观点或论点采取某种态度,消除分歧从而达成一致意见。[23] 在广义论证理论中,论证的过程是在特定文化规范下实现意图的过程,该过程包括以下几个步骤:① 由目标意图来决定语效意图;② 由语效意图来决定语旨行为类型;③ 由语旨行为类型来确定具体话语。[41]

为了还原上述意图实现的过程且发现系统的说理规则,广义论证的办法是在本土文化的语境下对说理交际进行系统的语篇和功能分析。[23] 人们在特定文化情境的说理过程中,为了实现目的,会以语篇的形式展开论证。每个子语篇均能实现相应的行为功能,众多子语篇组成的总语篇为说理者的终极目标服务。在这个过程中,说理者会产生一个行为功能结构与对应的语篇结构。在实现特定的目标时,功能结构是相对稳定的,而语篇结构是可变的,与说理者的行为偏好、语境、文化等因素有关。

为了发现上述的功能结构与语篇结构,我们在第1章提出了系统的研究程序——"六步法"。[23] 第一步,研究者需进入田野整理本土文化中关于论证的相关背景知识,如语言、信仰、价值、宗教信念、社会制度、文化习俗等。第二步,研究者需进入田野广泛收集论证的经验数据。第三步,用会话分析、语用学、功能分析等方法分析数据,在此基础上归纳出候选的论证规则,亦即上述的功能结构和语篇结构。第四步,运用第一步所得的文化背景知识对候选规则进行合理性说明。第五步,重回田野,对运用第四步所得的规则进行归纳检验,确定上述规则在相应社会文化群体中的实际认可度。第六步,根据变化语境,修正或提出新的论证规则。

正如我们所表明的,该研究程序的优点是:从实际的说理交际中发现系统的地方性规则,确保科学归纳和验证的严谨性的同时,不否认规则的灵活性和内生性。本章我们试图采用上述研究程序的前四步来发现广式早茶中具有说理功能的"诿"式论证的功能结构，从而验证该研究程序的适用性和可操作性。

2.3 广式早茶"诿"式论证功能结构分析

基于广义论证的研究思路，我们可以在广式早茶的文化语境下对其中的"诿"进行较深入的研究。在研究的第一步，我们有必要对广式早茶中的"诿"文化背景进行了解，这包括早茶交际情境和话题、人际关系、"诿"的发生条件和基本特征等。

2.3.1 广式早茶"诿"的背景知识

到广式茶楼饮早茶是广州人悠久的文化习俗之一，人们的饮茶场所从清末作为苦力、商贩歇脚之地的"二厘馆"形态发展到今天的各式茶楼酒楼，历久不衰。[42] 1-14 虽然大家交流的信息有所改变，但其仍然是广州市民亲朋聚会、交流感情、传播信息的重要地方。在茶楼情境下，人们无所不谈，上至国家大事、经济民生，下至家头细务、妯娌琐事、街坊传闻等均可以作为讨论话题，总之广州人喜闻乐见的闲聊都可以在早茶中找到。

广式早茶交际情境的核心特征之一是"搭台"，或者称"孖台"。茶楼很多时用的是大茶桌，人们允许其他人一起来搭台饮茶，即使不认识的人也可以坐一桌饮茶甚至聊天，一则新闻或一味点心都能让大家聊起来。随着近年来茶楼的更多元化发展，茶楼店面越来越大，某些茶楼既可以提供小桌让亲戚朋友们"约茶"小聚，同时也提供大圆桌让各式各样的茶客搭台，很多"老广"每天最期盼的活动便是与老街坊、老茶友们搭台聊聊家常。虽然广式早茶中也不乏亲戚、朋友之间的"约茶"，但广式早茶的交际有别于其他餐饮场所的私密化交际，"搭台"这一习俗催生了广州特有的开放交际空间和交际情境。在这种情境下，具有地方特色的说理便随之产生。

广式早茶情境下，人们基于不同的人际关系交流信息。在此基础上，人们会出于各种目的运用各种策略使得对方接受自己的观点，说理便随之而来，"诿"便是其中一种能够实现说理功能的典型论证形式。如前文所述，粤语中的"诿"是争论的意思，"诿"有时会伴有一些情感的宣泄，乃至"发抆憎"[①]。人们"诿"的时候可能会用一些广式粗口、情绪化策略，因此"诿"往往带有些许广式市井味道。在搭台现象还算盛行的当代广式早茶中，茶客们的背景各异，大家交流起来难免简单粗暴。这种搭台关系所产生的情景往往能够促使这种论证的产生，当大家持有不同观点的时候，大家难免会"诿"。

---

① 因懊恼而恶言相向或黑脸相向。[43] 93

2.3 广式早茶"谝"式论证功能结构分析

这里，虽然在其他情境中人们也会"谝"，但滋生在早茶情境下的"谝"则有着独特的交际功能。广式早茶楼情景是相对轻松、开放的，人们"谝"的时候一般不抱有敌意，也不必分出胜负。这样的说理既能满足茶客们抒发观点、宣泄感情、建立威信等欲望，也能给予大家足够的面子。因此，茶客们的关系可以得到维持乃至加深，他们"谝"过以后还是会继续搭台。总的来说，广式早茶中的"谝"多数是为了沟通感情而发生的。

2.3.2 "谝"案例分析与功能结构提取

在充分了解文化背景知识的前提下，我们开始执行研究的第二步和第三步：收集案例，对语篇策略进行功能分析，进而提取功能结构。表 2.1 是一个"谝"案例分析示例。①

生活在五羊邨的两位老人家 CE（87 岁，女）和 XL（91 岁，男）是多年的老街坊，而且通过长期的搭台成了好茶友。XL 是码头工人出身，年幼时读过几年"卜卜斋"（私塾），在他们那个年代也算是文化人。而 CE 是"疍家人"，从小没有机会读书，因此目不识丁。自恃着肚子里有点墨水的 XL 每次跟 CE 聊天的时候总想着彰显自己的文化水平，而 CE 却恰好不吃这一套，结果他们经常都会"谝"。

某日早晨，XL"呻"（吐槽）了让他很郁闷的一件家庭琐事，他每天早上都有用耳机听粤曲的习惯，结果那天却被妻子说 XL 听粤曲吵着她了，XL 觉得耳机造成的噪声实在有限，因此抱怨妻子无理取闹。CE 开始持反对意见，后来被 XL 的观点说服。

表 2.1　案例："家吵屋闭"

行	原文（粤语）	翻译
1	CE：大家都要迁就↓。	CE：大家都要迁就↓。
2	XL：佢 = 佢对屋企又係噉，	XL：她 = 她对家人也是这样，
3	对外面又係噉，	对外人也是这样，
4	都::专係乱讲嘢嘅。	都::专门乱说话。
5	CE：大家咪係算咯，	CE：大家就算啦，
6	就咪行咪唔听咯，	就走不听啦，
7	（噉啊唔好吵啦嘛）傻猪…	（这样不要吵啦）傻猪…
8	你话佢，一阵佢又唔啱你，	你说她，待会她又不服你，
9	一阵又再翻去作，	待会又再回去折腾，
10	仲有得吵啊。	还有得吵啊。
11	XL：一阵翻来讲呢啲说话，	XL：待会回来说这些话，
12	{[hi]你都发火啦::}。	{[hi]你也会发火啦::}。
13	CE：即係我噉同你讲。	CE：我也就这样跟你说而已。
14	XL：你话係咪啊 [面向 CE 和众人]	XL：你说是不是 [面向 CE 和众人]

---

① 表 2.1 中所用转写符号可参考表 2.2。

续表

行	原文（粤语）	翻译
15	…阿 =阿珍 阿玉①（嗽讲）。	…阿 = 阿珍阿玉（这么说）。
16	=你都会发火=。	=你都会发火=。
17	众人：=[笑]　　　　=	众人：=[笑]　　　　=
18	XL：啊::↓你真係自己又係 [笑]。	XL：啊::↓你真是自己也是 [笑]。
19	CE：我唔同你噶，	CE：我跟你不同啊，
20	你係两公婆要迁就噶，	你是夫妻俩要迁就啊，
21	吵开头就有瘾噶。	吵开头就有瘾啊。
22	XL：咪就係咯，	XL：那就是咯，
23	你 = 你缩埋啲佢就撑开啲咯，	你 = 你缩起来些她又撑大些，
24	就係噉样。	就是这样。
25	CE：实情，我话呢-	CE：实际，我说呢-
26	XL：== 係啊-	XL：== 是啊-
27	CE：==老母做翻老母嘅面粉。	CE：==老妈只管做老妈的面粉。
28	XL：你缩埋啲佢 就…　　　=	XL：你缩起来些她 = 就…　　=
29	CE：　　　　　= 乜乜乜噉 =	CE：　　　　　= 什么什么那样 =
30	XL：撑开啲，即係-	XL：撑开些，也就是-
31	CE：== 你话你缩埋佢咪乱恰你咯。	CE：== 你说你缩起来她就欺负 你咯。
32	XL：咪係咯。	XL：就是咯。
33	CE：呢个又係㗎，真係。	CE：这个又是的，真的。
34	XL：係咪啊？都唔好话咩啦，	XL：是不是啊？都不用说别的了，
35	阿珍阿玉…你都会发火啦，	阿珍阿玉…你都会发火啦，
36	即係话即係 =係咪噉样？	就是说是 =是不是这样啊？
37	CE：係::↓↑（ ）。	CE：是::↓↑（ ）。
38	XL：你迁就佢就…更加衰。	XL：你迁就她就…更糟糕。
39	CE：迁就一次，迁落第二次，	CE：迁就一次，迁就第二次，
40	第三次又係噉咪顶鬼佢咯。	第三次还是这样就顶撞她咯。
41	M：[面向 XL] 嗰日嗰个係你个女？②	M：[面向 XL] 那天那个是你女儿？
42	XL：係啊！	XL：是啊！

表 2.2　转写符号

符号	示意
,	小于或等于 0.5 秒的停顿
…	大于 0.5 秒的停顿
= =	表示说话者的话轮重叠，例如： A：XXX=XXXX= B：　　　=XXXX=XXXX
==	表示话轮间没有停顿
=	表示突然中断，例如： A：XXXX=XXXX
::	拉长
~	词语发音中有语调波动

① 阿珍、阿玉是 CE 的女儿。
② M 是 CE、XL 长期搭台饮早茶的好友。

2.3 广式早茶"谄"式论证功能结构分析

续表

符号	示意
XX	标记一般重读
XX	标记极端重读
{[]}	非词汇现象,例如:{[hi]文本}表示大括号内的调阶比正常要高,{[lo]文本}表示大括号内的调阶比正常要低;{[ac]文本}和{[dc]文本}示意大括号的内容比正常稍快或慢
[]	表示肢体语言
-	表示打断,例如:
==	A: XXX- B: ==XXXX!
○	表示不能辨析的片段,也用于对不能辨析的词汇片段猜测
(XXX)	当不能辨析的片段里的音节可数时,用一个 X 代表一个音节
("")	对说话中不规范的内容进行规范化
↑↓	表示语调的升降

一开始 CE 运用斩钉截铁的语调提出广州人所周知的道理试图让 XL 息怒,这激发起广州人关于"家和万事兴,家衰口不停"的一般共识。这些语境化线索结合广州人共享的认知使得 CE 的发言具有相当的力度。然而 CE 建立的权威并没有如愿地让 XL 息怒,因为 XL 本想通过"呻"来宣泄郁闷,CE 的话语令 XL 很扫兴,于是 XL 想跟 CE "谄"一番。他在第 2—4 行明确表明了反对态度,对此,CE 采取解释观点的策略来为自己辩护,结果引来了 XL 的取笑(第 11—12 行、14—16 行)。

对此,CE 依然想尽力避免冲突,她在第 13 行"即係我噉同你讲"这句话在粤语说理中非常常见,能够表达出自己本无敌意,只是表达观点罢了。可见这句话本应能够息事宁人,以缓和对方的敌意从而维护自己的权威和面子。但 XL 的回应使该功能落空了,XL 在第 18 行进一步实施了取笑策略。极端重读与拉长配合降调的"啊"是重要的线索,在粤语语境下该线索有揭短的意味和功能,在这里就引出了对 CE "懂得说别人却不懂得说自己"的讽刺。

XL 的策略成功激怒了 CE,她针对 XL 观点的适用性进行还击,她认为夫妻之间的争吵会导致"家衰"。但 CE 的这个观点被 XL 所利用,XL 将这个观点往 CE 所期待的相反方向解释,他认为迁就会使一方被欺负这也会导致"家衰"。这个过程中,双方均想实现驳倒对方与辩护自己观点两大行为功能。

XL 的策略非常奏效,他对上述共同认识的另类诠释引起了 CE 的认同。CE 的态度开始变得没那么强硬,她在第 27 行的通俗化表达为 XL 提供了一个权宜之策。其意思是自己顾自己,不乱生事端,这是本次会话进入关系修补阶段的重要转折点。随后,CE 配合 XL 完成总结性的论证,在有保留地认同 XL 的基础上(第 37 行带有语调波动的"係"),提出了相对折中的结论(第 39—40 行)。CE 这两个策略能够表达自己认同 XL 的胜利地位,同时为自己争取面子,实现双方的关系平衡,最终实现维护茶客关系这一目的。这时胜负已经很明显了,如果 XL 还继续针对 CE 的观点,那就实在太不识趣了,XL 也深知这一点。XL 和 CE 是茶楼里的长者,他们需顾及对方的面子,将胜负的事实心照不宣,提出折中观点或者转换话题便是最好的解决办法,他们一般会乐意接受。上述 CE 和 XL 的行为功能与语篇策略分别如图 2.1、图 2.2 所示。

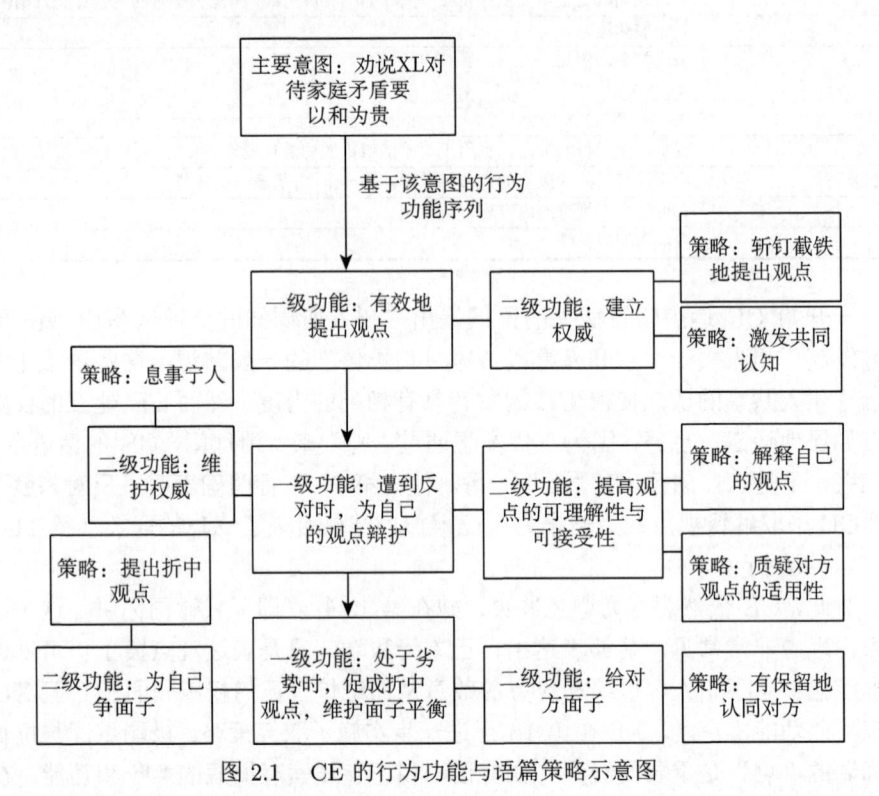

图 2.1　CE 的行为功能与语篇策略示意图

从图 2.1、图 2.2 可见,"訽"的一级功能为"有效地提出观点"、"反对与反驳对方"、"为自己的观点辩护"和"维护面子平衡或茶客关系",这些功能下面会有若干二级功能,二级功能有助于实现上述的一级功能。

在分歧阶段,双方着力完成上述四个一级功能的前三个。在此阶段,正方需要通过斩钉截铁的语气、激发共同认知等策略来完成二级功能"建立权威",从而完成"有效地提出观点"这个一级功能。反方这时需要通过解释自己的立场与处境、取笑对方等语篇策略来实现二级功能"明确表示态度与情感",从而实现"反对或反驳对方"这个一级功能。如反方攻势凌厉,正方可根据自己的意图选择以"息事宁人"等策略来实现二级功能"维护权威",减轻对方的敌意从而减少自己观点受打击的可能性,为辩护自己观点提供喘息的机会;正方亦可以更直接的策

2.3 广式早茶"谝"式论证功能结构分析

略诸如解释自己观点、质疑对方观点适用性等来实现二级功能"提高观点的可理解性与可接受性",从而实现一级功能"为自己的观点辩护"。面对正方的辩护,反方可以通过"往相反的方向解释对方的观点"等策略,实现二级功能"以理相驳",即以理性分析降低对方观点的可接受性,从而精准反驳对方观点。据此,我们可以归纳出广式早茶"谝"式论证在分歧阶段的基本规则,即规则1——"摆明车马",在粤语中就是无须顾忌地将事情清清楚楚地摆开来说。

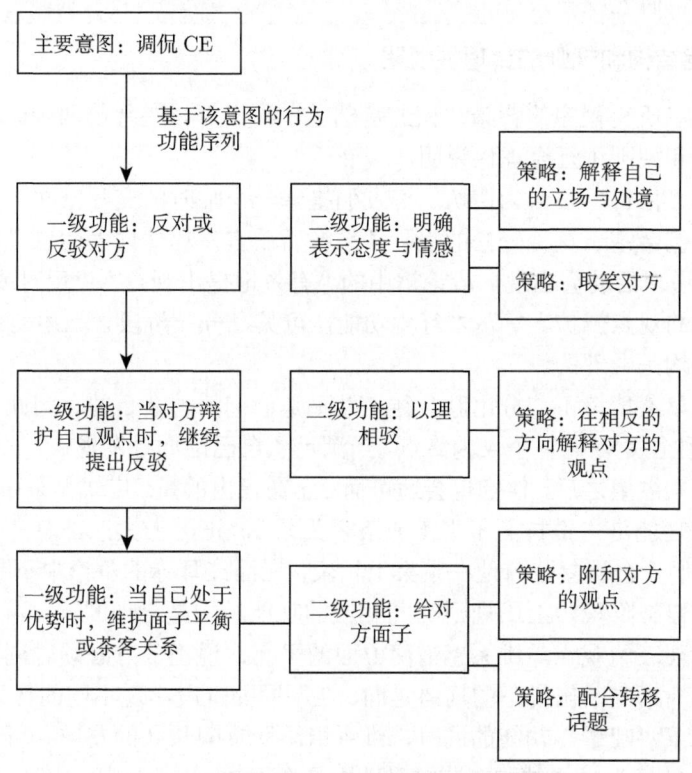

```
主要意图:调侃 CE
        │
        ▼
   基于该意图的行为
     功能序列
        │
┌───────┴───────┐
│               │
一级功能:反对或  二级功能:明确 ──┬── 策略:解释自己
反驳对方         表示态度与情感    │   的立场与处境
                                 │
                                 └── 策略:取笑对方

一级功能:当对方辩  二级功能:以理 ──── 策略:往相反的
护自己观点时,继续  相驳              方向解释对方的
提出反驳                            观点

一级功能:当自己处于  二级功能:给对 ──┬── 策略:附和对方
优势时,维护面子平衡  方面子           │   的观点
或茶客关系                          │
                                    └── 策略:配合转移
                                        话题
```

图 2.2 XL 的行为功能与语篇策略示意图

随着分歧的解决,双方的面子各有盈亏,交际进入关系修补阶段。这时双方需要同时着手达成一级功能"维护面子平衡或茶客关系"。为此,劣势方一方面需要通过提出折中观点等策略来促成共识,实现二级功能"为自己争面子",另一方面需要通过有保留地认同对方等策略来实现另一个二级功能"给对方面子",从而中断对方攻势;优势方则需根据劣势方的信号,通过附和对方的观点、配合转移话题等策略来实现二级功能"给对方面子"。从此阶段的交际,我们可以归纳出广式早茶"谝"式论证在关系修补阶段的基本规则,即规则2——"以和为贵",即大家将胜负心照不宣,给对方下台的机会。

在整个说理过程中，双方根据语境的变换，适时调整着自己应该实现的行为功能及策略。在分歧阶段畅所欲言、针锋相对，在关系修补阶段则体现着街坊之间处处留有余地的人情味。因此，我们可归纳出贯穿整个过程的基本规则，即规则3——"灵活执生"，在粤语中，也就是随机应变的意思，茶客们会根据说理局势的推进及对方的情绪，灵活变换当下的主要任务和策略。

最后，我们可以通过更多的案例分析来修正和补充上述功能结构和规则，从而完成第三步研究程序。

2.3.3 功能结构和规则的合理性说明

在第一步研究程序的背景知识的基础上，我们可以进行第四步研究程序——对功能结构和规则进行合理性说明。

早茶中"搭台"习俗为街坊、好友们搭建一个临时的交际空间。在这个交际空间中，人们会基于这种轻松的人际关系畅所欲言，尽情地表达自己的观点。因此，当中的说理活动会出现一般论辩中的"有效地提出观点"、"反对或反驳对方"和"为自己的观点辩护"等基本行为功能，可见在分歧阶段，上述的规则1与相应的功能结构是合理的。

在广式早茶情境下，分出胜负往往并不是他们的首要目的。因此，广式早茶中的"谞"往往是以搁置争议为终点，当满足了自己诸如抒发观点、调侃他人、建立威信等个人欲望之后，他们也会适可而止。需指出的是，广式早茶中的"谞"最重要的行为功能是"维护面子平衡或茶客关系"，正因为大家都有意识地实现这一功能，人们才会日复一日地在茶桌上相聚，在面红耳赤的争论中不断增进感情。可见在关系修补阶段，上述规则2与相应的功能结构是合理的。

为了实现表达观点与维系感情两方面的平衡，说理双方必须时刻警觉，从对方的反应与情绪判断出说理的局势走向，在不同的阶段实现不同的行为功能结构，充分发挥早茶"吐槽"功能的同时，维系街坊朋友间长久的友谊。可见，上述规则3与整体的行为功能结构在广式早茶中是合理的。

2.4 结　论

本章是广义论证功能分析法的一次重要实践，基于功能分析的思想和"六步法"研究程序，我们发现了广式早茶说理中的一些规则。在这个过程中，我们验证了功能分析法在地方性说理研究中的适用性与可操作性。相对于常人方法学、会话分析和互动社会语言学，广义论证倾向于以功能结构的形式描述地方性说理的规则，这种做法有如下优势。

(1) 规则的呈现更直观，能够为外地人融入该文化情境提供有力的参考；

2.4 结　论

(2) 以行为功能为切入点对复杂多变的言语交流进行分析，这使得分析的数据更具有可概括性，从而使成果更具系统性；

(3) 兼顾相对稳定的功能结构与相对灵活的语篇策略，使所发掘的规则更贴近实践；

(4) 有较强的可验证性和可修改性，研究者可以根据直观的行为功能和语篇策略，不断地通过新的案例分析来验证和修正自己的研究成果。同时，这也体现了规则的灵活性和内生性。

"六步法"研究程序为实现功能结构分析提供了有力的支撑，这种"从田野中来，到田野中去"的做法能够确保所得规则的地方性，摆脱抽象概念与固化的研究框架对事实的扭曲，同时保持科学归纳的严谨性。但是，本章未呈现"六步法"的第五步和第六步。今后的研究中，我们将继续探讨这些方法对于成果验证的适用性，进一步完善广义论证"六步法"研究程序。

第 3 章 明代"大礼议"论证规则研究
——以"争帝"环节为例*

3.1 引　　言

我们在第 2 章通过广式早茶说理实例展示了广义论证理论功能分析法的应用分析。我们在本章将采用广义论证的方法研究明朝"大礼议""争帝"环节的论证过程，在揭示中国古代政治体制下政治论辩的特点的同时，更为具体地展开应用广义论证理论分析包容文化差异在内的论辩理论的方法，也为我们在本书第三篇关于论证的结构化的研究中，构建语境敏感的形式化论证理论提供了实例化分析的基础。

为保证本章内容的完整性，我们将首先简单回顾广义论证理论的主要思想和内容。

3.2 广义论证及其研究方法

采用论证这一语言形式进行说理，这是人类特性之一。借助论证人类彼此之间消除分歧，达成一致，维持协和。目前，人类的发展进入全球化阶段，它不可避免地引起了不同文化间的冲突。这使得论证研究日益成为人们关注的热点。但是，主流论证理论主要关注主流社会文化群体的论证方式，并采用这种方式描述其他文化群体的论证活动。因此，后者从方法论层面被忽视了。本书从某一群体论证活动参与者的角度描述这类论证的规则和结构，进而建立多元的包容文化差异（包括主流文化）的论证理论。为此，我们提出广义论证理论。

广义论证是参与者在一定语境下进行的社会互动。更具体地说，它是隶属于一个或多个社会文化群体成员，在变动语境中依据其所属社会文化群体的规范生成的、局部合理的、具有说理功能的语篇行动序列。因此，要从控制语篇行动的社会规范入手去解释和确认论证的规则和生成过程。

从论证参与者所属社会文化群体社会互动的角度，分析广义论证过程中语篇行动生成三阶段：在哪里（语境），做什么（语篇行动功能）和如何做（语篇行动

---

*本章系教育部人文社会科学重点研究基地重大项目"基于符号化学习的推理系统研究"系列成果（参见文献 [44]）。

3.2 广义论证及其研究方法

表达)。相应地有三个问题:
(1) 论证参与者试图发出语篇行动时,他所处的语境是什么?
(2) 在上述相应语境下,论证参与者试图采取的语篇行动应该具有什么功能?
(3) 在这一语境下应该用什么语篇行动实施上述功能?

回答问题(1)就是要阐明论证开始时论证参与者所处的情景;或在论证过程中,他所遭遇的且能够把握的与论证有关的事件,其中包括其他参与者的语篇行动。回答问题(2)就要判定:在给定语境下必须根据什么社会规范来采取语篇行动实施论证,使得所采取的行动在这样的语境下既合乎社会规范又具有相应的功能,有助于最终实现论证的整体目标。在论证理论的范围内,我们称这种社会规范为(论证)功能规则。回答问题(3)就是要决定:如果参与者已经根据功能规则决定在给定语境中语篇行动具有的功能;那么参与者必须在给定的语境下选择某一具体语篇,去实施语篇行动,实现预期功能。由于在论证过程中实施语篇的行动具有社会性,所选择的语篇同样必须满足社会规范。我们称这种语篇选择必须遵循的社会规范为(论证)表达规则。

在上述规则的基础上,广义论证的过程可以展现为一个在动态语境下社会互动系统[45]:
(1) 在给定语境下,社会成员产生分歧且有意构建具有说理功能的语篇,由此论证开始。
(2) 某参与者(说者)依据其所处语境,依据功能规则形成将要实施的语篇行动的功能。
(3) 依据表达规则形成具有上述功能的语篇;然后,实施语篇行动。
(4) 听者理解说者给出的语篇行动及其他伴随效应,修改其原有的语境。然后,本轮听者改变身份为说者,随同新语境返回(2)。
  …(递归)
(n) 结束,如果实现说理目标,或参与者终止论证。

广义论证方法论研究的目标就是:给出获取上述规则的方法,描述广义论证动态过程。由于某一社会文化群体中的自然语言论证遵循该群体的社会规范,或者以这些规范为论证规则制约。该方法将贯彻本土化方法论原则,拒绝引入他文化的概念框架,要求采用参与者所属社会文化群体的规范,描述在变动的语境下该群体内的论证规则和论证系统。根据这一原则,广义论证本土化研究方法,简要表述如下。
(1) 搜集论证相关的社会文化背景;
(2) 田野调查采集论证数据;
(3) 依据(1)分析(2)提供的数据,通过解释论证语篇行动提出候选论证规则和策略;

(4) 依据（1）对候选论证规则和策略进行合理性辩护；
(5) 在田野中对经（4）辩护的规则进行检验。

其中，所谓的田野调查是指：研究人员为了理解他者，长时间、全方位、在他者的驻地与他者互动，尽可能享有关于他者的环境、困难、背景、语言、仪式和社会关系的第一手材料，从而对所要研究的他者的社会世界有真实的了解。[30]1-3 不过，了解他者必须了解他者的历史。必须开展所谓文本田野调查：尽可能享有历史上关于他者的"环境、困难、背景、语言、仪式和社会关系的第一手"文本，这绝不是单纯为了引证历史文献，而是体验和融入历史上他者的生活图景。在文本田野调查的基础上，可以研究历史上发生的论证。[25]

经验科学的目标是描述经验世界的普遍规律，其方法的一般结构如下。
(1) 掌握科学理论：科学术语表、基本假定、科学定理、观察和实验方法、计算与推理方法；
(2) 采集经验数据；
(3) 归纳或直觉的方式发现规律性假说；
(4) 假说理论分析；
(5) 假说实验检验。

经验科学方法与广义论证研究方法都依赖于观察和数据分析，两者在结构上高度相似。但是，两者存在一系列实质性差别。经验科学方法采用基于归纳统计的方法追求，经验领域中的一般性规律。广义论证研究方法通过解释行动、寻求理由的方法，探索某社会文化群体开展自然语言论证必须满足的社会规范。

3.3 "大礼议"的文化背景

3.3.1 宗法传统

中国传统社会的本质是宗法社会。[46] 1

宗法制在周朝（公元前 1046—公元前 256 年）就得以确立和实施，随着时代的变迁，制度时有损益，但一些重要原则和观念一直影响到明清乃至现代中国。宗法制的含义是"以血缘关系为基础、以父系家长制为核心、以大宗小宗为准则、按尊卑长幼关系制定的封建伦理体制"[47] 54。其核心是嫡长子继承制，而大宗、小宗是最重要的准则。《汉语大词典》这样解释："嫡长子一系为大宗，其余子孙为小宗。天子之王位由嫡长子世袭，称大宗；余子对天子为小宗。诸侯之君位亦由嫡长子世袭，在本国为大宗；余子对诸侯为小宗。"

有时嫡长子死了，则顺延一代，立嫡长孙，若再死了，则再顺延一代。若嫡长子一系没有继承人，则按年龄顺序立其他嫡子。这就是《春秋公羊传》所说的"立嫡以长，不以贤"。如果没有嫡子，则从庶子中选择继承人。[48] 110 此外，"要

3.3 "大礼议"的文化背景 ·41·

辨明宗统与君统是两个不同的范畴。其特点是：在宗统的范围内，所行使的是族权，不是政权，族权是决定于血缘身份而不决定于政治身份；与宗统相反，在君统范围内，所行使的是政权，不是族权，政权是决定于政治身份而不决定于血缘身份。固然，宗统、君统，其继统法基本上是相同的"。[49] 205 基于分封制度的宗法制在秦代（公元前 221—公元前 206 年）解体了，但以嫡长子继承制为核心的诸多宗法观念仍被历代王朝继承，中国传统社会的本质依然是宗法社会[46] 1。

3.3.2 孝道传统

孝道是以"善事父母"为核心的道德规范。在孔子以前的西周（公元前 1046—公元前 771 年），孝道已经是普遍的道德观念。孔子建立以"仁"为中心的儒家思想体系，把对父母、兄弟的仁爱视为仁的基础与前提，充实了孝道的内涵。成书于汉朝（公元前 202—220 年）初年的《孝经》，已经把孝道的核心内容从"善事父母"发展到其引申意义"以孝治天下"。[50] 77

孝道在传统中国人的家庭生活、政治活动中具有极重要的地位。孝"是中国社会一切人际关系得以展开的精神基础和实践起点，是中国古代政治的伦理精神基础，也是社会教化和学校教育的核心和根本，对中国人的衣食住行、生活方式与民俗、艺术均产生了重要影响"[51] 33。

3.3.3 明代的皇帝、内阁及礼部

明朝是君主制国家，皇帝居于权力金字塔的顶端。皇帝处理政务的方式主要有两种：一是召集臣僚，商议政务。召集臣僚商议有时是上朝的时候当面商议，有时是让六部等衙门单独或共同商议提出处理意见，该衙门便要依旨合议并将合议结果回奏，称为"议复"。二是颁布诏令，批阅章奏。进呈皇帝的各种奏章，均须由皇帝作出批示，再转发有关部门执行。皇帝的批示和诏令不一定都是亲自作出的，自宣德年间（1426—1435 年）开始由内阁大学士草拟，经皇帝朱笔御批后成为诏令。这就是内阁"票拟"之权。[52] 201,205-206

明代开国皇帝朱元璋（1328—1368—1398 年）①撤销了有悠久历史的丞相一职，将其职责划分给六部，设大学士以备顾问，这成为内阁辅政制度的开端。后来，内阁制度不断完备，大学士承担了原来丞相的部分职能。②大学士人数为 1 人到数人不等，负责人称首辅。内阁距离皇帝最近，与皇帝的联系最多，对明朝政治的影响也最大。[53] 48

礼部属六部之一，掌管国家礼仪、祭祀、外交、宴飨等政务。其负责人称尚书。据明代制度，天子登极，其母后或母妃升为皇太后，则必须上尊号，[54] 1745

---

① 朱元璋 1328 年出生，1368 年登基，1398 年去世。书中凡是皇帝，在首次出现时均照此标示。
② 明代内阁的发展颇复杂，其权责不能简单视同为丞相。研究内阁的职权不是本章的目的，故不细论。

3.3.4 《皇明祖训》

关于明代政治活动的历史文献中，"祖制"是一个出现频率相当高的词，可见其在政治运作中的重要性。"祖制"顾名思义是指开国皇帝朱元璋时代所制定的典章制度，其中尤以《皇明祖训》位序最崇高也最具权威。[55]27

《皇明祖训》一共有十三个类别的内容，为了让后代遵守，朱元璋强调说"一字不可改易"。在《皇明祖训·法律》部分，对皇位的继承制度作出了明确规定："凡朝廷无皇子，必兄终弟及，须立嫡母所生者，庶母所生，虽长不得立。"[56]179 在《皇明祖训·慎国政》部分，朱元璋吸取前代君主不知民情的弊病，规定无论官员职务高低、百姓职业贵贱，都可以直接向皇帝上疏表达意见。只要所言有理，即可付诸实行。各级政府部门不得阻碍上疏，违者重惩。[56]172 明代君臣标榜"奉天法祖"，《皇明祖训》的大部分条款都能为后代所遵守。如果有皇帝未能遵守，大臣们往往进行谏争，固然《皇明祖训》不是挽回圣意的万灵丹，却是言事臣僚的护身符。[55]27

3.4 "大礼议"的基本情况

3.4.1 议礼缘起

正德十六年（1521 年）三月十四日（丙寅）①，明朝第 10 位皇帝朱厚照（1491—1505—1521 年）病亡，庙号武宗。武宗没有子嗣，也没有亲兄弟，大宗没有继承人，国本动摇。内阁首辅杨廷和（1459—1529 年）出面，取得武宗的生母张太后（1470—1541 年）和宦官集团的支持，起草并发布了《武宗遗诏》：

> 朕疾弥留，储嗣未建。朕皇考亲弟兴献王长子厚熜，年已长成，贤明仁孝，伦序当立。已遵奉祖训"兄终弟及"之文，告于宗庙，请于慈寿皇太后，即日遣官迎取来京，嗣皇帝位，奉祀宗庙，君临天下。[57]卷一百九十七4-5

根据《皇明祖训》的规定，"朝廷无皇子"必须要立皇帝的亲弟弟，杨廷和等人采取了往上推一代的做法：兴献王朱祐杬（1476—1519 年）是武宗的父亲孝宗朱祐樘（1470—1505 年）的亲弟，不过已于两年前死去，他有个独子朱厚熜（1507—1521—1567 年），于是被接来继位，这就是遗诏所谓的"伦序当立"。

四月十七日，年仅 15 岁的新皇帝朱厚熜在登基之后的第 3 天，便派人到位于湖北安陆州的兴献王府迎接他的母亲兴献王妃蒋氏（？—1538 年）来京。第 5 天，他命令礼部商议他父亲的主祀之礼和尊号问题。[58]卷一24 主祀和尊号是解决兴献王如何祭祀，享用什么尊号，同时也解决母亲的尊号和地位问题。[59]49 这本来是

---

① 本章中历史事件采用年号纪年，于该年份（如正德十六年）首次出现时括注公元纪年。日期原为干支纪日（如丙寅），转换为序数纪日法（如三月十四日），未转换为公历日期。

3.4 "大礼议"的基本情况

新皇帝出于孝道而提出的看似正当的要求,但因为他本是小宗身份,是以"旁支入承大统"[60]卷二10b-11a,不符合祖训"兄终弟及"必须是嫡子的原则,所以杨廷和等大臣要求皇帝先继嗣孝宗,后继统。但皇帝坚持只继统,不继嗣,"大礼议"由此开始。[61]9

3.4.2 三种解决方案

1. 宗法论

在议礼过程中,朝臣们就如何推尊嘉靖帝父亲的问题提出了三种解决方案。第一种解决方案由以内阁首辅杨廷和、礼部尚书毛澄为代表的大多数朝臣提出,他们不想让孝宗-武宗一系的大宗统系因武宗无后而中断,提出继君统必先继宗统的主张:让嘉靖帝改换父母,称孝宗为皇考①、张太后为皇母,相当于让皇帝过继给孝宗当儿子,建立一种法理上的父子关系;而称亲生父母为皇叔父、叔母;又让嘉靖帝的叔叔益王的第二子过继给兴献王,主持兴献王的祭祀。礼部给新皇帝本生父母的尊号分别为"皇叔父兴献大王""皇叔母兴献王妃",新皇帝在本生父母面前自称"侄皇帝"。[60]卷一9b-12a 杨廷和这一派人数多,声势盛,学术界称其多数派,或者称继嗣派、护法派。笔者考虑其理论以宗法制为基础,故称其为宗法论者。

宗法论主张如图 3.1 所示。

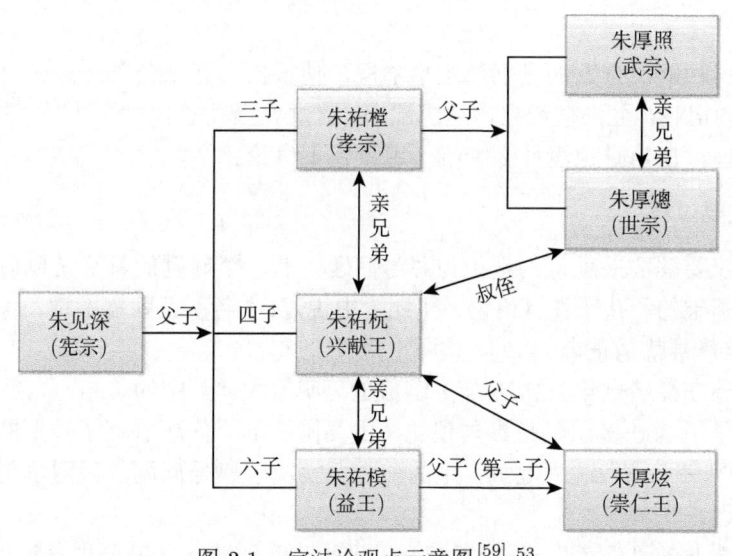

图 3.1 宗法论观点示意图[59] 53

---

① 考,中国古代对亡父的称呼。

2. 人情论

第二种解决方案由观政进士张璁（1475—1539 年）首倡，以少数几位中下层官员为代表。他们认为皇帝出于孝道尊崇自己父母的举动值得肯定，礼本人情，不能人为割裂皇帝与父母的亲情。张璁主张继统应与继嗣分开，只继承孝宗—武宗的君统，不继宗统，皇帝仍以自己的父母为父母，称孝宗、张皇后为伯父母。[58]卷四160, [60]卷三5b-17a 张璁这一派一开始人数较少，学术界称其为少数派，亦称继统派、议礼派。笔者考虑其理论以人情论为基础，故称其为人情论者。

人情论主张如图 3.2 所示。

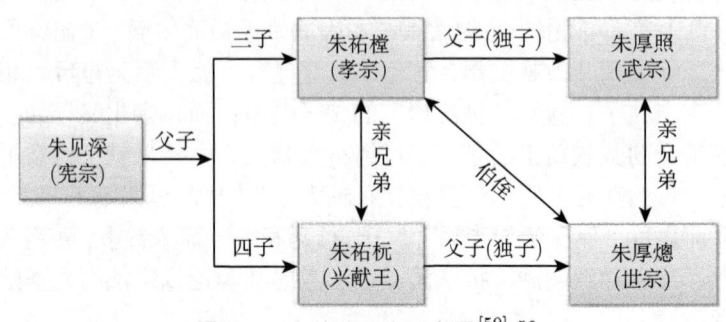

图 3.2　人情论观点示意图[59] 56

3. 其他

持第三种解决方案的是刑部主事陆澄，他根据《春秋公羊传》中"为人后者为之子"的记载，主张皇帝应该继嗣武宗，给堂兄当儿子。[58]卷四10-11 这种方案似乎颇悖常理，在当时也没什么影响，本章暂不讨论。

3.4.3　主要过程

大礼议要解决兴献王的祭祀与尊号问题，前一个问题的解决是以后一个问题的解决为基础的。孔子在《论语·子路》中说过："名不正则言不顺，言不顺则事不成。"定尊号就是正名。

据张璁在嘉靖七年（1528 年）编成的《明伦大典》中的总结，先后有 700 多位朝臣上呈了 300 多份奏疏参与议礼，主要围绕七个问题进行了长期的、大规模的争论。[60]卷二十四10 这"七争"中的前三争解决了尊号问题，后四争则基本解决了祭祀问题。①

首先爆发的"争考"，是指嘉靖帝以谁为父亲的争议（顺便也争论以谁为母），这也是大礼议的关键所在。"争帝"伴随"争考"而爆发，是嘉靖帝把父母的尊号

---

① 祭祀问题的最终解决晚至嘉靖十七年（1538 年）兴献帝的称宗祔庙。

由兴献王、妃改为兴献帝、后所引发的争论。在争帝成功之后，嘉靖帝还不满意，他要在父亲的尊号中加一个"皇"字，这就是"争皇"。后来围绕兴献帝的神主入祔太庙的问题，引发了"争庙"之议。围绕进出世庙的道路修建问题、帝母能否入庙祭祀的问题和世庙乐舞礼仪的规格问题又产生了争论，这就是"争路"、"争庙谒"和"争乐舞"。

嘉靖六年（1527年）正月，嘉靖帝见父母的尊号已定，祭祀父亲的世庙也落成了，祭祀的礼仪也定了，议礼的目的已经达到，他召集群臣修纂一部书来记录议礼大臣们的言行，为大礼议做一个官方总结。一年半后，书编成，皇帝命名为《明伦大典》。至此，持续多年的大礼议事件告一段落。①

3.5 "争帝"环节的论证

3.5.1 "争帝"环节

"争帝"是大礼议 7 个争论主题中第一个结束的主题，本章选择这个主题进行研究。以时间为线索，根据争论的发展过程，我们将事情分为 7 个小阶段，分别对 7 个语篇行为进行具体分析。出于行文方便，分别在语篇前面加以编号。议礼双方的代表人物及其简称胪列如下：

宗法论： 内阁大学士（Z_1）②，礼部集议众臣（Z_2）③。

人情论： 朱厚熜（R1），张璁（R2）。

1. 第一阶段

如 3.4.1 节所述，嘉靖帝（R1）登极之后，命令礼部商议父亲兴献王的祭祀和尊号。根据明代政治制度，礼部作为明代中央政府中负责祭祀与礼仪的职能部门，在接到皇帝要求议礼的命令后，必须召集官员开会并将会议结果写成奏疏提交给皇帝。礼部尚书毛澄（1461—1523 年）在请示了内阁首辅杨廷和的意见并开会商议后，认为西汉（公元前 202—25 年）哀帝（公元前 25—公元前 7—公元前 1 年）和北宋（960—1127 年）英宗（1032—1063—1067 年）的历史先例体现了"为人后者谓所后为父母"的宗法原则，根据这一原则，礼部集议众臣（Z_2）得出了皇帝称伯父母孝宗、张太后为父母，称亲生父母兴献王、妃为叔父母的议礼主张（详见 3.4.2 节）。于是，礼部向皇帝提交了一份 69 位大臣（Z_2）联名的奏疏，表达了他们的建议：

---

① 大礼议结束的时间学界有争议，有人认为是嘉靖三年九月十五日[59]5，因为这一天结束争考。有人认为是到嘉靖七年六月初一日官方刊行《明伦大典》为止（参见尤淑君的《名分礼秩与皇权重塑：大礼仪与嘉清政治文化》）。还有人认为直到嘉靖十七年（1538 年）嘉靖帝的父亲称宗祔庙才结束[52]9。

② 争帝阶段（1521—1522 年）的内阁大学士为杨廷和、蒋冕、毛纪三人。

③ 礼部曾多次奉命召集多名官员议礼，会后形成以尚书毛纪为首的数十人联名奏疏。

① 历史上的汉哀帝、宋英宗登基之前都是小宗身份，因为前任皇帝没有继承人，他们被立为后嗣，入继大宗。他们都想追尊自己的父王的地位，但都引起激烈争论，遭到强烈反对。宋代的大学者司马光（1019—1086 年）、大思想家程颐（1033—1107 年）认为，为人后者谓所后为父母，小宗入承大宗，不应该再去推尊亲生父母了。所以，嘉靖帝也应该改称孝宗、张太后为父母，称兴献王、妃为叔父母。[60]卷二9b-12a

由上可知，语篇行为①遵循了两条规则。首先是功能规则①：在明代皇帝要求礼部议礼的语境下，该部门根据"为人后者谓所后为父母"的宗法原则，选取了建议皇帝继嗣大宗、称父母为叔父母的功能。其次是表达规则①：在明代皇帝要求礼部议礼的语境下，该部门选择上呈一篇援引前代史例进行论证的奏疏，实现了上述功能。

2. 第二阶段

看到礼部提交的奏疏后，嘉靖帝非常气愤地质问："父母是可以改易的吗？"他命令礼部再次商议，重新提交方案。[60]卷二12a 礼部又奉命进行了两次集议，都提交了奏疏。内阁也在首辅杨廷和的带领下，两次上疏。他们基于宗法论的议礼主张都不被嘉靖帝所认可，但 15 岁的皇帝此时礼学功底甚浅，也提不出反驳群臣的理论，只能等待机会。

根据明代的祖制规定，任何人都可以向皇帝上疏反映民情或者表达意见。七月初一，礼部观政进士张璁（R2）根据儒家经典《礼记》中"礼本人情"的原则，提出人情论主张（详见 3.4.2 节），其目的是支持皇帝推尊父母。他还敏锐地指出，汉宋史例不能跟当下类比。嘉靖帝的机会终于来了。这道奏疏是人情论者的纲领性文献，其主要观点如下：

② 第一，张璁肯定皇帝追尊父母的行为是大孝之举，是符合朝廷以孝治国家的价值观的。第二，引用儒家经典《礼记》的言论作为自己理论的依据："礼非从天降，非从地出也，人情而已。"第三，汉宋史例不能作为议礼依据，因为汉哀帝、宋英宗都是迎养宫中，"预立为嗣"，而嘉靖帝的堂兄武宗并无立嗣之举。所以，皇帝应该以兴献王、妃为父母，在京城为兴献王立庙，且使母以子贵，与父亲同享尊贵地位。[58]卷四160,[60]卷三5b-17a

由上可知，语篇行为②体现了两条规则。首先是功能规则②：在礼部上疏建议明代皇帝继嗣大宗、称父母为叔父母的语境下，根据"礼本人情"的原则，臣民可以选择建议皇帝推尊父母的功能。其次是表达规则②：在明代朝廷中正在议礼的语境下，臣民可以呈上一道引用儒家经典中的言论或援引史例作论据的奏疏，实现上述功能。

3.5 "争帝"环节的论证

3. 第三阶段

根据明代的政治制度，内阁大学士是皇帝的顾问，皇帝经常与之商议重大政务；一旦皇帝有了决定，便颁布诏书予以实施。嘉靖帝看了张璁的奏疏之后，派人送给内阁官员看，并说道："这篇奏疏中的观点遵从祖训，根据古礼，你们为何（提出让我移易父母的观点）亏待我呢？"杨廷和回复说："张璁不过是处于实习阶段的一介书生而已，哪里知道什么国家事体！"张璁的奏疏又被送到皇帝面前，皇帝熟读细思之后，高兴地说："这个观点一出来，我与父亲的父子之情终究可以得到保全了。"[60]卷三12a 因为明代奉行"以孝治国家"的价值观，皇帝决定用子女应该报父母养育之恩的孝道原则对内阁大学士进行再次劝说：

③ 七月十五日，嘉靖帝在文华殿召见了三位内阁大学士，赐茶给他们喝，对他们说："最亲的人就是父母，请你们体谅我对父母的至情。"然后，他将一份亲笔诏令交给他们，里面写道："你们所说的都有理，但我对父母的养育深恩没有办法报答。现尊父亲为'兴献皇帝'，母亲为'兴献皇后'。"[60]卷四1a—2b

综上，语篇行为③体现了两个规则。首先是功能规则③：在明代大臣不同意皇帝推尊父母的语境下，根据子女应该报答父母养育之恩的孝道规范，皇帝选择下令推尊父母的功能。其次是表达规则③：在明代大臣不同意皇帝推尊父母的语境下，皇帝选择了一道诉诸孝道亲情的诏令实现了上述功能。

4. 第四阶段

根据明代内阁的职能设置，大学士可以对皇帝的言行进行劝善规过，也就是说，如果他们认为皇帝做出了不合礼法、祖制的事情，他们可进行劝善规过甚至可以拒绝执行命令。杨廷和等人在受到皇帝的亲切召见并接到亲笔诏令后，根据"为人后者为之子"的宗法原则，援引历史上的贤君舜、禹的做法，拒绝奉命，继续劝导皇帝放弃推尊父母。他们（Z_1）上了一道奏疏给皇帝说：

④ 前几天皇上召见了我们，我们不是不愿意体谅皇帝对父母的至情，只是碍于《春秋公羊传》中"为人后者为之子"的明确规定，既然是"为人后"，那便不能再顾及"私亲"了。历史上的贤君舜继承尧的天子之位，但他没有给父亲瞽叟加上天子之号；禹继承舜的天子之位，也没有给父亲鲧加上天子之号。难道说舜、禹对父母不孝顺吗？宋英宗本来也想追崇生身父亲濮王，最后也因为舆论不支持而作罢。希望皇上效法舜、禹，不要连宋英宗都不如。这件事事关国家典礼，我们不敢阿谀顺从，只好封还手敕，希望皇上按礼部提交的方案来办吧，那样您的孝道就跟舜、禹一样光明了。[58]卷四0181

语篇行为④遵守了如下两个规则。首先是功能规则④：在受到明代皇帝接见并收到其推尊父母的诏令的语境下，根据"为人后者为人子"的宗法原则，大臣选择驳回皇帝推尊命令的功能。其次是表达规则④：在明代皇帝下令推尊父母的语境下，大臣呈交一篇援引儒家经典和史例的奏疏，能够实现上述功能。

5. 第五阶段

事情陷入僵局，朝臣坚持的宗法原则与皇帝坚持的孝道原则产生了尖锐冲突。根据传统孝道原则，子女应该赡养父母，如果子女因为生计或者做官身处外地，也应该迎养父母。所以，嘉靖帝在登极之后很快派人接母亲蒋氏来北京皇宫相聚，以尽孝道。九月二十五日，蒋氏抵达北京郊外的通州。她听到朝廷正在议礼，而廷臣的方案竟然是让她的独子、现在的皇帝认孝宗、张太后为父母，便十分气愤地说："怎么能让我的儿子去给别人当儿子？"于是停留在通州不肯入京[60]卷四15a, [62]737。嘉靖帝非常着急，他哭泣着告诉伯母张太后说：

⑤ "我愿意退位，带着母亲回湖北的王府去。"[60]卷四19b

可见，语篇行为⑤体现了如下两个规则。首先是功能规则⑤：在大臣反对推尊导致皇帝母子不能相见的语境下，根据儿子应该迎养母亲的孝道规范，皇帝选择胁迫大臣同意其推尊父母的功能。其次是表达规则⑤：在大臣反对推尊父母导致皇帝母子不能相见的语境下，皇帝以声称退位的方式，实现了上述功能。

6. 第六阶段

嘉靖帝放言要退位，"群臣惶怖"，但还是没有人站出来批评朝臣宗法论。在这种情境下，根据维护父子关系的基本孝道原则，张璁同样援引舜、禹的史例，给出了与宗法论者截然相反的论证，得出皇帝应该推尊父母的结论。他于十月初一呈交了新的奏疏并附录自己专为议礼而写的新著《大礼或问》给皇上：

⑥ "天下外物也，父子大伦也。"天下、君位都是外在的东西，而父子关系才是天然的、基本的伦理关系。舜的父亲瞽叟犯了杀人之罪，舜抛下君位不做天子了，背着父亲逃跑了。他这是把父子亲情看得比君位更重要，他是值得后代称颂的孝子、贤君。内阁大学士根据舜继承尧的君位而没有将天子之号加尊给父亲瞽叟，以及禹继承舜的君位而没有将天子之号加尊给父亲鲧的史例，从而认为皇帝不必追尊兴献王。张璁指出，舜虽然没有追尊瞽叟，但他并未以尧为父亲，而是以瞽叟为父亲；禹虽然没有追尊舜，但并未以舜为父亲，而是以鲧为父亲。由此可知，皇帝也不应该以孝宗为父，而应该以兴献王为父。[60]卷四20a,卷五1a-21b

由上可知，语篇行为⑥体现了两个规则。首先是功能规则⑥：在明代皇帝声称退位、内阁仍然拒绝推尊的语境下，根据维护父子关系的基本孝道规范，大臣选择建议皇帝不改易父母、坚持推尊父母的功能。其次是表达规则⑥：在明代皇帝声称退位、内阁仍然拒绝推尊的语境下，大臣可以选择呈交援引史例的奏疏，实现上述功能。

3.5 "争帝"环节的论证 · 49 ·

7. 第七阶段

⑦ 圣母慈寿皇太后懿旨,以朕承大统,本生父兴献王宜称兴献帝,母兴献后,宪庙贵妃邵氏皇太后。仰承慈命,不敢固违。[60]卷六1b, [62]738

因为张璁提出的儿女对父母的孝道规范不容驳斥,皇帝可能退位的后果难以承担,杨廷和等人见道理和形势都不占优势,终于在十月初三,同意了皇帝的推尊之举。根据明代内阁的职能设置,大学士有替皇帝起草诏书的职责。他们以奉张太后懿旨的名义,替嘉靖帝起草了追崇他父母为帝后的敕书,皇帝批准了这个敕草。以太后的名义下懿旨,而不是以廷议的名义,是为了表示追崇之举不是出于朝臣们的主张,这样做既推脱了朝臣们的责任,也给他们保全了一些面子[60]卷六1b。至此,嘉靖帝总算为父母争得"兴献帝""兴献后"的尊号,"大礼议"的"争帝"环节结束。第二天,兴献后顺利进京,入住皇宫。

综上所述,语篇行为⑦体现了两个规则。首先是功能规则⑦:在皇帝声称退位、大臣再次上疏议礼的语境下,根据儿子对父母的基本孝道规范,内阁选择了同意皇帝推尊父母为帝后的功能。其次是表达规则⑦:在皇帝声称退位、张璁再次上疏的语境下,内阁选择呈交以奉张太后懿旨草拟的诏书,实现了上述功能。

3.5.2 论证规则的合理性

根据前文对七个语篇行为的分析,我们得到了七个功能规则和七个表达规则,现在我们来证明这些规则并说明它们在明代文化背景中的合理性。有时候不同的规则能够被相同的社会规范所支持,同一个规则可能被不同的规范所支持,所以出于行文方便,我们将这些被相同规范所支持的规则放在同一组讨论。

七个功能规则可以分为两组。

首先,功能规则①④符合明代作为宗法社会的社会规范。3.3.1节已述,宗法社会的一个特点是实行嫡长子继承制度,如果大宗没有继承人,则可以由小宗入承大宗,这时,小宗不应该再去继嗣血缘上的父母,而只能继嗣宗法意义上的父母。

其次,功能规则②③⑤⑥⑦符合明代崇尚孝道的社会规范。3.3.2节已述,孝道首先要求"善事父母",由此引申出维持良好父子关系、赡养父母等社会习俗和规范,孝道成为明代人的核心价值观。

七个表达规则可以分为四组。

首先,表达规则①②③④⑤⑥⑦符合明代政治制度规范。其中,表达规则③⑤⑦都是通过皇帝诏书表达的,3.3.3节已述,明代皇帝通常通过召集大臣商议和发布诏书两种方式处理政务。表达规则④⑦符合明代内阁的职能设置。内阁的职责包括对皇帝劝善规过,如果皇帝的做法违背了礼法和祖制,内阁应据理力争,甚至不惜封还皇帝的手诏(表达规则④)。如果皇帝有理,那他们也就不再坚持己见,做出让步。此外,内阁还承担了给皇帝起草诏书的职责(表达规则⑦)。表达规则①符合礼部的职责要求。皇帝以通过某部门召集臣僚商议的方式处理政务时，该衙门便要依旨合议并将合议结果回奏皇帝。[52] 205-206 礼部掌管国家礼仪、祭祀等政务，当它接到皇帝议礼的命令时，要提交合议方案。

此外，表达规则③⑤⑦还符合孝道原则。皇帝以诉诸亲情的方式发布诏书（表达规则③），为了迎养母亲不得不表达出退位意愿（表达规则⑤），以张太后名义发布诏书以示母命难违（表达规则⑦），这些都是一个孝子的应有表现。

其次，表达规则①②④⑥符合明代文人士大夫写作、辩论时喜欢征引古代史例的习俗。他们认为，一些恰当史例的引用，能够增加说服力。表达规则①④征引汉哀帝、宋英宗、舜、禹如何对待父母的例子是为了强调背后所依据的宗法原则。表达规则②⑥同样征引上述四位君王的例子，对其作出相反的解读，用以驳斥对方。

再次，表达规则②④符合明代文人士大夫写作、辩论时喜欢征引经典尤其是儒家经典的习俗。儒家文化一直是中国传统社会的主流文化，这两条规则中所引的《礼记》《春秋公羊传》属于儒家十三经，被明代士人所熟知，具有很高的权威性。

最后，表达规则①②⑥⑦符合明代祖制。《皇明祖训·慎国政》规定：无论官员职务高低、百姓职业贵贱，都可以直接向皇帝上疏表达意见。只要所言有理，皇帝即可付诸实行。[63] 172 3.3.4 节已述，该书在明代具有崇高的法律地位。

3.5.3 规则验证

在争帝成功之后，嘉靖帝仍然不满足，他想要进一步推尊父母亲的地位，在父母亲的尊号中加一个"皇"字，改兴献帝、后为兴献皇帝、皇后。这就是"大礼议""七争"中的"争皇"环节。此举引起大学士杨廷和等人的强烈反对，议礼双方为此爆发激烈争议。经过反复论辩与斗争，嘉靖帝暂时放弃争皇。直到两年后杨廷和辞职离朝，嘉靖帝才得以实现目的。我们这里只讨论这个环节的第一个阶段。

正德十六年（1521年）十二月初，嘉靖帝先是通过司礼监官员传达旨意，然后又直接下达亲笔诏书，要求将父母兴献帝、后的尊号变为兴献皇帝、兴献皇后。面对这一语境，大学士杨廷和等人呈上奏疏，先是对皇帝的深厚孝心表示理解，但是因为大学士对皇帝的辅导职责，使得他们不能阿谀顺从皇帝旨意，因为那样会损害皇帝的德行。他们在奏疏中强调正统与私情的区别：

⑧ 陛下既然已经入继皇考孝宗之统，以慈寿太后为母，那么对亲生母亲，在地位、名分上自然有所不同。如果私自推尊亲生父母，会跟所继承的父母没有区别了，这会使得纲常混乱，违背公论。因此，我们不得不封还御批，仍按原来拟定的方案呈进。[58]卷九4,[60]卷七1a-b

上述语篇行为⑧遵守了如下两个规则。首先是功能规则：在收到明代皇帝口头或书面推尊父母的诏令的语境下，根据"为人后者为人子"的宗法原则，大臣选择驳回皇帝推尊命令的功能。这一规则符合前述宗法社会规范（功能规则①④）。其次是表达规则：在收到明代皇帝推尊父母的诏令的语境下，大臣呈交一篇阐述宗法父母与亲生父母的区别的奏疏，能够实现上述功能。这一规则符合前述明代政治制度规范（表达规则④）。

嘉靖帝在看到大学士们的上疏后依然坚持自己的主张，他下谕说：

⑨ 你们所说的道理，朕都知道了。但是朕对父母的哀哀之情，实在情非得已。父母对我的养育深恩，朕实在没有别的方法能报答。你们就按朕的命令勉强去办吧，不要再拒绝了。[58]卷九4,[60]卷七1b-2a

语篇行为⑨也体现了两个规则。首先是功能规则：在明代大臣不同意皇帝推尊父母的语境下，根据子女应该报答父母养育之恩的孝道规范，皇帝选择下令推尊父母的功能。这一规则符合前述孝道规范（功能规则②③⑤⑥⑦）。其次是表达规则：在明代大臣不同意皇帝推尊父母的语境下，皇帝选择了一道诉诸孝道亲情的诏令实现了上述功能。这一规则符合明代政治制度规范（表达规则③⑦）。

3.6 结　　论

在第 1 章中，我们强调论述了广义论证理论将论证定义为隶属于一个或多个社会文化群体成员，在变动语境中依据其所属社会文化群体的规范生成的、局部合理的、具有说理功能的语篇行动序列。它以某社会群体的社会规范为论证规则，表现为一系列遵循上述论证规则的语篇行为。论证研究应该基于本土化原则来解读语篇行为，从论证参与者角度描述相关的论证规则及结构。

借助广义论证理论，本章揭示了明代"大礼议""争帝"环节论证过程中的规则和结构。围绕嘉靖皇帝父亲的仪礼及尊称，"大礼议"由几个论证环节组成。整个过程不仅是继嗣派和继统派之间的意识形态之争，还是内阁大臣与年轻的新皇帝之间的权力斗争。

本章集中揭示了该过程处于弱势的新皇帝及处于强势的内阁大臣所使用的社会规范、策略及修辞手段。在论辩过程中，论证双方都遵循明代政治制度和文化传统，双方通过诉诸古代经典及历史事件来为各自的立场进行辩护。最后，从社会文化解读的角度，本章借助广义论证理论对"大礼议""争帝"环节（第二个环节）进行了充分的描述、评价及解读。

第二篇

论证的语言结构——机器学习视角下的论辩挖掘研究

第一篇阐明了广义论证理论及其研究方法，为解决"如何采用这一手段对不同文化群体内及相互间开展的论证进行局部合理重建或模拟"提供了必要条件，同时为形式化论证推理的研究提供了局部合理模拟的基础。随着互联网大数据的发展，其中涌现出的海量文本中都包含着论辩信息。但从大规模论辩文本分析的角度来看，尽管第一篇的研究成果为论辩分析提供了很好的思路、框架和分析结果，人工的分析也确实提供了灵活准确、富于启发性的文本分析方法，不过对海量文本数据如何分析还是一个问题。本篇将结合机器学习和自然语言处理技术尤其是深度学习方法的应用，从一个很新的研究角度即人工智能机器学习的角度对论辩文本及其论辩结构进行分析：我们采用了机器学习主要是深度学习的方法开发模型，对论辩文本进行了分析，并自动抽取输出文本中的论辩元素和论辩关系，这也为第三篇的研究提供了论辩素材。

本篇主要内容如下。

第 4 章：对论辩文本计算分析和挖掘的一个历史回顾，包括从传统方法到目前的深度学习方法等进行了分析和总结。

第 5 章：论辩模型选择与特征选择，从机器学习中模型和特征工程的角度对各种特征的选择和模型选择进行了实验对比分析，找出其中比较有效率和意义的特征与模型。

第 6 章：基于统计学习的哲学文本论辩挖掘，从统计机器学习的角度对亚里士多德《尼各马可伦理学》的文本进行论辩信息的自动提取和类型的识别。论辩元素的分类采用了前提、主要结论及论点等三类的分类方式，机器学习的算法采用了支持向量机（support vector machine，SVM）分类器。

第 7 章：基于深度学习的法律文本分析，选取法律中法庭的判例文本进行论辩元素的识别及论辩元素之间的关系。论辩元素的标注采用了图尔明的论辩模型，优点是识别论辩元素的同时识别了元素之间的关系。论辩模型采用了深度学习中的卷积神经网络（convolutional neural network，CNN）和长短时记忆（long short term memory，LSTM）模型。

第 8 章：自然语言推理，该部分采用深度学习的方法，对自然语言语句的蕴含性关系进行推断。模型基于现有的自然语言语料库，特点在模型加入了逻辑知识规则的限制，并检验其效果，实验分析表明逻辑知识的引入在一定程度上改进了自然语言推理的准确性。

第 9 章：论辩语料库的建设与网络论辩文本标注，其中论辩文本的标注是所有论辩挖掘模型的基础。我们结合论辩理论对现有的标注方法进行了一定的改进，同时也建立了一个有一定规模的中文网络论辩文本语料库（400 篇标注文本），这是国内目前第一个相关语料库。这也为进一步基于深度学习的论辩计算模型打下了基础。

第 4 章 论辩计算分析的发展与现状

4.1 引 言

作为说服性活动的论辩是人类智能的重要部分，广泛地存在于人类社会交往的各种形式之中。自 20 世纪中叶后，论辩在学术界重新得到重视，并成为是非形式逻辑的重点研究对象。重要的是，随着科学的发展，论辩在其他很多的学科领域也受到了重视，包括决策科学、法律学、计算语言学及人工智能等。现在论辩已经成为一个涉及逻辑学、哲学、语言学、修辞学、法律学和计算机科学在内的跨学科研究领域。

在对论辩的研究上，最近几十年非形式逻辑关于论辩或论证的研究提供了理论上的基础，而论辩在具体情境下的运用分析构成了论辩研究的经验性方面。20 世纪 90 年代中期后，Dung[64] 提出了抽象论辩系统，由此论辩在人工智能领域成为受人关注的课题。进入 21 世纪后，随着机器学习技术、计算语言学包括深度学习在自然语言处理（natural language processing, NLP）领域的应用，论辩挖掘转而成为一个新的研究热点。论辩挖掘 (argumentation mining, AM) 的主要目标是自动地从文本中提取论点 (argument)，分析论辩的结构，提取论点论据，以便为论辩和推理引擎的计算模型提供结构化数据[65,66]。近来，深度学习技术和 NLP 技术的结合与快速发展，也为论辩挖掘提供新的发展可能性。尤为值得注意的是，论辩挖掘也是一个颇有实践性意义和潜在应用前景的研究领域。现代社会是一个鼓励公开辩论的公民社会，在当前互联网时代，网络上关于各种问题的论辩也是层出不穷，产生了海量的论辩文本数据。因此开展关于论辩包括网络论辩的研究对于我们理解人类社会生活、社会交往方式和内容、文化交流乃至政府舆情了解与决策均有重要意义。最近的一些研究如对 web 讨论中相关重要议题论辩观点的提取与总结、文本论辩立场（stance）的判别，以及文本中论辩合理性的计算评估等都成为论辩挖掘研究中引人瞩目的研究和应用。

作为一个跨学科的研究问题，由于其潜在的重要用途，论辩理论已经成为当前各个学科尤其是机器学习关注的一个焦点问题。社交媒体、论坛产生的用户生成数据不断增长，从大规模信息流中发现、分离和分析论点的需求凸显了论辩挖掘的重要性，为论辩挖掘提供了数据准备。网络文本论辩的挖掘也成为一种目前非常重要的信息获取的方式。但由于论辩理论中论辩挖掘涉及对语言的深层次理解如文本的修辞与篇章结构，鉴于机器语言理解的困难性，计算论辩的研究就成为在科学上颇具挑战性的工作，也有较大的难度。因此从计算科学的角度出发，结合非形式逻辑领域关于论辩的理论与经验研究，采用并发展当前的机器学习尤其是深度学习及其在 NLP 技术的使用与扩展，展开论辩挖掘的深入研究，是一件必要且很有意义的研究工作。

4.2 论辩研究传统回顾与论辩理论的现代复兴

在相当长的一段时间内，关于论辩的研究曾经属于哲学和修辞学研究的范畴。在古希腊民主政治中需要演讲技巧和论辩技巧，故而有智者们往来于不同的城邦，传授如何在公共场所演讲和辩论的知识，但智者最后流于玩弄概念游戏、混淆是非，受到柏拉图的严厉批判[67]。随后的亚里士多德在批评"智者"的同时也认识到修辞学的意义。如亚里士多德在《范畴篇·解释篇》[68]中进行了论证合理性的分析及在修辞学中关于说服力、沟通力和推理力的分析。亚里士多德认为说服应该以理性说服为中心，应该加强说服性语言和技巧的教育[69]。亚里士多德还提出了修辞学三要素或者说服力的三个角度（人品诉求、情感诉求和理性诉求），这也成为后面论辩理论的基础。在随后直到近代的西方历史文化中，修辞或论辩这种关于说服性的教育一直都是人文教育的重要内容。但随着近代科学技术的飞速发展，论辩及修辞在具有严格逻辑演绎合理性和科学实证性的近代科学的冲击下，其合理性受到质疑，逐步被人所忽视。

虽然论辩和修辞理论在一段时间内不被科学界广泛重视，但在第二次世界大战之后，论辩理论得到复兴[70]。论证理论的当代发展不再满足于形式逻辑对论证的处理，出现了所谓论辩转向，即重返亚里士多德论辩传统，从多主体互动角度来对论证进行描述性和规范性研究。很多论辩学者认为，虽然不同于传统数学的严格演绎证明，但作为一种说服和理性的活动，论辩还是具有其存在的合理性，重新得到重视研究。当代论辩研究可大体区分为结果取向的非形式逻辑研究、程序-规则取向的语用辩证研究和过程-受众取向的修辞论辩研究三个视角。最近几十年的非形式逻辑以论辩作为其主要的研究内容[71]。图尔明[1]率先指出：在科学研究、社会政治活动和日常生活中，普遍存在一类论证，它给予论点证据支持，在给定的领域中广为人所接受。由此开辟论证理论这一新的、具有广阔应用前景的研究领域。图尔明在《论证的使用》[1]中辩护了自己的理论，他质疑演绎有效性标准，认为它束缚了论证研究的范围，使其脱离日常论证实践。基于此，他提出了论证的一般化模型——图尔明模型，这种论证模式更多地属于作为成果的论证的分析，论辩的逻辑结构包括六个因素：主张 (claim)、事实材料 (grounds)、保证 (warrant)、模态词 (modality)、支援 (backing) 和例外 (rebuttal)。图尔明模型后来被广泛地扩展到各个领域的应用中,其他类似的还有 Freeman 模型[72]等。佩雷尔曼的新修辞学也有较大的影响[73,74],佩雷尔曼将修辞视为论证的一种基本形式,通过对传统所认为的论证的基本形式——演绎推理的局限性的批判,强调言词论辩在论证中的重要作用。在他看来,可接受性是评判论证的根本标准之一,而要达到该标准,修辞方法的应用不可缺少。由此佩雷尔曼对选择、建构与表达论证的理论和技巧进行了系统的探讨。

伴随着图尔明、汉布林等对亚氏理论传统的复兴,"论辩术"正日渐成为当代论证研究中最为强势和显要的理论进路。总体而言,这一进路以论证之"论辩化"(dialectification)为其理论共识,将论证界定为"一个对话过程或活动",或者对应于"一种言语行为之间的论辩性互动"。Emeren 和 Grootendorst[75]的语用论辩论证理论影响很大,主要从两个不同视角来审视论证:一种视角源自语用学之交流视角,主要受言语行为理论和话语分析影响;另一种视角源自论辩学之批判视角,主要受批判理性主义和形式论辩方法的影响。从 20 世纪 90 年代开始,论证者为了在论辩合理性与修辞实效性之间保持一种微妙平衡,语用论辩学[76]从功能上整合了修辞视角,提出了"策略操控"理论框架,在论辩研究领域产生了很大的影响。

深受图尔明和佩雷尔曼的理论影响,言语交际理论学者同样摒弃了传统的论证研究形式化范式,并转而援引社会科学的理论视角和研究方法,对论证的公共性和社会性层面作经验性、描述性研究[77]。当代主流论证理论学者多采用语用学的研究路径。他们明确以交际实践中说服性会话为参照目标,从中寻找和提炼约定俗成的、有既定规范效力的论证模式,进而研究它们的基本结构和规范标准。第一篇中,我们所提出的广义论证的概念,使之既涵盖他文化,又涵盖与主流文化并立的子文化的论证模式,进一步推广了论证的概念和范围[4]。

从现在的发展来看,论辩理论近年来的研究已经呈现多样化的发展态势,具体的详情可参见 Emeren 等主编的《论辩理论手册》[70]。总的来看,非形式逻辑关于论辩的研究虽然一般没有采取比较严格的形式,但是这些理论加深了我们对论辩基本特点和过程的理解,其对论证之语用和实践维度的彰显,有助于认识到论辩的基本过程、论辩中的各种基本模式、论辩中所采用的论辩方法和策略、各种复杂的论辩模型及各种论辩场合的应用复杂性,为从机器学习的角度对论辩进行分析和挖掘提供必要的理论基础和理论资源,在论辩挖掘中如何充分利用这些理论资源也是一件很重要的工作。

4.3 论辩挖掘的主要研究与方法

近年来随着 NLP 和机器学习的发展,论辩作为计算话语分析的进一步发展也得到了一定的研究。目前关于计算论辩的研究主要有两个方向，一个研究方向是从上到下在人工智能领域中对论辩模型的分析，从 Pollock[78]、Simari 和 Loui[79]，以及 Dung[64] 等的研究开始，尤其是 Dung 的抽象论辩系统研究开启了计算论辩的研究。这一方向的研究和知识表示、非单调推理及多主体系统建立联系后，已经积累很多的研究成果[80,81]。但是抽象论辩系统只是分析论辩元素之间的关系，如支持反驳关系，对每个具体论辩元素自身结构没有关注，所以激发了结构化论辩的研究，后者打开论辩元素的盒子，对论辩的内在结构进行分析。这方面的研究也提出了很多的模型[80]。对于后来的论辩挖掘来说，论辩结构的定义也是非常重要的。

另外一个研究方向是随着机器学习和大数据的发展而涌现的从下到上自动分析论辩文本的研究，即论辩挖掘。论辩挖掘工作从 Moens 等[82] 对法律论辩文本的分析一开始就试图使用机器学习的模型从论辩中找出论辩元素和论辩结构。最初的论辩挖掘研究从对独白（monolog）类型的论辩文本开始，随后网络文本包括网络论坛上的对话性论辩信息都开始得到研究，而后者现在受到了更多的重视。从理论上将论辩挖掘系统的一般流程是把非结构化文本转化为结构化文本输出，论证成分及它们之间的关系被机器学习的算法识别和分类，然后据此找出文本的论证图示。论辩挖掘包括的主要任务有论辩元素的识别、分类及论辩关系和结构的识别[65]。因此论辩挖掘的主要流程如图 4.1 所示。下面我们分别对这几个领域的研究及其他和论辩挖掘有关的研究进行综述。

图 4.1 论辩挖掘的主要流程

4.3.1 论证成分检测

典型的论辩挖掘流程的首个阶段目标是检测论证成分，即找出整个论证文本中的论辩元素，具体而言是要找出论辩文本的论辩单元（argumentative unit，AU），其次是判断论辩元素的边界。较早一些研究也有论辩区域（argumentative zoning）[83]的说法。所以检测论证成分即判断论辩文本中的句子或子句是否是论辩文本，并将其和其他非论辩性的文本区分开。因为论辩元素可以跨越多个句子或者一个句子之内有多个论辩元素，因此文献中一般的做法是不把论辩最小元素的粒度定义为句子或局限在单独的句子之上。我们可以看到，在论辩文本中论辩单元可以是

4.3 论辩挖掘的主要研究与方法

子句、单个句子或多个句子的连续组合。

论辩元素的识别在文献中有三种常见做法[84]：① 利用二元分类器区分出论辩句子和非论辩句子，把识别论证成分（主张或前提）放到下一阶段；② 利用多元分类器判别所采用论证模型中的所有论证成分（假设每个句子最多包含一个论证成分）；③ 训练一组二元分类器，每一个论证成分用一个分类器进行分类判断，因此一个句子可被预测为包含多个论证成分或采用多标签分类器。目前采用第一种方法的研究文献更多一些。

论辩元素的识别是所有论辩挖掘都必须要处理的基本任务。较早的研究有 Moens 等对各种不同类型的文本包括新闻、议会讨论和在线论坛讨论中论辩句子的识别，这是从句子层次对论辩元素识别的工作，采用了特征驱动的方法。[65] 由于论辩挖掘都要涉及这方面的工作，所以这方面的研究很多，如 Florou 等[85] 使用了会话的标记和几个其他的特征如时态及动词的变形将论辩部分和非论辩性的部分分开，准确率 F1 达到 0.764。Lippi 和 Torroni[86] 采用了部分树核（partial tree kernel）的方法识别论辩元素，Sardianos 等[87] 对 web 上新闻信息或博客中的论辩元素进行抽取，等等。

从机器学习角度看，论辩元素的识别是二元分类或多分类的问题，因此原则上可以通过分类器来实现。从研究文献中可以看到当前广泛使用的传统机器学习算法在论辩元素识别中都有相应的使用。一些例子包括采用支持向量机的有 Palau 和 Moens[65]，Park 和 Cardie[88]，Stab 和 Gurevych[89]，Eckle-Kohlere 等[90]；采用逻辑斯谛回归的有 Rinott 等[91]；采用朴素贝叶斯分类器的有 Mochales 和 Moens[66]；Biran 和 Rambow[92]，Park 等[93]，Eckle-Kohler 等[90]；采用最大熵分类器的有 Mochales 和 Moens[66]；采用决策树和随机森林的有 Stab 和 Gurevych[89]，Eckle-Kohler 等[90] 等。

通常这里很重要的是在建分类器时如何使用论辩文本的上下文特征信息，而且论辩文本的领域知识、文本标题及领域本体词汇也是很重要的提示信息。Graves 等[94] 基于文本标题来发现科学论文中的结论。最近一些研究还考虑了话题模型（topic model）对于论辩元素识别的作用。如 Nguyen 和 Litman[95]，Ferrara 等[96] 等检查了话题模型是否能够在无监督的学习模式中发现论辩句子，而且研究显示话题信息对于论辩句子的发现确实有用。但是 Lippi 等认为不一定要按照受到严格领域限制的、基于上文的常用方法来发现论辩元素；因为论辩元素或句子往往被一些通用的修辞结构来标识，所以他们提出了一个效果相当，但使用了结构化分析信息的方法来发现论辩元素而不需要求助于上下文的信息。[86]

大多数论辩元素的识别采用有监督的学习方式，因此需要建立有标注的语料库。不过无监督的聚类识别方法也时有被采用。Levy 等[97] 通过指示词 that 来发现包含论辩结论的句子，此外一些其他的话语标记和指示词也被用在基于规则的论辩挖掘框架中[90,98-100]。Trevisan 等[101]通过话语分析中的一些关键词来进行半自动的论辩元素识别，Boltužić 和 Šnajder[102]使用语义文本的相似性来识别在线论坛讨论中的论辩元素。

当论辩句子和非论辩句子分离之后，一般还要处理每个论证的边界问题，即需要检测一个论证从哪里开始，到哪里结束。这是因为如前所述，整个句子不一定能和单个论辩元素准确对应[103]。传统上，关于论证成分边界检测有两个解决路径。一个是利用文本结构，即利用章节段落等区分论证的开始及结束。明显这种方法是有其局限的，论证有可能分散在不同章节中。可能前提在其中一段，而主张在另一段；甚至前提在其中一节，而结论却在另外一节。可见，这种方法取决于文本类型。如果是在文本框架相对统一的议论文文本（通常分为引言、主体段落、结论）中，这种方法是适用的。为减少复杂度，也要界定每个论证在段落内还是章节内。另一个是理解不同论证的语义。比如说，可以计算不同句子间的语义距离，然后把与讨论内容语义相关的句子集中到一个论证中。这种方法需要计算语义相关性，并处理有歧义的话语、共指关系、代词消解等问题。可以假定两个句子的相关性与它们包含的词语的相关性一致，如此就可以通过计算词语的相关性来得到句子间的相关性。计算语义相关性有几种方法，最重要的是基于本体论的和语料库的方法。值得注意的是，论辩元素界限的检测强烈依赖于所采用的论辩模型[91,103]。Levy 等[97]提出了一个三步骤的流水线识别维基百科中上下文依赖的论辩，采用了基于 rank 的方法，首先检测相关的句子，然后产生候补的边界，最后根据与给定论题的关系对候选项进行排序。此外，采用条件随机场，作为序列标记问题来处理的方法也是用得较多。如 Graves 等[94]的工作先进行句子级别的分类，然后采用 CRF 来进行边界的检测。

从现在的 NLP 来看，论辩文本中的分断（segmentation）问题其实都可以作为序列标记的问题进行处理[104]，即对文本中每个元素按次序分配一个特定标记。这种做法的好处是可以进行集体分类（collective classification）。Stab 和 Gurevych[105]则使用序列标记的思路，通过条件随机场（conditional radom field，CRF）将论辩元素的分离和边界的检测两个任务结合起来。他们采用 IOB 标签对论辩的元素进行编码，特征的选取定义包括结构信息、词法句法分析等非常丰富的语言学特征。Levy 等[106]试图在更大的语料文本中通过无监督的方式发现论辩元素等。

不过，有的文献并没有专门把论证成分边界检测任务单独分离出来，研究者在其他任务中已经完成了句子分割，可以直接忽略边界检测问题。如 Stab 和 Gurevych[89]、Eckle-Kohler 等[90]是假设句子已经被分割，并直接分为四类：前提（premise）、主张（claim）、大主张（major claim）、非论证成分（none）。

在论辩文本中，尤其是在对话中，经常可见的是没有明确说出默认的或被隐藏的论辩元素，如何对其进行识别或找出隐藏的论辩元素也是一个重要问题。目前也有文献对此进行了研究。如 Feng 等就指出识别论证模板 scheme 能有助于隐含前提的发现。[107]Rajendran 等[108] 对在线论坛中隐含遗失前提（enthymeme）进行重构；Boltužić 等对在线论坛争论中隐藏前提的或论辩元素之间间隔（gap）的研究[109]，这方面的研究在后面论辩关系挖掘中也会使用到。

鉴于目前已经有很多的模型方法应用在论辩单元的识别上，Ajjour 等[110] 的工作对此进行了一定的总结，他们虽然还是将论辩单元的划分作为序列标记的问题来处理，但系统地研究了论辩元素划分模型中的主要参数，分析了各种特征的有效性，包括语义、语法、结构、语用等，采用各种模型 [主要是 CRF 和双向长短时记忆递归（bidirectional long-short term memory，Bi-LSTM）] 对上下文的信息的理解也进行了比较，尤其是 Bi-LSTM 能对整个文本上下文信息进行捕获，这是其比 CRF 要有优势的地方。实验的结果表明结构性和语义的信息对于论辩单元的划分是最有效的。

从机器学习的角度来看，论辩元素的识别工作相对简单和单纯，有的研究表明现在的准确率可以达到手工识别的 98%[105]，这也表明论辩元素的识别在一定程度能得到较好的处理。不过由于论辩问题本身的复杂性和模糊性，论辩元素的识别是否在所有场合都能达到很高的准确率，有没有跨领域的论辩元素识别方法及能否有更好的无监督学习方式都还是值得更进一步研究的问题。

4.3.2 论辩元素的分类

在识别论辩元素之后，对论辩元素的分类即判断论辩元素在论辩文本中的功能角色也是一个机器学习分类的问题。当然如何定义论辩元素的类型又和论辩理论有直接的关系。

目前，文献中采用的论辩元素类型通常比论辩理论中的研究有一些简化。Kwon 等[111] 提出了两个连续的步骤来识别在线评论中的不同类型论辩元素。首先他们将句子识别为论辩的 claim，然后将其分为支持、反对或提议类型。如 Mocales 和 Ieven[112] 将论辩元素分为结论和前提。Rooney 等[113] 使用核方法来判断文本单元为结论、前提和非论辩元素。Stab 和 Gurevych[89] 将论辩元素分为主要结论、结论与前提等三类。Habernal 等[103] 将论辩元素分为结论，前提、支持、反对和反驳。Rinott 等[91] 将证据分为 study、expert 和 anecdotal 等。Oraby 等[114] 研究了在在线论坛讨论中区分事实性和情绪性论辩类型；论辩元素类型的种类既和论辩理论有关，也和研究的论辩文本类型有关系。但为了便于机器学习的处理，前提–结论的模式是应用最广泛的一种，而网络文本由于往往有很多情绪性的话语和言论，所以论辩元素的类型会复杂一些。

确定论辩文本中可能的论辩元素类型之后，如何对其论辩文本中的论辩元素进行标记检测就成为机器学习中的一个多分类（multi-class）问题。Stab 和 Gurevych[105] 的研究就利用了很多的特征，如词法、句法、指示词、结构位置信息、上下文信息等，通过 SVM 算法进行具体的识别。基于各种特征来对论辩元素分类是一个传统的通用做法。但如后文所提及，论辩元素类型的识别和论辩结构的识别可以进行联合建模（jointly modeling）。

论辩元素类型的判断通常也采用了监督学习的方式，通常基于上文的特征函数进行分类，特殊一点的如 Habernal 和 Gurevych[115] 将情感和话题信息作为论辩元素类型的一个特征。但 Ferrara 等[96] 检查了扩展话题模型是否能够在无监督的学习模式中发现话题在何种程度上能够用于识别论辩元素的类型。

其他的论辩因素如论辩的模板（scheme）对于论辩元素的类型检测也有影响。Feng 和 Hirst[107] 研究了在论辩模板的指导下论辩元素的分类问题。Hidey 等[116] 用自己定义的标注模式研究了在线论坛讨论中结论和前提的语义类型这个以前较少关注的问题。

4.3.3　论辩元素之间关系的识别和论辩结构的预测

论辩挖掘的第三个也是比较复杂的阶段就是论证成分间的关系预测。这是非常具有挑战性的任务。由于需要理解论证元素之间的关系，因此需要高层次的知识表征和推理。Lawrence 等[117] 指出会话中的指示词对论辩结构有可靠指示，但这些词往往是很稀少的。这里的困难还体现在：首先，论证的长度没有限制，且没有任何关于前提和结论形成何种论证结构的信息；其次，即使知道论证长度，又如何得出论证间及论证成分间的最可能关系？此任务有时也称为预测而非检测，是因为它不是获取文本中显性的具体内容，而是期望获得抽象的关系，输出的是提取到的论证及论证成分间的结构图。论辩结构图的边代表不同的关系，如支持、攻击（反驳）、蕴涵。形式化的结构预测问题受论证模型类型和目标粒度的影响，也和采用的论辩理论有直接的关系。Lippi 和 Torroni[84] 认为，如果是简单的前提–结论模型，结构预测只是一个图的连接预测，节点被分为两类：前提或结论，论辩挖掘系统给每个可能的前提–结论对评分，通过评分来表明两个论证成分之间的连接关系确信度，或者展示两个论证间的攻击关系及其评分。如果是更复杂的论证结构，那预测任务也会更复杂。当使用图尔明模型时，所有的论证成分（warrant、rebuttal、backing、qualifier 等）都必须准确提取以形成最终的论证模型。然事实却是，论证成分皆有可能是隐性的，无法提取，只能由上下文推理出来。这个问题是论辩挖掘系统面临的又一个大挑战，如前所述，目前为止，关于这方面的研究很少，但也开始逐步受到关注了。如 Rajendran 等[108] 尝试从缺少前提的自然语言文本中抽取论证，他们寻找线上评论中显性和隐性观点分类之间的关联，并从省略三段论中检测论证。他们在一个人工标注的数据集上训练一个二元分类器来检

4.3 论辩挖掘的主要研究与方法

测显性和隐性观点，结果证明这个方法可以区分显性和隐性观点。Addawood 和 Bashir[118] 也分析了论证结构中可能存在的问题，他们认为社交媒体上用户关于争议性主题的辩论存在不恰当论证或证据缺失的现象。如果忽视它们，专注于包含恰当支持的论证的抽取，那么进一步的问题会变为，缺失的证据有可能是一种不寻常或不同类型的证据，忽视它们可能完全改变了原意。他们认为解决方法是识别恰当类型的证据，对用户的支持信息做可行性评估。还有 Boltužić 和 Šnajder[109] 分析线上辩论主张间的隐含前提。从社交媒体中跨文本识别大主张对大规模论辩挖掘是非常重要的，然而用户生成的主张通常是不清晰的、基于隐含前提的。明显地，主张间存在空隙需要弥补。所以，Boltužić 等研究匹配用户主张问题来预定义大主张，使用隐含前提来弥补空隙，还建立一个隐含前提库，并分析人工标注者是如何弥补空隙的。然后利用这些前提在主张匹配计算模型上做实验。结果显示，使用人工补充前提可改善基于相似度的主张匹配，还可以把前提泛化到未知的用户主张。Boltužić 等的工作涉及复杂观点挖掘的技术，致力于揭示观点形成的原因和探讨推理的模式，并总结主张间的空隙产生的原因如下：语言多样性、存在隐含常识、作者做主张时涉及个人信仰和价值判断的隐含前提的存在。后两者使论证变为省略三段论，而这是前面提到的 Rajendran 等[108] 的工作所关注的内容。

具体到论辩关系的挖掘工作上，还有几点需要重点考虑的。一是论辩元素之间的连接关系是有向的，另外由于每对论辩元素都需要考虑它们之间的关系，这又往往导致工作量很大。一般的做法是先判断两个论辩元素之间是否存在链接关系 link，这一般通过定义各种特征然后通过分类算法如 SVM 来判断论辩元素之间是否存在论辩关系。Peldszus[119] 的做法是将在标签集中对目标元素进行编码；Stab 和 Gurevych[89] 使用 SVM 算法结合结构、词汇、语型和指示词将每对论辩元素之间的关系划分为链接和没有链接的关系。

二是分析论辩元素之间关系，即分析两个论辩元素之间是否有文本蕴涵（textual entailment）的关系，这其实也是将论辩关系挖掘转型为 NLP 里的自然语言推理任务。Cabrio 和 Villata[120] 通过采用 Dagan 等[121] 提出的方法计算文本蕴涵来发现在线论坛中用户论证之间的支持和攻击关系。Boltužić 和 Najder[122] 使用文本的文本蕴涵来识别讨论中的支持关系。此外，Lawrence 等[117] 研究了基于自动产生的前提-结论话题模型来进行论辩结构的挖掘。

Carstens 和 Toni[123] 将注意力从论辩元素的识别转移到论辩关系的发现上，因为一个单独看来仅仅是事实性的句子，在特定的上下文关系中也能够成为论辩元素。所以一个句子是否是论辩元素由其所处的上下文来决定。这其实是很有启发性的想法，能够帮我们重新理解论辩元素的具体含义和识别。

再进一步，由论辩元素之间的关系可以进展到论辩结构的挖掘上。论辩结构的分析目前有两种方式：宏观层次的方式和微观层次的方式。宏观层次的研究如 Cabrio 和 Villata[120], Ghosh 等[124], 以及 Boltužić 和 Najder[122] 直接处理完整论辩之间的关系，而不关心论辩的内部结构。另外，Mochales 和 Ieven[112] 是第一个采用识别论证内部结构方式的研究，他们的研究基于一个手工的上下文无关语法（context free grammar，CFG）且将论辩结构作为树来处理。

值得注意的是，论辩元素的类型和论辩元素之间的关系通常共享很多的信息，如结论类型的论辩元素，其在和其他元素之间的关系上，是没有由此出去的链接，该节点往往是根节点；但是前提（premise）有连出去的链接，但是连进来（incoming）的链接关系就很少。所以现在的一种做法是将论辩元素的类型和论辩之间的关系联合起来进行建模找到一个最优的论证结构图。Peldszus 和 Stede[125] 基于 MST 的联合模型进行论辩关系的识别。他们的联合模型使用了 4 个基本的 local 分类器，包括论辩元素之间关系的识别、中心论点的检测、论辩成分角色识别及论辩元素的功能，然后综合 4 个基本的 local 分类器的预测对一个全连接的图赋予边以权重，最后通过 MST 算法来找一个最优的结构树。Stab 和 Gurevych[105] 则采用两个局部的基本分类器，一个用于论辩元素的成分分类，另一个用于对论辩元素对的关系进行识别。基本分类器的结果组合起来成为关系的权重，然后在一些合理的约束如至少有一个元素没有外出的边（结论）等之下使用整数线性规划（integer linear programming，ILP）方法全局优化其结果，然后得出论辩结构图。Stab 等发现结构因素是最有效的，其次是一些指示词，词汇特征反倒没有正面作用。Hou 等[116] 的联合模型则将论辩关系的分类和立场的分类联合起来设计了一个联合推理模型。

另外，在大规模论辩数据方面，Lawrence 和 Reed[126] 使用复杂论辩网络中元素之间的互动来重构大型数据库中的论辩结构。

在论辩结构挖掘之后，另外一个相关问题是论辩中模板的识别与发现，由于问题的难度较大，这方面的工作较少，仅有一些初步工作：如 Green[127] 对遗传研究论文中论辩模式的研究，给出了 10 种语义不同的论辩模式，提出了在语料库中进行标注的方法，为论辩挖掘奠定了基础。Green[128] 研究了基于语义规则手工识别论辩模板。但是如何从论辩文本中自动识别论辩模式还是比较困难的工作，目前的研究还是手工的，此外如何对论辩文本 scheme 进行标注也是一个问题。

4.3.4 论辩语料库的建设

由于现有的论辩挖掘基本还是属于有监督的机器学习方法，因此标注文本或建设论辩语料库就是一项必不可少的工作。语料库作为存放语言材料的数据库，是利用机器学习和人工智能技术的论辩挖掘所必需的。论辩挖掘系统的学习训练需要大量标注文档（语料库），但构建标注语料库是极其耗时耗力的，如需要专家团队来标注，以保证标注的一致性。大部分数据集是基于特定目标或针对特定体裁建立的，并不适用于所有方法、任务。

现有的语料库也不少，可以大致分为以下几类。

结构预测语料库：目前有几个标注语料库是基于单一目的构建的，纯粹是为了分析论证及其成分间的关系。这些语料库只包含论辩内容，并不适用于一般的论辩挖掘任务。这些语料库包括 AraucariaDB[112] 建立的、从道德迷宫（英国广播公司电台节目）摘录的几个标注片段。Boltužić 和 Najder[122] 的工作类似：他们的语料库由用户评论文档构成，并开发一个系统，把每个评论与相应论证的关系分为五类（强攻击、攻击、强支持、支持、不存在关系）。因此，这是应用于结构预测的语料库。同样地，Kirschner 等[129] 提出的德语语料库是关于论证结构标注的科学出版物集，他们的标注模式有四种句子间的二元关系类型（支持、攻击、细节、序列），标注输出的是图结构，他们还开发了用于标注任务的标注工具。

法律领域语料库：比较常见的有 Mochales 和 Moens[66] 构建的基于欧洲人权法院（ECHR）的语料库，以及 AraucariaDB 语料库——结构化法律文档。AraucariaDB 可被用于论证成分检测。而 Ashley 和 Walker[130] 构建了基于疫苗/损伤项目（V/IP）的语料库，这个语料库包含标注的省略三段论，还添加了在论证中起着重要作用的实体、事件、关系等因素，应用目标是从包含疫苗登记的司法判决中提取论证。

科学领域语料库：Houngbo 和 Mercer[131] 从生物医学文本中建立了一个自动标注语料库，把句子的修辞范畴分为四类：引言、方法、结果、讨论。Green[132] 创建了一个生物医学领域的语料库，并定性描述了创建过程。Eckle-Kohler 等[90] 从教育心理学、发展心理学领域的不同杂志选取 24 篇关于 5 个颇具争议性的教育话题（教学专业性、学习动机、注意力不集中症、恃强欺弱的行为、作业评定）的文章，开展了关于教育领域的科学出版物的标注研究。

人文领域语料库：Lawrence 等[117] 构建了一个论证语料库，首先将人工论证分析和当前的自动论证分析水平进行对比，然后将手工标注和自动标注的方式结合起来对 19 世纪的哲学文本进行研究。Stab 和 Gurevych[105,133] 构建了一个包含 400 篇英语议论文的语料库。

网络文本语料库：目前，论辩挖掘最大的数据集是 IBM 研究团队从维基百科页面文本收集的数据集合。这个语料库是通过给定主题收集上下文相关主张和前提。这个语料库的首个版本包含 33 个主题，共 315 篇文章，但证据只标注了 12 个主题。这个语料库虽然很大，但不平衡，它在 5000 个句子中只包含 2000 个论证成分。在此语料库上，Levy[97] 使用上下文相关方法进行主张检测，而 Lippi 和

Torroni[86] 却使用上下文无关方法。这个语料库的第二个版本是由 Rinott 等[91] 从 58 个主题的 547 篇文章中，收集了 2294 个主张标注、4690 个证据标注。其他的关于网上用户生成内容的语料库，有 Biran 和 Rambow[92] 标注的语料库，包含来自《生活杂志》(Live Journal) 的 309 篇博客，标注主张、前提和它们之间的关系，而且这个语料库被应用到他们的实验中。还有 Goudas 等[134] 用来解决句子分类和边界检测问题的语料库。Sardianos 等[87] 只用来进行边界检测的语料库，该语料库是希腊语语料库，并不开放。Habernal 和 Gurevych[115] 的语料库库包含了 340 个文本，并用图尔明模型进行标注。

还有 Reisert 等[135] 在微博收集的日语语料库，用来识别微博中的证据；Peldszus[119] 使用的微文本语料库（起初是德语，后来被翻译为英语），这个语料库被 Becker 等[136] 用来对每个从句进行情景实体 (SE) 类型标注；Eckle-Kohler 等[90] 的语料库包含德国新闻文本，他们在其上标注主张-前提模型。另外，Habernal 等[103] 开发的标注语料库以图尔明模型的变体为论证模型，包含 990 篇英文文章评论和论坛帖子，其中 524 篇是标注为论辩性的。

Wachsmuth 等[137] 建立的 ArguAna 语料库是由 TripAdvisor.com 上的旅馆评论构成的，只要与旅馆相关的评论，其他的忽略。该语料库总共 180 篇评论，包含 784 个观点，并把每个陈述标注为积极、消极、客观。该语料库被 Rajendran 等[108] 用来寻找评论中显性和隐性观点分类之间的关联，并从省略三段论中检测论证。积极、消极观点更具有舆论导向性，因此在他们的工作中忽视客观陈述。Addawood 和 Bashir[118] 建立了一个黄金标准数据库，包含与近期 Apple/FBI 加密辩论相关的 3 000 篇 tweets 文章，还开发了一个框架，自动把 Twitter 中用于辩论的证据分为六种类型。

此外，各个文献由于自己工作的需要也往往会建设和标注自己的语料库。由于论辩问题的复杂性及其与论辩理论的深刻关系，目前虽然不断有新的语料库出现，还没有一个普遍公认的论辩语料库。研究者往往需要根据自己的具体需要和理论分析，决定如何标注文本，建立符合自己需求的论辩语料库。目前论辩 scheme 的标注方式研究很少，也没有中文的论辩语料库出现，这也是国内论辩挖掘所急需要填补的空白。

4.3.5 主流论辩挖掘方法的特点

论辩挖掘是属于自然语言处理的范畴的，相当于文本挖掘与机器学习技术的结合。从其目的及主要任务来看，无疑是自然语言处理的一个研究方向——文本挖掘的范畴，只不过任务目标更具体化。表 4.1 展示了论辩挖掘（AM）子任务与机器学习和自然语言处理 (ML-NLP) 任务的对应关系。

从现有研究我们可以看到，虽然有基于规则的论辩挖掘[138]，但目前文献中采

4.3 论辩挖掘的主要研究与方法

用的研究方法更多的还是基于特征工程的传统机器学习算法,需要人为地进行特征函数的设置,而且还需要对大量的文本根据需要和论辩理论进行手工标注。这都是非常耗时且在大量文本的场合使用存在一定的困难。在论辩挖掘中根据问题需要对特征的定义方式很多。Aker 等[139]对现有论辩挖掘文献中分类器和特征选择进行了一个比较全面的分析。类似地,张有枝也有类似的一个分析比较。

表 4.1 AM 子任务与 ML-NLP 任务的对应关系

AM	ML-NLP
论辩句子检测	句子分类、对冲线索检测、情感分析、问题分类、主体性预测
论证成分边界检测	序列标注、命名实体识别、文本分割
论证结构预测	关系预测、话语关系分类、语义文本相似度

另外,现在的论辩挖掘主要使用的还是基于监督的机器学习方法,而这需要有标注文本的论辩语料库。论辩语料库的建设涉及对论辩的理解和分析,这又和论辩理论有直接的关系,所以论辩挖掘的工作这里也离不开相应的论辩理论分析。不过无监督的学习也在部分研究中可以看到,这对于大规模文本的分析是更有帮助。

4.3.6 深度学习与论辩挖掘

随着深度学习及其在 NLP 问题中的应用,作为 NLP 一个较困难部分的论辩挖掘也在近来的一些深度学习研究中得到了重视。众所周知,深度学习的一个优势是能够自动进行文本特征的抽取,而不需要手工利用领域知识对特征进行复杂的定义。此外,目前深度学习在 NLP 的基本处理任务中都得到了广泛的研究,提出了很多新的分析模型,所取得的成果也比传统的特征工程方法有一定的改进[140,141]。

深度学习在 NLP 处理任务中的第一个具有重要意义的成果是词向量或词的嵌入式表示,用低维的向量对词的语义进行表示,这构成目前很多深度深入学习 NLP 工作的一个起点和输入[142-144]。随着词向量在 NLP 任务中的成功,更多的人开始探索较长文本如短语、句子、段落的向量表示,这方面也有很多的研究如文献 [145],其中简化的做法是直接把单个词向量组合起来,复杂的做法则较多地使用了 CNN、循环神经网络(recurrent neural network,RNN)和 LSTM 网络训练向量[146,147]。此外,我们还可以看到,NLP 方面的很多经典任务如作中文分词、命名实体识别(named entity recognition,NER)、句法分析及语义角色标注等都有采用深度学习的方法进行探索的,其效果也有一定的改进。这方面的研究也比较受到学者关注[141]。

深度学习在论辩挖掘中也开始初步得到使用,目前已经有一些文献在开展这方面的工作。论辩元素的识别和分类都是机器学习的分类问题,可以采用深度学习模型进行处理。在现有的深度神经网络中,除了在视频图像上的应用之外,由于 CNN 能捕获局部的相关性信息,适合分类任务,如语义分析、垃圾邮件检测和话题分类。但由于卷积运算和池化会丢失局部区域某些单词的顺序信息,所以一般认为序列标记效果就不会太好,所以序列标记一般采基于 LSTM 模型[148]。现在 CNN 在 NLP 尤其句子分类中的作用已得到研究。Kim[149] 采用的网络结构非常简单,在不同的分类数据集上评估 CNN 模型,实验结果显示 CNN 模型在各个测试数据集上的表现非常出色。该模型的输入层是一个表示句子的矩阵或把输入层理把一句话转化成了一个二维的图像,每一行是 word2vec 词向量。接着是由若干个滤波器组成的卷积层,然后是最大池化层,最后是 softmax 分类器。所以类似地,论辩元素的分类作为一种类型的句子分类也可以通过深度学习分类的方式来实现。一个工作是 Guggilla 等[150] 使用 CNN 和 LSTM 网络对在线用户的评论进行分类。这里他们除了使用标准的词向量外,还使用了几种不同的基于语言学知识和上下文的词向量嵌入方式,如基于依存关系的嵌入和基于特定任务的嵌入表示。他们虽然没有使用繁杂的特征工程方法,但该模型在对在线评论的类别判别上取得了不错的效果,比最好的基于特征工程的 SVM 和 CRF 模型都有所改进。不过实验中显示 CNN 模型的效果比 LSTM 效果稍好,这个深度学习的模型虽然简单,但由于深度学习的特点,具有较好的通用性。类似的工作有 Chen 等[151] 使用深度学习模型对社交媒体上的立场分类进行了研究;Koreeda 等[152] 在双向 RNN 中使用注意力模型识别存在支持/反对关系的句子对等。

近来深度学习尤其是 RNN 和 LSTM 在实体关系(entity relationship,ER)抽取方面得到了一定的研究,这也可以借鉴来对论辩元素之间的关系进行研究。目前流行的模型双向 LSTM+CRF 用于序列标记的任务同样可以应用到论辩文本的元素类型标记上[148]。

如前所述,论辩元素的分类和论辩元素关系的识别方面,一般的做法是先进行论辩元素的分类,然后在此基础上进行论辩关系的分类。实际上,这二者之间存在着互相影响的密切关系。因此当前有些 NLP 和论辩挖掘的文献是将两个任务联合起来作为多任务学习的一种来一起解决,这种联合模型也是近几年 NLP 包括深度学习的文献比较流行的一种做法[125]。更进一步,深度学习的一个优势是可以实现端到端的论辩挖掘集成模型。通常的论辩挖掘由一个很长的流水线组成,中间涉及很多的步骤和过程,如开始分词、句法分析、词汇分析、词汇分析、语义分析及特征定义,然后再使用机器学习的算法进行元素分类和关系分类。这里由于每一步分析的结果都存在误差,所以可能导致后面的误差会越来越大的累积错误。深度学习模型可以将这些所有用到的步骤都在一个模型内实现。Eger 等[153]

就端对端论辩挖掘中的深度学习技术进行了研究。一方面，他们将论辩挖掘作为一个基于 token 的依存分析问题，另一方面也将其作为一个基于 token 的序列标记问题进行研究。

此外，论辩挖掘涉及很多互相联系的任务，所以可以作为一个多任务学习进行处理。Eger 等[153]发现，和一般工作在论辩元素层面上的论辩挖掘不同，工作在 token 层面的依存分析在论辩挖掘上的性能要差一些，而更简单的基于 Bi-LSTM 的序列标记模型效果要好，因为 LSTM 能够处理论辩挖掘中的长距离依赖关系，而且联合学习的多任务学习模型也能够提高性能。可见，相对传统的特征工程和 NLP 流水线方法，端到端的深度学习模型确实有一定的优势。

我们可以看到，虽然深度学习模型在论辩挖掘上的工作还不是很多，但随着深度学习的发展，相关的模型将会很快应用到论辩挖掘的研究中，这方面的工作也只是刚开始，还有很大的发展潜力。目前使用较多的模型还是 RNN, LSTM 包括 CNN 都对论辩挖掘的具体工作有所贡献，提高了学习的有效性。鉴于深度学习和 NLP 的研究处于一个飞速发展的阶段，新的技术和方法不断涌现，如注意力模型、生成对抗网络（generative adversarial network, GAN）及深度强化学习都有可能对 NLP 和论辩挖掘的处理有积极的意义。尤其是基于注意力的模型对论辩挖掘及其相关任务将会有很大促进作用，目前相关研究正在涌现。

4.4 论辩挖掘其他扩展研究

在论辩元素识别和结构分析的基础上，论辩挖掘还有些扩展的任务，如论辩文本立场的识别和极性（polarity）分析、论辩文本摘要及对论辩质量的合理性评估等。

情感或极性分析是要分析给定文本的态度和情感是积极的还是消极的，有时也可能是中性或混合性的，而论辩文本的立场分析则是指一个人对某个观点或论题的整体观点，但分析的困难点也在于该论题并不一定在文本中会被明确提到。极性分析在过去的十多年内在数据挖掘领域得到广泛的分析，而论辩立场分析还是一个比较新的研究课题[154-157]。

对话性文本中的论辩立场（stance）识别是近来比较关注的话题。如 Somasundaran 和 Wiebe[155]研究了 aspect 和论题之间的关系；Ranade 等[158]研究了作者意图与在线讨论立场识别的关系；Hasan 和 Ng[157]研究了对话中的相反（opposing）观点。独白性文本（monological）的立场分析也有研究关注，如 Faulkner[156]基于学生论文研究了论辩立场模型。Wachsmuth 等[137]分析了 web 评论中的论辩立场，研究了 web 评论中全局性的话语层结构，其基本想法是将论辩建模为一个情感流，然后通过集中训练论辩文本中的情感流来识别流的模式，并计算其相似性。该做法的优势在于能够跨越不同论域来对情感流（flow）进行抽象，这是因为他们通过经验文本的研究发现人们针对某个话题表达其整体情感时往往遵循类似的局部情感序列或模式，该序列又独立于论域。在此基础上，Wachsmuth 等[137] 分析了一些和论辩相关的流，表明流可以作为话语层次分析的普遍模型，并提高了分析模型在不同领域的分析结果的稳健性。Bar-Haim 等[159] 利用了上下文特征和词汇扩展知识来提高过去仅仅依赖编制立场词典或情感词典等背景知识进行立场分类方法的性能。此外，对文本立场的分析是一件很有意义的事情，能够帮助我们发现论辩文本中的论辩结构。

针对网络上海量的论辩文本，目前一个有较大实用价值的研究是分析网络上关于某些话题的讨论信息，将背后支持某个观点的理由和论据提取出来并进行总结和整理。文献中关于自动摘要的研究很多，如果结合论辩信息进行，总结出的信息可以帮助我们更深层地获取网上各种观点背后的原因，相应的结果可以在政府部门决策时使用。这方面的研究刚起步不久，如 Egan 等[160] 通过点"point"即动词包括其句型参数来进行网络论坛讨论中关键内容的抽取，并自动产生论辩的摘要。

论辩挖掘中还有一个很有的意义的工作是论辩的评估，包括如何评估一个论证的说服力可信度如何。Walton[161] 在非形式逻辑中讨论了论证的合理性，Johnson 和 Blair[162] 讨论了论证评估中的一些规范标准。Persing 和 Ng[163] 在说服性议论文中对论辩的力量进行了建模，但论辩评估在这方面的研究目前较少。Chen 等[164] 主要通过论辩的两两对比来得到相关的偏好排序进行了探索。Habernal 和 Gurrevych[165] 还通过特征工程 SVM 和双向 LSTM 网络分析了网络论辩的可信性或说服力的问题。为了克服评判的主观性，实际上他们把这个问题作为二元关系的分类来进行处理，通过相应的语料库，研究了如何判断或必须具备何种属性才能判断一个论证是否更有说服力，并通过构造论辩图对所有相关的论辩进行排序。

论辩文本的自动评分也是一个研究方向，如 Song 等[166] 利用沃顿（Walton）的论辩模式 scheme 理论，通过开发标注协议自动识别论辩中的模式对论辩元素进行识别和分类，自动识别和 scheme 相关的元素并对短文自动打分。Nathan Ong 等[98] 使用基于本体论辩挖掘来对论文自动打分。Klebanov 等研究了论辩结构和论辩内容与质量的关系，认为论辩结构对于论辩写作的自动评分非常有益。[167]

论辩文本的自动生成也是有实际意义的研究问题。如 Reisert 等[135] 根据给定的话题关键字，开发了一个发现多个文本中的论辩的计算模型，然后据此生成一个图尔明模型的论辩文本，这里的关键问题在于找到论辩文本中对应于图尔明模型各个类型的句子并生成一个和谐的文本。在技术上，这个问题和论辩自动摘要也有一定的关系。

由此可见，论辩挖掘有很多的扩展内容可以进行深入发展和研究，也有很多的应用价值，因此有很大的研究空间，值得进一步探索。

4.5 结　　论

论辩挖掘是一个新兴的研究领域。可以看到，虽然论辩挖掘已经取得了一定的成果，但也存在很多明显缺陷。由于问题论辩挖掘问题本身的复杂性，涉及多个学科和领域，目前的研究还处于一个起步阶段。从计算技术的角度来看，论辩挖掘其实被视为自然语言处理NLP中较高层次的内容，但过往的计算语言学研究比较理论化，无法应对大数据非结构化文本分析的需求。由于语言及其应用的复杂性，论辩理论中论辩挖掘还涉及对语言的深层次理解如文本的修辞与篇章结构，如何更进一步深层次地理解文本内容包括论辩的因素是一个很困难和很有挑战性的任务。

现有研究的一个重要缺点是论辩理论和NLP中的论辩挖掘两个方向的研究并没有很好地融合起来，传统的论辩理论和目前的论辩挖掘各自为政。在现有的NLP论辩挖掘中，还没有充分利用论辩理论来指导论辩挖掘工作的深入发展。关于论辩的理论研究尤其是非形式逻辑关于论辩虽然有很多的研究成果，但这些研究进展的丰富性还没有在论辩挖掘实验中得到重视和应用。因此目前论辩挖掘实验所用到的论辩模型包括对论辩元素的分类只是采用较为简化的形式。论辩理论对于论辩挖掘的指导意义也没有充分体现出来。这使得目前的论辩挖掘研究还处于一个比较浅层次的分析水平上，还无法捕获论辩文本的很多复杂表现形式，以及很多论辩中的问题如论辩模板的识别等。同时由于对自然语言文本理解的困难性，现有论辩挖掘的准确度还不高，这方面改进的空间还很大。机器学习技术的改进，深度学习模型的进一步发展及和现有机器模型方法的融合在论辩挖掘问题上都需要进一步的深入发展，以提高论辩挖掘的准确性，其中论辩理论如何更好地指导论辩挖掘也是需要重点改进和研究的方向。

作为一个跨学科的问题，由于其潜在的重要用途，论辩理论已经成为当前各个学科尤其是人工智能关注的一个焦点问题。鉴于机器语言理解的困难性，从计算科学的角度出发，紧密结合非形式逻辑领域关于论辩的理论与经验研究，采用并发展当前的机器学习、深度学习及NLP技术展开论辩挖掘的实验研究是一件很有意义的工作。

论辩挖掘目前已经研究分析的文本对象主要包括议论性短文，法律文本、科学尤其是医学文本及web上的文本如论坛、微博及Twitter等。现有的NLP包括深度学习在NLP中的应用在论辩挖掘上虽然取得了一定的成果，但也有很多的不足。通过对网络论辩文本的分析，深入理解论辩文本的结构，能够推动计算会话分析和论辩信息检索的发展。反过来，基于机器学习的论辩挖掘能够帮助我们更好地理解论辩文本的实际构成方式，自动对论辩文本进行分析、检验、验证和发展论辩理论。这对于论辩理论本身也有很大的帮助。

在实践应用上，论辩挖掘也有重要的意义，如对论辩文本中论辩观点的提取与总结、文本中论辩合理性与充分性质量的计算评估等技术都有很多应用价值。论辩在企业重要决策中也能得到使用，如工业界 IBM 的认知计算和 Watson 实验室中关于论辩与企业决策的研究等。论辩挖掘在政府决策、舆情分析及商业应用中的前景也得到注意，如可以总结生成给定话题网络相关论辩内容提供给决策部分分析参考。这些都充分显示了论辩研究在实践中的价值和前景。

总的来看，在论辩这个跨学科的领域，论辩理论和计算技术尤其是机器学习技术的融合为我们提供众多有意义和发展前景的研究内容和挑战，还有很大的发展空间。因此结合深度学习技术和 NLP 理论的发展，根据论辩本身的性质，发展相应的计算模型并开发相关的应用是非常必要的。

第 5 章　机器学习的模型和特征选择

5.1　引　　言

把论证成分及其关系识别出来是机器学习的范畴，也是论证挖掘中关键的一环。机器学习在 60 多年的发展过程中积累了很多算法。就论证挖掘一般所归属的分类任务而言，机器学习分类学习算法就有八大类模型：线性模型、决策树模型、神经网络模型、支持向量机模型、贝叶斯模型、集成学习模型、懒惰学习模型、规则学习模型，而且每一类模型还包括很多算法。但是目前的论证挖掘研究只是随机选择算法或者简单地比较几种算法。其结果自然是性能不佳。在目前的研究中，准确率能够达到 80% 的寥寥无几。在机器学习中，我们在进行模型选择之前需要用算法学习。但学习算法所使用的样本是由特征来描述的。论证挖掘所使用的样本特征是从文本中抽取的。而文本处理的一大麻烦是特征空间的维数过高即特征数量过多[120,168]。以论证挖掘中经常用到的 n 元组特征[68,89]为例，一元组特征包含句子的每一个词，二元组特征包含每对连续单词，三元组特征包含每三个连续的单词。而在论证挖掘中这一、二、三元组都会考虑特征[66,89]。由此我们如果在篇幅比较长的文本中进行论证挖掘，仅仅就是抽取这个元组特征，我们的每个样本就可能会有成千上万个特征量。这么多的特征量对于大多数算法来说是难以运行的。比如，大多数神经网络模型都不能处理这么多特征。同时如果这些特征之间不是独立的（这种情况普遍存在），那么贝叶斯模型也难以处理[168]。这就有了在不减少模型的性能的情况下，比如，识别论证成分的能力没有下降，减小特征空间的需求。在如此多的样本、如此大的特征空间中操作对于人来说也是难以完成的。由此，自动特征选择是最好的途径。特征选择是降低数据维度的有效方法[169,170]。数据集中的每一个样本都是用特征来描述的，我们用很多特征来描述一个样本，但并不是使用的特征越多越好。一方面使用的特征越多，由于在数学模型中一个特征就是一个变量，将使得学习算法学习的过程中计算量增加；另一方面，有些特征无关紧要，有些特征却比较重要。比如，在论证挖掘中，一个语句片段中，对于判断其是否是论证成分中的任意一个，它前面有个动词"停止"可能并没有它前面有个连接词"因为"重要。因而特征选择是在数据中有大量的特征时需要考虑的问题[168-171]，其目的有三个方面[171]：改善预测的精度；提供更快、更有效的预测模型；提供让人更容易理解的产生数据的过程。这就好比人在考虑问题时，如果考虑的方面过多，往往就会优柔寡断，而结果也未必会好，同时由于牵涉太多解释起来也不太容易让人明白。特征选择算法主要有三类[172,173]：第一类是嵌入式的方法，即特征选择算法是预测模型的一部分，也就是说学习算法在形成模型的过程中自动进行了特征选择；第二类是包装式的方法，即给预测模型回馈特征子集的信息，或者说对选定的特征子集的评价标准是学习算法的性能，因而这个被选定的子集是为这个特定的算法服务的；第三类是过滤式的方法，即很有可能在数据分析中把没有用的特征给过滤掉。过滤式的方法只是对数据中的特征进行评估而没有从最后使用这个处理过的数据的预测模型中得到反馈，从而这个方法是独立于预测模型的。简单来说就是先选择再训练模型。也正由此其往往比前面两种方法更容易操作、具更低的计算复杂性。从而过滤式的方法也比其他方法更适合于特征数量过高的数据[174]。而数据中从文本自动抽取出来的特征有大量的无关特征，由此我们也将采用过滤的方式。过滤式的方法给每一个特征赋值然后用排序的方法进行选择。特征选择的方法主要有信息增益法、卡方统计法等。在以往的研究中已经有不少的领域在关注特征选择方法的比较研究，如在软件缺陷预测中进行特征选择方法比较研究[175]和文本分类中进行特征选择方法的比较研究[168,174,176,177]等。在和论证挖掘同样要进行文本处理的文本分类研究中，在使用的算法方面，Yang和Pedersen[168]采用了线性模型中的算法和懒惰学习模型的邻近算法，通过评估这两个算法学得的模型的性能来评估特征选择方法的有效性。而Mladenic和Grobelnik[176]及Uchyigit[177]只使用了朴素贝叶斯分类方法，但Forma[174]使用支持向量机模型。在评估方法上，Yang和Pedersen[168,174,176,177]只使用了查准率，Mladenic和Grobelnik[176]使用了查全率、查准率和F1值，而Forman[174]使用准确率、查全率、查准率和F1测量值等。其中，Yang和Pedersen[168]通过比较的方法研究了文本分类中的特征选择问题，此时他们考虑的特征选择方法有文档频数法、信息增益法、互信息法、卡方统计法等五个。他们发现信息增益法和卡方统计法更有效。但Mladenic和Grobelnik[176]用文本分类的实验表明在类别比例高度不平衡的数据中信息增益方法表现却很差，和随机选择差不多。而Forman[174]的实验显示信息增益法在文本分类的多数情况下都表现很好。而互信息法在特征选择中常常等价于信息增益法[173]。文档频数表示是每一词项在多少个文档中出现。由于我们的论证挖掘不以一个文档为一个样本，而以一个标记的语句成分为样本，故文档频数法明显不适用于论证挖掘。这也说明了文本分类和论证挖掘是有区别的。适用于文本分类系统的特征选择方法未必适用于论证挖掘系统。因此进行论证挖掘中的特征选择方法的比较研究是有必要的。进行论证挖掘中特征选择方法的比较研究的主要目的是在论证挖掘中找出有效的特征选择方法以降低特征维数。借鉴文本分类中特征选择方法的比较研究及根据论证挖掘的特点，我们将比较信息增益法、卡方统计法、增益率法、关联系数法和 Relief 过滤法这五种方法。和以往只用一两种算法表现来评估特征选择方法不同，我们将进行大规模算法比较实验。同时，我们不仅考虑个体算法的表现，还将考虑算法整体的表现。我们将使用准确率、查全率、查准率和 F1 值来衡量我们的实验结果。

5.2 论辩挖掘与特征选择方法

在机器学习中，对于特征数量较多的数据集，我们需要先使用特征选择方法。这里我们介绍我们将要使用的过滤式的方法，特别是其中的信息增益法、卡方统计法、增益率法、关联系数法、Relief 过滤法这五种方法。

特征选择的过滤式的方法[173]是一个函数 $I : A|D \to R$，其值（$I(A|D)$）评估了在给定数据全集 D 下，一个给定的特征子集 A 是如何和任务 T（如我们将讨论的论证成分分类）关联的，因而也称为关联指数。由于数据全集 D 和任务 T 常常是固定的，为了简便，子集 A 的关联指数也写为 $I(A)$。由关联指数，我们就可以得到每一个特征的序列 $I(a_{i,1}) \leqslant I(a_{i,2}) \leqslant \cdots \leqslant I(a_{i,v})(a_{i,j} \in A_i)$。由此，那些排在最后的特征就可以过滤掉。

那么一个特征和给定的任务相关意味着什么？一个直觉的解释是[173]：在把类别 $Y = y$ 从其他类别中区分出来的过程中，一个特征 a 是相关的当且仅当对于 a 的某个取值 a^v（假设 a 有 V 个可能取值 $\{a^1, a^2, \cdots, a^V\}$）且 $P(a = a^v) > 0$，条件概率 $P(Y = y \mid a = a^v)$ 和非条件概率 $P(Y = y)$ 不同。下面介绍几种用于计算这个关联的方法。

在过滤式的方法中，基于信息论的信息增益法在特征选择里常常被用到。对于包含在类别 Y 的概率分布 P 的信息熵[172,173]如下：

$$H(Y) = -\sum_{i=1}^{|Y|} P(y_i) \log_2 P(y_i) \tag{5.1}$$

也就是熵的值取负，其中 $P(y_i)$ 是 Y 中元素 y_i 对应的概率 (这里就是 y_i 在样本中出现的频率)。类似地，对于特征 a 的取值的离散分布的信息熵[172,173]为

$$H(a) = -\sum_{v=1}^{V} P(a^v) \log_2 P(a^v) \tag{5.2}$$

而特征对于类别 Y 的**信息增益法**[172,173]定义如下：

$$IG(Y, a) = H(Y) - H(Y \mid a) \tag{5.3}$$

$$= H(Y) - \sum_{i,j} P(a^i)(-P(y_j|a^i) \log_2 P(y_j|a^i)) \tag{5.4}$$

$$= H(Y) - \sum_{i=1}^{V} P(a^i) H(Y \mid a^i) \tag{5.5}$$

其中 $H(Y \mid a^i)$ 就是使用特征 a 来划分时，样本中含有特征 a 的赋值 a^i 的样本中 Y 的分布的信息熵，而 $P(a^i)$ 就是包含有特征 a 的赋值 a^i 的样本在所有样本中的权重。

而**增益率法**[172,173] 是对信息增益法的修改，使其减小对可取数目较多的特征的偏好带来的不利影响，其定义如下：

$$GR(Y,a) = \frac{IG(Y,a)}{H(a)} \tag{5.6}$$

但其也对可取数目较少的特征有所偏好。

卡方统计法[173,178] 是一种很简单的方法，特征 a 和类别 Y 之间的关联强度常常计算为

$$\chi^2 = \sum_{i,j} \frac{(M_{i,j} - m_{i,j})}{m_{i,j}} \tag{5.7}$$

其中 $m_{i,j} = M_{i,\cdot} M_{\cdot,j}/n$ 是假设 a 和 Y 独立观察数的期望。这里 n 是训练的样本数，$M_{i,j}$ 是当类别是 y_i 而特征值是 a^j 时的样本子集数，$M_{i,\cdot}$ 是当类别是 y_i 的样本子集数即矩阵 $M_{i,j}$ 的第 i 行的和，$M_{\cdot,j}$ 是当特征值是 a^j 时的样本子集数即矩阵 $M_{i,j}$ 的第 j 列的和。

关联系数法[173] 也是常用的方法，当特征 a 和类别 Y 被当作随机变量时，其中 Pearson 关联系数定义如下：

$$R(a,Y) = \frac{E(aY) - E(a)E(Y)}{\sqrt{\sigma^2(a)\sigma^2(Y)}} = \frac{\sum_i (a^i - \overline{a^i})(y_i - \overline{y_i})}{\sqrt{\sum_i (a^i - \overline{a^i})^2 \sum_j (y_j - \overline{y_j})^2}} \tag{5.8}$$

当 a 和 Y 是线性相关时，$R(a,Y) = \pm 1$（正 1 表示正相关，负 1 表示负相关）；否则为 0。

Relief 过滤法[172,179] 是一种常用的方法。在这种方法中，每个特征的重要性被一个"相关统计量"来度量。通过排序，k 个指定的特征就可以很容易地从这个算法里找出来。所以，这里面关键是如何来计算这个特征的相关统计量。在给定训练集 $\{(\boldsymbol{x}_i, y_i)\}_{i=1,\cdots,n}$ 中的每个样本 $\boldsymbol{x}_i$，Relief 首先在与 $\boldsymbol{x}_i$ 相同或者相似的样本中寻找它的最近邻 $\boldsymbol{x}_{i,mh}$，其次从与 $\boldsymbol{x}_i$ 不同的样本中寻找它的最近邻

$x_{i,mn}$，最后对应于第 j 个特征的相关统计量为

$$\delta^j = \sum_i (\text{diff}(x_i^j, x_{i,mn}^j)^2 - \text{diff}(x_i^j, x_{i,mh}^j)) \tag{5.9}$$

其中 x_i^j 是 x_i 在特征 j 上的取值，而当特征 j 为离散型时，如果 $x_i^j \neq x_{i,mn}^j$ 则 $\text{diff}(x_i^j, x_{i,mn}^j) = 1$，否则为 0；当其为连续型时，$\text{diff}(x_i^j, x_{i,mn}^j) = |x_i^j - x_{i,mn}^j|$，其中 $x_i^j, x_{i,mn}^j \in [0, 1]$。

5.3 模型的评估和选择

模型的评估包括学习算法学得模型过程中的评估方法、模型性能评估。通过学习算法对训练集的学习，我们可以得到一个模型。但是如何评估这个模型的性能呢？这里我们想到的自然是模型预测的准确率。在分类中，如果有 m 个样本在总共的 n 个样本中分类正确，**准确率** (accuracy)[172] 为 $\dfrac{m}{n}$，相应地，错误率或者误差为 $1 - \dfrac{m}{n}$。但是，如何进行实验使得学得的模型对于数据集更加具有代表性，也就是得到更高的预测准确率？这就要有实验评估方法。

我们可以用学习算法学得模型。但是算法如此多，当我们采用不同的算法，配置不同的算法参数时，我们会得到不同的模型[172]。模型选择[172] 是讨论如何选择模型这个问题的。而比较检验是评估不同模型之间性能差异的直接方法。

5.3.1 实验评估方法

在机器学习中，实验评估方法[172] 有很多种。在这里，我们主要介绍后面将要使用的为了更好地训练和测试算法使它学得的模型能够更好地反映数据规律的留出法和交叉验证法，以及用来应对拥有众多参数的算法的参数调节方法。

1. 留出法

留出法[172] 是在所有样本中留出一部分作为测试，这样数据就可以分为训练集和测试集，且这两个集合是互斥的。这自然会引出两个问题：一是在一个数据集中，训练集到底占多大比例合适？二是如何取样从而保证训练集和测试集数据分布的一致性？常用的做法是用分层采样的方法，即将大约 $\dfrac{2}{3}$—$\dfrac{4}{5}$ 的样本作为训练集以保证训练集和测试集中的类别一致。同时为了避免偶然性，试验中多次随机、重复地采样并试验，最后取平均值的方法也会被采用。下面的交叉验证法就是基于这样的思想。

2. 交叉验证法

交叉验证法也称为 k 折交叉验证法[172]，即所有的样本都会等分为互不相交但是保持数据分布一致性的 k 个子集，每次用一个子集作为测试集而剩下的作为训练集。这样就可以用这 k 组训练和测试集进行 k 次实验，最后得到这 k 次实验测试的平均值。通常用的 k 值是 10，此外还有 5 和 20。

3. 参数调节方法

学习算法一般都会有一些需要配置的参数，而最终模型的性能往往随着参数配置的变化而变化[172]。因而算法参数的调节对于模型选择也至关重要。为了找到最好的参数配置，很自然的想法是把所有的参数都试一遍。但是很多算法的参数都是在实数范围内取值，即在一个连续的集合中。这样我们无法把所有参数都试一遍。这也决定了我们往往只能找到较好的配置而无法确定我们已经找到了最好的配置。这样，常用的做法是在一定的区间内选择一定的步长进行枚举。比如，在 [0,1] 的区间内选择 0.1 作为步长，这样我们将有 11 个参数值，最终通过比较相应的模型性能从这 11 个参数中选择最好的。但一个模型如果有多个参数，即使这样处理也是很麻烦的。比如，即使一个模型只有 2 个这样的参数，也有 $11 \times 11 = 121$ 个模型需要考虑。这显示了参数调节对于模型选择的重要性。

5.3.2 性能评估

在算法学习之后，我们可以得到一个模型。而对于模型的性能评估，除了前面提到的准确率和误差，我们还有其他度量方法。这就是下面要介绍的查准率、查全率与 F1 值。

查准率[172]（precision）是用来衡量被预测为 y_i 的样本中有多少比例真的是 y_i 的问题，而查全率[172]（recall）是用来衡量在样本集中所有标记为 y_i 的样本也有多少比例被预测为 y_i 的问题。比如，在论证挖掘中，有可能我们会关心被预测为前提的语句片段中有多少比例真的是前提，或者所有前提中有多少比例被预测为前提等问题。这样在二分类问题中[172]，根据样本的真实标记的类别和模型预测的类别的组合，我们可以将它们划分为假正例[172]（false positive，F_p）、真正例[172]（true positive，T_p）、假反例[172]（false negative，F_n）、真反例[172]（true negative，T_n），从而样本总数：

$$n = F_p + T_p + F_n + T_n$$

同时，我们也可以得到如表 5.1 所示的混淆矩阵（confusion matrix）[172]。

这时，查准率[172]：

$$P = \frac{T_p}{T_p + F_p} \tag{5.10}$$

5.3 模型的评估和选择

表 5.1 混淆矩阵

真实类别	预测的类别	
	正例	反例
正例	T_p	F_n
反例	F_p	T_n

而查全率[172]：

$$R = \frac{T_p}{T_p + F_n} \tag{5.11}$$

假如我们用上面的公式分别计算出两个模型的查准率和查全率，那么如何判断这两个模型哪个更优呢？这时，F1 值是常用的方法[172]，它平衡了查准率和查全率：

$$F1 = \frac{2 \times R \times P}{R + P} = \frac{2 \times T_p}{2 \times T_p + F_p + F_n} = \frac{2 \times T_p}{n + T_p - T_n} \tag{5.12}$$

其中 n 是样本总数。

当我们标记的类别有多个时，则我们分别计算每一个类别的查准率和查全率，记为 $(P_1, R_1), \cdots, (P_n, R_n)$。比如，在论证挖掘中，我们可以先把类别划分为前提和非前提从而计算前提的查全率和查准率，然后用相同的方法计算结论等其他类别的这两个度量。最后我们取所有类别的这两个度量的平均值就可以得到宏查准率[172] 和宏查全率[172]：

$$P_{\text{macro}} = \frac{1}{h} \sum_{j=1}^{h} P_j \tag{5.13}$$

$$R_{\text{macro}} = \frac{1}{h} \sum_{j=1}^{h} R_j \tag{5.14}$$

相应地，我们得到宏 F1 值[172]：

$$F1_{\text{macro}} = \frac{2 \times R_{\text{macro}} \times P_{\text{macro}}}{R_{\text{macro}} + P_{\text{macro}}} \tag{5.15}$$

在模型评估中，准确率是比较常用的方法。但是当数据集中样本的类别分布不平衡时，查准率、查全率与 F1 值则是常被使用的[180]。类别分布不平衡是指数据集中一个类别标记的样本比例远远高于另一类别标记的样本比例。

5.3.3 比较检验

在留出法中，如果两个模型在测试集中得到的准确率不一样，怎么看待这个准确率不一样呢？比如，一个新模型的准确率比旧模型高了 0.1%，这时能否就说新模型比旧模型的性能好呢？有没有可能是偶然因素引起的呢？如果说 0.1% 不算，那么 1%，5% 呢？其实这里要解决的问题是如何从两个模型准确率判断这两个模型的性能有显著区别。为了解决这个问题，McNemar 检验是一种很好的方法。

McNemar 检验[181] 是从测试集的性能来判断两个模型的性能是否具有显著差别。如表 5.2 所示，根据测试集的结果，我们可以得到两个模型的分类结果的差异，即测试集的样本在两个模型中都被预测正确或者错误的数目，以及只在一个模型中被预测正确的样本数量[172]。差别列联表和混淆矩阵不同之处在于，差别列联表关注的是不同模型，而混淆矩阵关注的是模型内部。

表 5.2　两个模型分类结果的差别列联表

		模型 B	
		正确	错误
模型 A	正确	n_{11}	n_{10}
	错误	n_{01}	n_{00}

我们先假设两个模型的性能相同，则它们的在这个测试集的准确率和错误率必然相等，即

$$n_{11} + n_{10} = n_{11} + n_{01} \tag{5.16}$$

$$n_{01} + n_{00} = n_{01} + n_{00} \tag{5.17}$$

从而有假设 $H_0: n_{01} = n_{10}$。现在我们检验一下新假设 $H_1: n_{01} \neq n_{10}$，即这两个模型有差别是否是可行的。由卡方检验，有

$$\chi^2 = \sum^k \frac{(观察数 - 期望)^2}{期望} \tag{5.18}$$

服从自由度为 $k-1$ 的卡方分布。从而，我们有

$$\chi^2 = \frac{\left(n_{01} - \frac{n_{01}+n_{10}}{2}\right)^2}{\frac{n_{01}+n_{10}}{2}} + \frac{\left(n_{10} - \frac{n_{01}+n_{10}}{2}\right)^2}{\frac{n_{01}+n_{10}}{2}} = \frac{(n_{01} - n_{10})^2}{n_{01} + n_{10}} \tag{5.19}$$

服从自由度为 1 的卡方分布，其中 $\frac{n_{01}+n_{10}}{2}$ 是 n_{01} 与 n_{10} 的期望。当 $n_{01}+n_{10} < 40$ 时，这个公式要做连续性校对，即有校对公式：

$$\chi^2 = \frac{(|n_{01} - n_{10}| - 1)^2}{n_{01} + n_{10}} \tag{5.20}$$

现在，根据以上公式求得的卡方值，我们可以判断两个模型是否具有显著差别。给定显著水平 α，当这里算得的卡方值小于 χ_α^2(即在自由度为 1 的卡方分布中，概率 $1-\alpha$ 对应的值) 时，假设 H_0 不能被拒绝，即这两个模型的性能没有显著差异。从 p 值的角度看，如果这里算得的卡方值在自由度为 1 的卡方分布中的概率为 p_{χ^2}，则这时 $p=1-p_{\chi^2}$ 值大于 α。这说明在假设 H_0 下，出现这个观察值是很正常的，故 H_0 不能拒绝。但是，当这里算得的卡方值大于 χ_α^2 时，假设 H_0 被拒绝，即假设 H_1 被接受。也就是说这两个模型的性能显著差异。如果一个新模型的准确率高于另一个模型，那么可以认为这个新模型的性能显著提升。这时 p 值小于 α。这说明在假设 H_0 下，一个小概率事件发生，这与根据小概率事件的推断原理矛盾，从而 H_0 被拒绝。在机器学习中，α 常取的值有 0.05、0.1[172]。而卡方检验在自由度为 1 时，且当 $\alpha=0.1$ 时，临界值为 2.7055；当 $\alpha=0.05$ 时，临界值为 3.8415（可以通过查卡方界值表或者用 R 语言、Matlab 等软件求得）。

5.4 论证挖掘中特征选择的比较研究

本章将用实验比较研究论证挖掘中的特征选择方法。我们这里实验的目的是找出在论证挖掘中什么方法好、什么方法差及回答特征选择方法是否有效（即能否减少特征维度而不减损模型的性能）。

5.4.1 实验设置

这一节，我们将简要介绍实验设置。这包括语料库的选择及其情况介绍，用于文本处理和特征抽取的工具与内容，以及特征选择方法与分类学习算法的使用。

1. 语料库

为了进行论证成分分类，我们使用由 Stab 与 Gurevych[182] 开发的英语议论文论证语料库。这个语料库的议论文类似于雅思或者托福考试中的文章且它们也来自于这些考试论坛。这些议论文写作的目的是要求学生对于某个一般性的话题用有说服力的论证给出观点。因为是一般考试的议论文，所以它包含生活中的各种话题，如教育、移民等话题。

这个语料库包含 90 篇议论文的 1673 个句子。它包含了三个在语句层面被标注的论证成分：大结论（一篇文章一个），小结论（一篇文章中可以有几个，比如一个自然段的观点），前提。从而这里的论证成分分类是一个多分类任务。在语料库中的每一个语句片段可以分类为大结论、小结论、前提或者是非论证成分，这样自然包括了论证成分和非论证成分的分类。一个论证成分可以是一个句子中的语句片段也有可能是整句话，而没有包含论证成分的语句被标记为"非"（none）。最后这个语料库中包含了 1879 个样本[183]。这个语料库中的四个类别的组成如

表 5.3 所示，它包含了 90 个大结论、429 个小结论、1033 个前提。表 5.3 还显示了由 Stab 和 Gurevych[183] 划分的训练集和测试集，其按照 90 篇议论文中的 80% 作为训练集、20% 作为测试集来划分。下面介绍如何从语料库中得到这些样本。

表 5.3　四个类别在数据集中的分布

	大结论	小结论	前提	非	总共
训练集	72(4.90%)	336(22.86%)	804(54.69%)	258(17.55%)	1470
测试集	18(4.40%)	93(22.74%)	229(55.99%)	69(16.87%)	409
整个语料库	90(4.79%)	429(22.83%)	1 033(54.98%)	327(17.40%)	1879

2. 文本处理与特征抽取

在实验中，我们用处理文本的 DKPro 框架[184] 的函数库对这个标注好的议论文论证语料库进行文本预处理。在预处理过程中，在 DKPro 框架内进行分词、词性标注、语法解析等步骤，然后抽取前面提到的特征。特别是在特征方面，我们考虑文本结构特征、词法特征、句法特征、指示词及语境特征。最后在得到的数据中每一个样本总共有 3764 个特征，当然还有一个类别标注用来标识它属于哪一个类别，以用于后面的学习和测试。在预处理之后，我们得到如表 5.3 所示的数据集。

3. 特征选择方法与分类算法

在文本预处理后，我们得到可用于机器学习的数据。对这些数据，我们通过调用数据挖掘软件包 Weka[185] 的分类学习的算法来处理。在应用分类算法前，我们先用 5.2 节的特征选择的方法进行特征选择。为了比较信息增益法、增益率法、卡方统计法、关联系数法、Relief 过滤法这五种方法，我们分别用它们进行特征选择即用这些方法给每一个特征赋一个值然后选择排在前面的 k 个特征用于后面的学习。在实验中，我们取 k 的值为 10—110 的 11 个整十数，同时我们进行一个不依赖于任何特征选择方法的对照实验：用全部 3764 个特征来训练算法，得到的数据作为参照。

在分类算法方面，在和论证挖掘同样要进行文本处理的文本分类研究中，Yang 和 Pedersen[168] 采用了线性模型的算法和懒惰学习模型的邻近算法，通过评估这两个算法的学得模型的性能来评估特征选择方法的有效性。而 Mladenic 和 Grobelnik[176] 及 Uchyigit[177] 只使用了朴素贝叶斯分类方法，但 Forma[174] 使用支持向量机模型。和上述研究不同的是，我们不仅要考虑具体某一个算法的表现，还将考虑一大群算法的整体表现。我们采用的算法是在 Weka 数据挖掘软件包中适用于我们经过预处理的数据的算法。这些算法完全包括第 2 章中介绍的八大类分类学习模型（即线性模型、决策树模型、神经网络模型、支持向量机模型、贝叶斯模型、集成学习模型、懒惰学习模型、规则学习模型）的 30 多个算法。这包括

5.4 论证挖掘中特征选择的比较研究

- 决策树模型在 Weka 中的 6 个算法：T_{RET}: REPTree[①], T_{RT}: RandomTree, T_{RF}: RandomForest[②], T_{LMT}: LMT, $T_{C4.5}$: J48, T_{DS}: DecisionSTump;
- 规则学习模型在 Weka 中的 5 个算法：R_{ZeroR}: ZeroR, R_{PART}: PART; R_{OneR}: OneR, R_{JRip}: JRip, R_{DT}: DecisionTable;
- 集成学习模型在 Weka 中的 13 个算法：M_{Vote}: Vote, M_{Stack}: Stacking, M_{RSS}: RandomSubSpace, M_{RC}: RandomCommittee, M_{MS}: MultiScheme, M_{MCC}: MultiClassClassifier, M_{LB}: LogitBoost, M_{FC}: FilteredClassifier, M_{CVPS}: CVParameterSelection, M_{CVR}: ClassificationViaRegression, M_{Bag}: Bagging, M_{ASC}: AttributeSelectedClassifier, M_{ABM}: AdaBoostM1;
- 懒惰学习模型在 Weka 中的 3 个算法：L_{LWL}: LWL, L_{KS}: KStar, L_{IBK}: IBK;
- 支持向量机模型在 Weka 中的 1 个算法：SVM: SMO;
- 神经网络模型在 Weka 中的 1 个算法：MLP: MultilayerPerceptron;
- 线性模型在 Weka 中的 1 个算法：LOG: Logistic;
- 贝叶斯模型在 Weka 中的 3 个算法：B_{NBMT}: NaiveBayesMultinomialText, B_{NB}: NaiveBayes, B_{BN}: BayesNet;

总共 33 个算法。

我们先对算法用前面提到的训练集进行学习，然后对学得的模型用测试集进行检测和评估。对于这个评估方法，在文本分类中，Yang 和 Pedersen[168] 只使用了查准率，Mladenic 和 Grobelnik[176] 使用了查全率、查准率和 F1 值，而 Forman[174] 使用了准确率、查全率、查准率和 F1 值等。在这里，我们将使用准确率、查全率、查准率和 F1 值来衡量我们的实验结果。使用这些评估方法的另一个理由是数据集中的各个类别标记的样本比例不是很平衡，如表 5.3 所示，而此时这些评估方法常被使用[180]。在本章中，查全率、查准率和 F1 值均是指宏查全率、宏查准率和宏 F1 值。

5.4.2 实验结果与讨论

这一节我们将给出并讨论按照上一节的设置进行实验后得到的结果。对于实验结果，我们主要关心的是学得模型的评估。我们将依次讨论学得模型在准确率、查全率、查准率、F1 值这四种评估方法下的结果。

在 33 个算法中，特征数在 110 个以下都能够快速得到结果。但是当没有使用特征选择方法而是直接用样本中的 3764 个特征时，有四个算法或者由于内存不足无法运行或者运行时间过长（超过一天）而得不到数据。这里的实验结果用表

[①] 左边是为了方便而取的代号，右边是该算法在 Weka 中的函数名。
[②] 这个随机森林算法由于它利用了决策树模型，所以在 Weka 中归为决策树模型。

格展示。在表格中，黑体表示一个算法学得的模型在不同特征数中的最大值，星号表示在指定特征数后得到所有模型中的最大值。最后一栏表示没有进行特征选择而运行得到的数据，而空格表示没有数据。后面的相关表格都按照这一方式呈现数据。由于最后一栏的数据并不依赖任何特征选择方法，在表格展示的数据中列出来是为了更好地做比较。而在五种特征选择法的总体比较的图中，这个并不依赖具体特征选择方法的数据被拿来当作基准线做参照。

1. 准确率

表 5.4 —表 5.8 是算法依次使用卡方统计法、关联系数法、增益率法、信息增益法、Relief 过滤法后在准确率的评估下表现较好的算法学得模型的准确率，这里表现较好的标准是在某个特征数下，这个算法的学得模型能否在所有算法学得模型中取得最大值。

表 5.4　各个算法在用卡方统计法选定的特征数中学得的模型的准确率（单位:%）

	\multicolumn{12}{c}{特征数}
	10	20	30	40	50	60	70	80	90	100	110	所有
T_{LMT}	69.9	71.1	74.1	71.9	74.8	73.8	74.1	76.3*	**77.0***	75.8	76.8	
R_{JRip}	69.7	74.6*	74.3	71.6	74.6	73.6	73.1	72.6	72.6	75.6	71.1	71.4
M_{RSS}	70.7	73.1	73.1	74.3	71.9	72.1	73.1	**76.3***	75.1	73.6	72.9	75.8
M_{RC}	68.7	70.7	73.8	73.6	74.8	**75.6***	73.3	73.1	74.8	73.3	73.3	68.0
M_{LB}	72.4	71.9	74.3	74.3	75.6	75.6*	75.3	74.1	76.5	**77.0***	**77.0***	75.1
M_{FC}	71.9	73.1	74.3	73.6	75.1	75.6*	**76.0***	76.3*	76.3	76.3	76.0	76.0
M_{MCC}	71.4	71.9	73.6	**74.8***	74.6	74.3	74.8	75.1	75.3	75.1	**76.8**	58.9
M_{Bag}	**73.3***	70.7	72.1	72.6	**74.6**	74.1	72.6	72.9	72.6	72.4	72.6	73.6
M_{ASC}	71.9	71.9	73.1	73.1	74.3	74.3	74.3	76.0	76.0	76.8	76.8	**76.5***
MLP	72.4	73.8	**75.3***	71.4	**75.8***	71.1	72.4	**76.0**	73.6	71.6	74.6	
最优值	73.3	74.6	75.3	74.8	75.8	75.6	76.0	76.3	77.0	77.0	77.0	76.5

表 5.5　各个算法在用关联系数法选定的特征数中学得的模型的准确率（单位:%）

	\multicolumn{12}{c}{特征数}
	10	20	30	40	50	60	70	80	90	100	110	所有
T_{LMT}	71.1	72.1	75.1	74.6	76.3	76.0	75.6	76.5	76.8	**77.3***	75.1	
M_{MCC}	72.4	72.9	75.1	**76.3***	75.8	75.3	**76.3**	75.3	75.3	74.8	72.9	58.9
M_{FC}	72.1	75.3*	**77.3***	75.8	76.8*	76.8	76.0	76.0	75.1	75.6	**75.6**	76.0
M_{CVR}	**73.3***	74.3	**75.3**	74.8	74.1	74.8	75.1	75.1	74.6	74.6	74.3	73.3
M_{ASC}	72.6	73.1	76.0	76.0	76.0	**77.3***	**77.3***	77.0*	77.0*	77.0	77.0*	**76.5***
最优值	73.3	75.3	77.3	76.3	76.8	77.3	77.3	77.0	77.0	77.3	77.0	76.5

5.4 论证挖掘中特征选择的比较研究

表 5.6 各个算法在用增益率法选定的特征数中学得的模型的准确率（单位:%）

	10	20	30	40	50	60	70	80	90	100	110	所有
T_{LMT}	65.5	67.7*	67.2	66.5	65.8	66.0	66.3	66.5	71.1	74.6	**74.8**	
$T_{C4.5}$	65.3	67.0	67.0	67.5*	66.5	66.3	67.7	68.5	76.0*	**76.3***	73.8	72.6
R_{PART}	65.0	67.7*	67.7*	66.7	65.0	63.8	66.3	66.7	69.7	72.4	**75.3**	69.2
R_{JRip}	66.7*	67.7*	67.0	66.0	66.7	64.8	67.2	68.5	71.4	75.3	**77.3***	71.4
M_{FC}	65.0	67.0	67.0	66.5	66.5	66.5	68.0*	66.5	73.8	74.6	74.3	**76.0**
M_{ASC}	66.5	67.5	67.5	67.5*	67.5*	67.5*	67.5	68.9*	73.6	75.3	75.3	**76.5***
最优值	66.7	67.7	67.7	67.5	67.5	67.5	68.0	68.9	76.0	76.3	77.3	76.5

表 5.7 各个算法在用信息增益法选定的特征数中学得的模型的准确率（单位:%）

	10	20	30	40	50	60	70	80	90	100	110	所有
T_{RF}	73.8	75.3*	72.9	74.3	74.3	**75.6**	72.6	73.3	74.6	74.1	72.9	66.0
T_{LMT}	71.9	71.1	72.9	75.8	75.1	76.5	76.3	**77.3***	76.5	76.3	76.3	
R_{JRip}	75.3*	73.1	72.4	**76.8***	72.4	73.3	75.1	74.6	74.6	74.6	74.6	71.4
M_{LB}	70.7	72.6	72.9	75.8	76.0*	76.8*	**77.0***	77.0	77.0	77.0	77.0	75.1
M_{CVR}	72.9	73.3	**75.8***	75.8	74.3	74.8	74.6	74.6	73.8	73.8	73.8	73.3
M_{ASC}	72.6	71.9	73.1	74.3	76.0*	75.3	76.0	**77.3***	77.3*	77.3*	77.3*	76.5*
SVM	69.9	69.7	72.9	74.3	73.3	74.3	73.8	73.6	74.1	**77.3***	75.8	72.1
最优值	75.3	75.3	75.8	76.8	76.0	76.8	77.0	77.3	77.3	77.3	77.3	76.5

表 5.8 各个算法在用 Relief 过滤法选定的特征数中学得的模型的准确率（单位:%）

	10	20	30	40	50	60	70	80	90	100	110	所有
T_{RF}	69.7	68.7	72.6	73.8	69.9	70.4	72.6	72.9	**75.6***	71.6	70.2	66.0
T_{LMT}	70.9	75.3*	74.1	**75.8**	74.3	74.3	74.3	73.8	72.4	72.4	74.3	
R_{DT}	69.2	74.1	**75.1***	75.1	75.1	75.1	75.1	74.8	74.8	71.9	71.9	72.1
M_{FC}	72.1	74.6	74.1	**76.0***	76.0*	76.0*	76.0*	75.1*	75.1	75.1*	75.1*	76.0
M_{CVR}	72.1	**75.3***	73.3	74.1	74.1	75.1	74.6	73.3	72.6	72.6	72.9	73.3
M_{Bag}	**73.8***	70.4	72.6	73.8	72.4	71.4	71.9	72.9	71.9	70.9	70.9	73.6
M_{ASC}	72.6	73.1	73.1	73.1	73.1	73.1	73.1	73.1	73.1	73.1	**76.5***	
最优值	73.8	75.3	75.1	76.0	76.0	76.0	76.0	75.1	75.6	75.1	76.5	

  以 33 个算法的整体表现为对象，卡方统计法、关联系数法、增益率法、信息增益法和 Relief 过滤法在准确率评估下的比较结果如图 5.1 所示。其中，信息增益法和关联系数法的表现最好。它们虽然有波动，但是都不分彼此且都多次达到最大值 77.3%。更具体地说，它们在特征数为 40 个以前此消彼长，在特征数为 40—70 个之间为关联系数法占优势，此后一直是信息增益法占优势。其次是卡方统计法，它一开始表现并不如信息增益法和关联系数法。但是卡方统计法的准确

率整体来看是上升的,当特征数达到 90 个之后,卡方统计法的表现就和信息增益法和关联系数法差不多。增益率法一开始和其他方法有很明显的差距,并且一直维持 68% 以下的水平,直到特征数达到 70 个之后,它的准确率才显著增长,到特征数为 90 个时其准确率达到 76%,最后缓慢增长到 77.3% 的最大值。这也说明在用增益率法时,选择的特征数不宜过少。Relief 过滤法在特征数为 70 个以前基本上比卡方统计法和增益率法表现好,但在特征数达到 70 个之后有下降趋势以至于在 90 个特征数之后成为表现最差的。

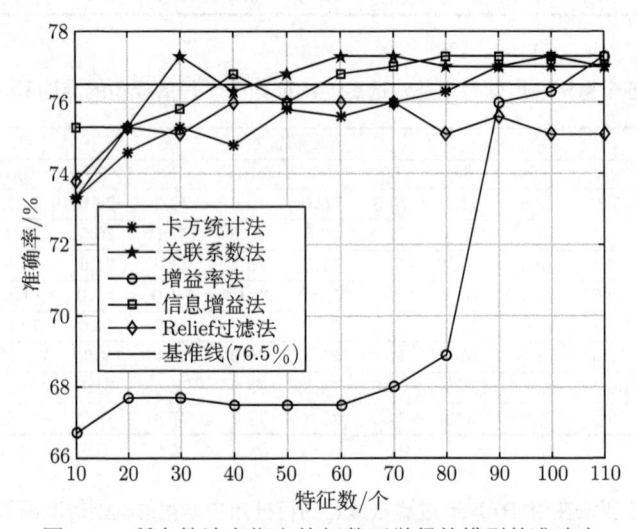

图 5.1 所有算法在指定特征数下学得的模型的准确率

图 5.1 还表明在使用较好的特征选择方法时,只选择少数的特征(相对于总共 3764 个特征),算法学得模型的准确率不仅没有下降反而比没有进行选择时的高。基准线 76.5% 是没有进行特征选择的结果,即算法使用的特征数是 3764 个,如前面的表 5.4—表 5.8 的最后一栏所示。如图 5.1 所示,当特征数为 30 个以下时,没有特征选择方法得到的准确率能够超过基准线。当特征数为 30—60 个之间,信息增益法和关联系数法得到的准确率开始在基准线上下波动。当特征数在 60 个以上时,信息增益法和关联系数法得到的准确率都在基准线以上。所以这两个特征选择方法能够减少超过 98% 特征数,即只用了不到 2%(60/3764 < 0.02)的特征数来训练模型,并得到比用所有特征时更好的结果。在特征数达到 110 个之后,卡方统计法和增益率法也都超过了基准线。这也意味着它们只用了不到 3% 的特征数就得到了比用所有特征时更好的结果,同时这也表明了这四种方法在论证挖掘中对于降低特征维数的有效性。然而对于 Relief 过滤法,图 5.1 的结果还未能显示类似的效果。

5.4 论证挖掘中特征选择的比较研究

其实对于大多数算法而言，从查全率评估结果看，特征选择法也体现了优越性。如表 5.4—表 5.8 所示，大多数算法都在 110 个特征数以下超过或者达到了其自身的基准线（即使用全部 3764 个特征得到的模型的结果）。事实上，如表 5.9 所示，在 29 个有基准线的算法学得模型中，只有少部分算法学得模型没有在 110 个特征数以下达到基准线。其中最多的增益率法也只有 5 个（少于 20%），其次是 Relief 过滤法有 4 个，其他的都是一两个没有达到基准线。

表 5.9 在 29 个有基准线的算法学得模型中在 110 个特征数以下其准确率未能达到基准线的数量和比例

	卡方统计法	关联系数法	增益率法	信息增益法	Relief 法
模型数量/个	1	2	5	2	4
比例/%	3.4	6.9	17.2	6.9	13.8

下面以支持向量机模型为例，我们将比较各种特征选择法在同一个算法学得模型中的准确率。如图 5.2 所示，关于哪一个特征选择方法表现较好的判断需要依据特征数量。在特征数较多时（80 个以上），信息增益法表现较好。信息增益法得到的结果整体波动性上升，从 10 个特征数时的 69.9% 到 100 个特征数时的 77.3%，达到这里所有准确率的最大值，之后稍微下降，但依然维持最大值。在特征数量不是很多时（50—80 个），Relief 过滤法表现较好。但 Relief 过滤法波动性较大。它在特征数为 20 个和 60 个时的结果都比其他方法取得的准确率高出不少。

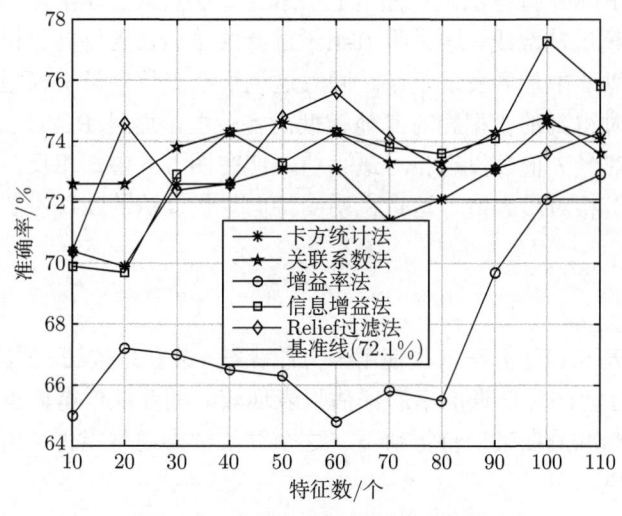

图 5.2 支持向量机模型的准确率

特征数量较少时 (50 个以下)，关联系数法表现较好。关联系数法的结果的变化和信息增益法的变化类似，但是它的增长率没有增益率法的高。所以虽然它的起点比信息增益法高很多，但是在特征数为 60 个之后，它的结果就基本比信息增益法的低。卡方统计法的变化和关联系数法与信息增益法的变化情况类似。但是由于它起点较低而又增长率不足且中间向下波动较大以至于它的结果基本比相关系数法的差，而且到特征数为 30 个以后，它的结果也都比信息增益法的结果差。因而总体而言它比前面三种方法差但是它比增益率法的好。增益率法的结果在特征数为 80 个以前一直在 68% 水平以下波动之后才快速上升但是始终是五种方法中最差的。这也说明支持向量机算法在用增益率法时，选择的特征数不宜过少。

对于特征选择法，它们在支持向量机模型中也很高效。如图 5.2 所示，支持向量机模型的基准线为 72.1%。其中关联系数法始终都在基准线以上，而 Relief 过滤法和信息增益法也分别在特征数为 20 个和 30 个时超过基准线。所以这三个特征选择方法能够减少超过 99% 特征数，即能用不到 1%（30/3764 < 0.01）的特征数来训练算法，其得到的模型结果比用所有特征时得到的模型结果更好。卡方统计法也在特征数为 30 个时超过基准线，但是在特征数为 70 个时却掉到基准线以下，最后才又上升。而增益率法在特征数为 100 个前都在基准线以下之后才达到并超出基准线。这说明只需要不到 3% 的特征，任何一种特征选择法都能达到或者超过基准线。

在图 5.1 和图 5.2 中，虽然这些特征选择法的数值不一样，但是这些方法的结果的变化趋势却是类似。最好的信息增益法与关联系数法和最差的增益率法相对而言都差不多。信息增益法、关联系数法、卡方统计法和增益率法最后都超过基准线。但是 Relief 过滤法却在图 5.1 所示的算法整体表现中却始终未能在特征数为 110 个前超过基准线。这说明 Relief 过滤法虽然在支持向量机算法下表现良好，但在所有算法中总体表现不足。同时这也说明支持向量机模型在没有特征选择法选择特征时得到的模型相对其他模型而言较弱，而且 Relief 过滤法在图 5.2 中多处取得相对最大值且没有相对最小值，但在图 5.1 中却相反，即多处取得相对最小值且没有相对最大值。这也说明支持向量机算法的表现不能完全代替整体算法的表现。

2. 查准率

表 5.10—表 5.14 是算法依次使用卡方统计法、关联系数法、增益率法、信息增益法、Relief 过滤法后在查准率的评估下表现较好的算法学得模型的查准率。这里表现较好的标准是在某个特征数下，这个算法学得模型能否在所有算法学得模型中取得最大值。

表 5.10　各个算法在用卡方统计法选定的特征数中学得的模型的查准率（单位：%）

	10	20	30	40	50	60	70	80	90	100	110	所有
M_{LB}	70.0	65.5	69.0	69.4	**74.3***	72.6	72.5*	69.4	73.2	73.6	73.9*	71.7*
M_{FC}	**73.9***	73.2*	73.7	69.5	71.9	71.0	71.6	70.5	71.0	71.0	70.1	70.1
M_{ASC}	68.3	68.3	68.3	68.3	70.2	70.2	70.2	**75.0***	**75.0***	71.6	71.6	70.1
SVM	69.5	71.3	**76.5***	74.5*	73.0	72.7*	67.4	68.6	68.1	75.6*	73.0	68.7
最优值	73.9	73.2	76.5	74.5	74.3	72.7	72.5	75.0	75.0	75.6	73.9	71.7

表 5.11　各个算法在用关联系数法选定的特征数中学得的模型的查准率（单位：%）

	10	20	30	40	50	60	70	80	90	100	110	所有
R_{JRip}	71.7	66.8	69.0	66.7	72.6	70.6	65.2	**78.4***	65.7	61.5	68.5	63.4
M_{RSS}	**75.5***	71.7	63.1	66.6	69.6	62.1	62.7	71.4	64.5	67.3	66.7	68.3
M_{LB}	68.1	66.2	66.8	71.2	71.9	71.9	71.9	72.3	**74.0**	**74.0**	72.2	71.7*
M_{FC}	71.2	77.0*	**78.5***	73.8	78.4*	78.4*	71.8	72.3	72.3	72.3	70.2	70.1
SVM	74.3	72.2	74.1	76.3*	**77.2**	76.6	70.4	73.1	75.2*	76.3*	73.3*	68.7
MLP	68.9	66.5	66.2	72.2	71.2	68.4	72.6*	72.4	66.1	70.2	70.9	
最优值	75.5	77.0	78.5	76.3	78.4	78.4	72.6	78.4	75.2	76.3	73.3	71.7

表 5.12　各个算法在用增益率法选定的特征数中学得的模型的查准率（单位：%）

	10	20	30	40	50	60	70	80	90	100	110	所有
R_{PART}	62.9	**74.3***	**74.3***	69.5	62.1	57.0	64.0	70.2	59.8	64.0	67.2	60.5
R_{JRip}	57.8	70.4	57.9	50.9	72.1	47.2	**85.6***	76.2	53.4	78.4*	73.7	63.4
M_{LB}	65.1	72.2	70.6	71.5	68.3	63.1	60.6	65.4	**72.6**	66.9	70.6	71.7*
M_{FC}	63.7	73.0	73.0	71.9	71.9	70.0	72.9	75.9	75.8*	74.4	68.7	70.1
M_{ASC}	57.2	73.4	73.4	73.4*	73.4*	73.4*	73.4	**76.5***	69.9	74.7	74.7	70.1
L_{KS}	**78.0***	72.6	71.4	67.2	56.4	51.7	57.5	62.3	65.8	65.6	64.6	53.3
SVM	63.3	71.4	70.5	69.5	64.5	63.0	66.5	68.7	71.5	74.0	**74.9***	68.7
最优值	78.0	74.3	74.3	73.4	73.4	73.4	85.6	76.5	75.8	78.4	74.9	71.7

表 5.13　各个算法在用信息增益法选定的特征数中学得的模型的查准率（单位：%）

	10	20	30	40	50	60	70	80	90	100	110	所有
M_{RSS}	**77.6***	60.5	64.2	68.7	63.9	62.9	68.2	67.8	64.2	63.1	68.1	68.3
M_{LB}	67.4	66.9	67.0	73.7	72.0	73.2*	**73.8***	**73.8***	**73.8***	73.8	73.8	71.7*
M_{FC}	70.7	73.1*	**74.6***	72.4	72.7	71.0	71.0	70.1	70.1	70.1	70.1	70.1
M_{ASC}	70.3	68.3	68.3	70.2	**75.0***	70.6	70.7	71.9	71.9	71.9	71.9	70.1
SVM	53.4	66.9	73.1	75.4*	71.2	72.7	72.8	72.0	73.5	77.3*	**75.9***	68.7
最优值	77.6	73.1	74.6	75.4	75.0	73.2	73.8	73.8	77.3	75.9	71.7	

表 5.14　各个算法在用 Relief 过滤法选定的特征数中学得的模型的查准率（单位:%）

	特征数										
	10	20	30	40	50	60	70	80	90	100	110	所有
T_{RF}	66.5	60.0	67.3	68.7	60.7	62.3	63.7	67.8	**73.7***	63.6	60.9	48.2
R_{JRip}	72.4	68.3	67.2	70.5	65.4	67.3	70.2	**73.7***	68.6	69.4	66.0	63.4
R_{DT}	65.3	74.0	74.5	74.5	**76.5***	**76.5***	**76.5***	73.5	73.5	68.7	68.7	69.3
M_{RSS}	**76.9***	74.1	61.2	69.8	63.7	71.4	62.9	64.0	64.3	68.7	64.6	68.3
M_{LB}	68.7	68.2	69.1	69.3	67.0	67.0	67.0	69.0	67.6	67.6	67.6	**71.7***
M_{FC}	69.8	69.5	75.1*	76.1*	74.6	74.6	74.6	73.3	73.3	73.3*	73.3*	70.1
SVM	65.0	**77.3***	73.5	69.1	73.9	75.6	70.5	70.8	70.1	70.2	68.9	68.7
最优值	76.9	77.3	75.1	76.1	76.5	76.5	76.5	73.7	73.7	73.3	73.3	71.7

以 33 个算法的整体表现为对象，卡方统计法、关联系数法、增益率法、信息增益法和 Relief 过滤法在查准率评估下的比较结果如图 5.3 所示。这次得到的结果和用准确率评估得到的结果明显不同。这些方法得到的查准率除了个别以外一直在 72%—79% 之间波动，并没有哪一个方法有明显的优势。相对而言相关系数法得到的结果较好。因为它在 11 次的结果中有 6 次是最好的，特别是当特征数为 30—60 个之间时它占有绝对优势。但它也在特征数为 70 个时得到全体最差的结果。其次是增益率法，它有 4 次达到所有方法中的最大值。特别是当特征数为 70—100 个时它相对有优势，而且它在特征数为 70 个时出现了全体最大值 85.6%。但是它的结果波动很大，因而它的结果也有三次为最小值。这次 Relief 过滤法得到的查准率和得到的准确率一样也表现平平，也呈下降趋势且在 80 个特征数以上得到的都是各方法下的相对最小值，但是它在这之前总体而言比信息增益法和卡方统计法

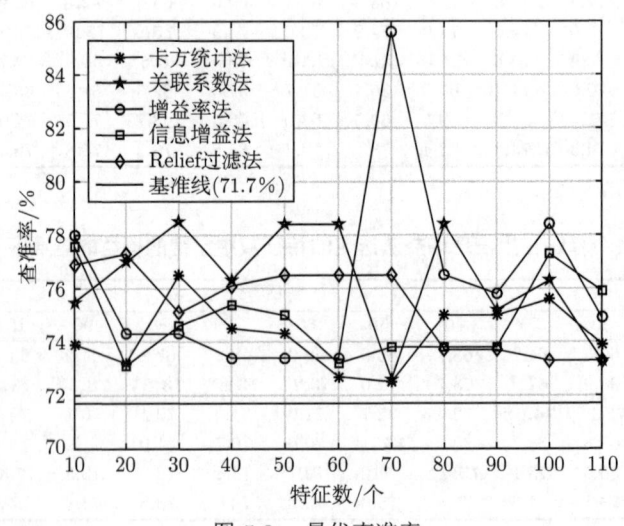

图 5.3　最优查准率

5.4 论证挖掘中特征选择的比较研究

得到的结果好。信息增益法和卡方统计法的表现相似，但是总体而言信息增益法比卡方统计法的表现要好且当特征数较多时它比较有优势。

图 5.3 也表明在使用这五种特征选择方法的任何一种方法时，都只需选择少数的特征，算法学得模型的查准率不仅没有下降反而比没有进行选择时高。基准线 71.7% 是没有进行特征选择的结果，即算法使用的特征数是 3764 个，如前面的表 5.10—表 5.14 的最后一栏所示。如图 5.3 所示，特征数即使为 10 个，所有特征选择方法得到的查准率都超过基准线，并且一直维持这个结果。所以这些特征选择方法能够减少超过 99% 特征数，即只用了不到 1%（10/3764 < 0.01）的特征数来训练模型，并得到比用所有特征时更好的结果。

其实对于大多数算法而言，特征选择法也都在查准率中体现了优越性。如表 5.10—表 5.14 所示，大多数算法学得模型都在 110 个特征数以下超过或者达到了其自身的基准线（即使用全部 3764 个特征得到的模型的结果）。事实上，如表 5.15 所示，除了 4 个没有基准线，在 29 个有基准线的算法学得模型中，只有少部分算法学得模型没有在 110 个特征数以下达到基准线。其中最多的增益率法也只有 2 个（少于 10%），其余方法都是只有 1 个（5% 以下）。这意味着绝大多数算法学得模型都在 110 个特征数（小于 3%）以下超过了基准线。这也解释了为何这些算法整体而言得到的查准率都比基准线高。

表 5.15 在 29 个有基准线的算法学得模型中在 110 个特征数以下其查准率未能达到基准线的数量和比例

	卡方统计法	关联系数法	增益率法	信息增益法	Relief 过滤法
模型数量/个	1	1	2	1	1
比例/%	3.4	3.4	6.9	3.4	3.4

下面以支持向量机模型为例，我们将比较各种特征选择法在同一个算法学得模型中的查准率。如图 5.4 所示，判断哪一个特征选择方法表现较好依然需要依据特征数量。特征数量较少时（90 个以下），关联系数法表现较好，但在这期间它有较多的波动。在特征数量较多时（90 个以上），信息增益法表现较好。信息增益法得到的结果整体波动性上升，从 10 个特征时的所有查准率的最小值 53.4% 急剧增长到在特征数为 40 个时的 75.4%，之后先略微下降后上升到 100 个特征数时的 77.3%，达到这里所有查准率的最大值，之后稍微下降，但依然维持最大值。在特征数量为 20 个、30 个时，Relief 过滤法和卡方统计法都分别在这时表现较好，但是之后它们就开始下降，特别是 Relief 过滤法的表现是持续下降而卡方统计法则在中间向下波动较大。当特征数为 40 个以后，卡方统计法的表现就基本不如关联系数法与信息增益法。增益率法的结果在图 5.4 所示的整个特征数范围内呈 S 线波动且在特征数为 30—80 个时一度在五种方法中表现最差之后才缓慢

上升。

对于特征选择法，它们在支持向量机模型中以查准率为评价也很高效。如图 5.4 所示，支持向量机模型的查准率的基准线为 68.7%。其中关联系数法始终都在基准线以上，而 Relief 过滤法和信息增益率法也分别在特征数为 20 个和 30 个时超过基准线。所以这三个特征选择方法能够减少超过 99% 特征数，即能用不到 1%（30/3764 < 0.01）的特征数来训练算法，其得到的模型结果比用所有特征时得到的模型结果更好。卡方统计法和增益率法也在特征数为 20 个时超过基准线，但是在中间又一度在基准线以下，最后在特征数为 90 个以后又在基准线以上。总体而言，这说明只需要不到 3% 的特征，任何一种特征选择法都能达到或超过基准线。

在图 5.3 和图 5.4 中，在结果变化上一些方法差别比较大如增益率法，但是对于一些方法的整体表现却一致如信息增益法和卡方统计法。在图 5.3 中，所有数据都在基准线以上，而在图 5.4 中只有当特征数较大时才会有这种情况，当特征数较少时除了关联系数法其他的方法都有不同程度地位于基准线以下。所以支持向量机算法只能在一定程度上代表整体算法。

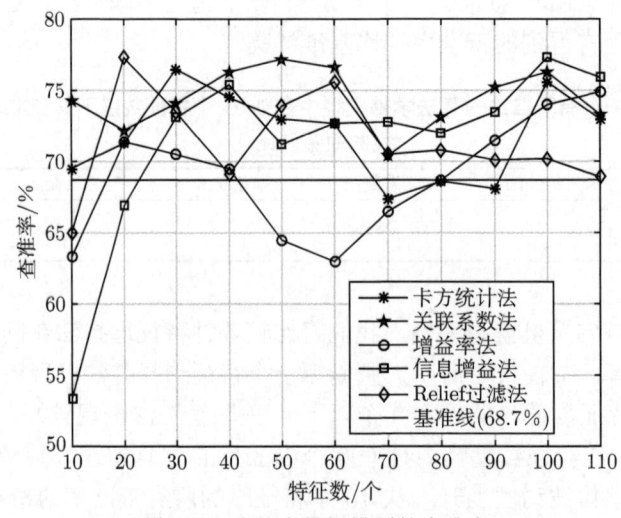

图 5.4 支持向量机模型的查准率

3. 查全率

表 5.16—表 5.20 是算法依次使用卡方统计法、关联系数法、增益率法、信息增益法、Relief 过滤法后在查全率的评估下表现较好的算法学得模型的查全率。这里表现较好的标准是在某个特征数下，这个算法学得模型能否在所有算法学得模型中取得最大值。

5.4 论证挖掘中特征选择的比较研究

表 5.16 各个算法在用卡方统计法选定的特征数中学得的模型的查全率（单位：%）

	特征数										
	10	20	30	40	50	60	70	80	90	100	110	所有
R_{PART}	61.7	62.5	61.4	60.6	61.3	63.6	**67.8***	59.4	57.5	60.0	60.5	58.0
M_{RC}	66.5*	67.2	67.2	**68.9***	63.0	67.0	65.2	63.3	66.2	62.0	61.6	47.5
M_{FC}	56.9	59.8	63.8	65.6	64.1	64.7	65.7	67.2	68.3*	68.3	67.0	67.0
M_{Bag}	62.3	62.5	62.5	63.8	**67.8**	67.1*	65.8	67.4	66.0	65.4	66.3	64.8
M_{ASC}	62.3	62.3	63.0	63.0	65.6	65.6	65.6	66.9	66.9	**68.5***	**68.5***	67.3*
MLP	60.8	67.6*	**71.5***	66.6	71.4*	65.0	65.9	68.9*	67.6	63.4	67.6	
最优值	66.5	67.6	71.5	68.9	71.4	67.1	67.8	68.9	68.3	68.5	68.5	67.3

表 5.17 各个算法在用关联系数法选定的特征数中学得的模型的查全率（单位：%）

	特征数										
	10	20	30	40	50	60	70	80	90	100	110	所有
T_{LMT}	57.6	60.6	64.8	67.6	**70.1**	69.2	69.3	68.6	68.7	69.9*	66.1	
$T_{C4.5}$	54.8	63.5	66.7	68.9	68.5	67.1	66.8	68.3	67.4	68.0	**69.0***	64.0
R_{JRip}	54.9	65.6	69.4*	**69.8**	69.4	62.7	65.3	62.3	65.4	62.1	66.4	64.7
M_{MCC}	61.4	64.9	68.0	70.2	**70.9***	70.4*	69.9*	69.0	68.6	69.4	65.6	44.5
M_{FC}	51.4	62.8	65.4	69.3	68.1	68.1	**69.4**	69.4*	67.5	67.5	68.0	67.0
M_{ASC}	52.1	63.0	66.9	66.9	68.2	**68.9**	**68.9**	**68.9***	68.9	68.9	68.9	67.3*
MLP	57.3	71.1*	64.0	**72.1***	68.6	62.8	67.4	66.4	64.8	67.1	66.8	
B_{NB}	62.5*	59.2	61.8	62.3	62.7	63.6	**64.7**	64.7	63.1	62.7	63.1	64.1
最优值	62.5	71.1	69.4	72.1	70.9	70.4	69.9	69.4	68.9	69.9	69.0	67.3

表 5.18 各个算法在用增益率法选定的特征数中学得的模型的查全率（单位：%）

	特征数										
	10	20	30	40	50	60	70	80	90	100	110	所有
T_{RT}	49.6	52.1	52.6	51.3	50.9	53.0	48.1	53.2	**68.5***	64.1	57.2	43.3
T_{LMT}	55.6*	52.9	52.7	52.2	51.7	52.1	53.0	55.0	62.2	64.4	**65.7**	
M_{Bag}	52.0	53.7	53.1	52.7	54.1*	52.8	55.1	54.6	63.6	62.8	63.3	**64.8**
M_{ASC}	50.1	52.6	52.6	52.6	52.6	52.6	52.6	54.2	63.7	65.7	65.7	67.3*
MLP	51.4	54.6	55.8*	55.7	50.7	49.1	52.4	56.7	67.4	68.0*	**70.9***	
B_{NB}	54.3	54.3	54.3	54.3	53.3	53.3	55.2	57.2*	56.6	61.6	61.6	**64.1**
B_{BN}	54.4	58.0*	53.0	58.4*	53.1	53.6*	55.2*	55.3	58.7	**67.8**	**67.8**	
最优值	55.6	58.0	55.8	58.4	54.1	53.6	55.2	57.2	68.5	68.0	70.9	67.3

表 5.19　各个算法在用信息增益法选定的特征数中学得的模型的查全率（单位：%）

	特征数											
	10	20	30	40	50	60	70	80	90	100	110	所有
T_{RET}	53.8	65.7	67.2	66.9	67.2	62.5	62.0	67.1	68.1*	67.7	67.7	60.6
T_{RF}	64.2	69.3*	63.7	65.8	66.7	65.7	66.8	65.2	64.1	63.4	57.1	43.2
T_{LMT}	61.1	61.9	67.7	65.8	65.5	68.4	68.2	69.2*	67.4	68.6	67.5	
$T_{C4.5}$	63.6	65.4	62.0	67.1	67.8	66.3	65.7	66.7	68.0	69.8*	67.2	64.0
R_{JRip}	61.1	62.1	62.7	70.5*	65.2	65.1	66.8	66.8	66.8	65.2	66.7	64.7
M_{RSS}	55.6	59.8	65.4	65.3	67.3	63.7	64.7	66.3	64.6	64.1	69.0*	64.7
M_{RC}	63.5	64.3	66.3	67.6	69.4*	65.3	69.7*	64.9	65.9	66.1	62.6	47.5
M_{CVR}	61.0	63.7	68.2*	65.9	63.8	64.2	64.3	64.3	64.3	63.2	63.2	62.1
M_{Bag}	62.3	62.3	64.5	68.7	69.4*	65.6	65.8	65.3	66.7	64.5	64.5	64.8
M_{ASC}	65.3	62.3	63.0	65.6	66.9	66.6	68.2	67.5	67.5	67.5	67.5	67.3*
MLP	58.3	66.0	63.5	66.2	65.9	69.5*	66.8	62.9	60.7	62.6	62.7	
B_{NB}	72.2*	57.1	57.5	58.2	60.2	61.2	63.2	62.1	63.1	62.7	62.9	64.1
最优值	72.2	69.3	68.2	70.5	69.4	69.5	69.7	69.2	68.1	69.8	69.0	67.3

表 5.20　各个算法在用 Relief 过滤法选定的特征数中学得的模型的查全率（单位：%）

	特征数											
	10	20	30	40	50	60	70	80	90	100	110	所有
$T_{C4.5}$	58.5	65.6	64.2	64.7	66.5	67.3	66.2	65.1	66.1	70.4*	68.9*	64.0
R_{JRip}	57.0	64.3	65.3	68.1	63.4	69.1	63.4	68.0*	69.4*	63.4	62.6	64.7
M_{RC}	60.4	67.6*	67.0*	69.9*	65.8	66.4	66.9	61.5	61.2	62.4	64.6	47.5
M_{FC}	57.2	64.7	63.5	66.6	69.7*	69.7*	69.7*	67.6	67.6	67.6	67.6	67.0
M_{ASC}	66.0*	61.1	63.0	63.0	63.0	63.0	63.0	63.0	63.0	63.0	63.0	67.3*
最优值	66.0	67.6	67.0	69.9	69.7	69.7	69.7	68.0	69.4	70.4	68.9	67.3

以 33 个算法的整体表现为对象，卡方统计法、关联系数法、增益率法、信息增益法和 Relief 过滤法在查全率评估下的比较结果如图 5.5 所示。其中，关联系数法的表现较好。它获得的查全率在特征数为 40 个以下时波动性上升到 72.1%，然后略微下降后趋于稳定且在特征数为 40—80 个时它比较有优势。其次是信息增益法，它一开始是最好的，取得这里的最高查全率 72.2%，然后波动性下降后趋于稳定，但它一直保持较高值。而卡方统计法波动性较大，先是波动性上升，后是波动性下降，在特征数达到 80 个后趋于稳定。从整体来看，卡方统计法比信息增益法差，因为大部分时候它得到的查全率比信息增益法的低。Relief 过滤法在特征数为 40 个以下时得到的查全率波动性上升，且其结果略差于信息增益法的结果。但当在特征数为 80—100 个时，它的表现超过信息增益法。增益率法在这里的表现和以准确率为评估方法时相似：一开始和其他方法的有很明显的差距，并且一直在 60% 的水平以下波动，直到特征数达到 80 个之后，它的查全率才显

著增长，到特征数为 80 个时其查全率达到 68.5%，之后在波动性上升到最大值 70.9%。

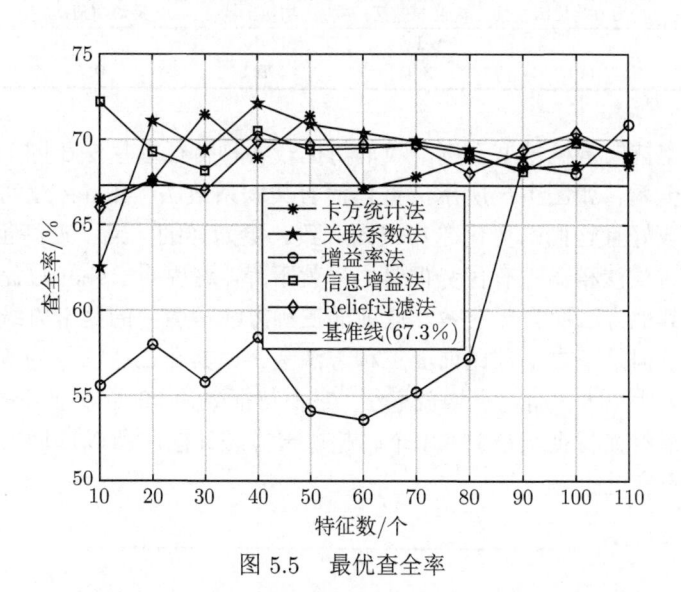

图 5.5　最优查全率

图 5.5 还表明在使用较好的特征选择方法时，只需选择少数特征就可得到相对较好的查全率，而且比没有进行选择时高。基准线 67.3% 是没有进行特征选择的结果，即算法使用的特征数是 3764 个，如前面的表 5.16—表 5.20 的最后一栏所示。如图 5.5 所示，信息增益法得到的查全率一直都在基准线以上，而关联系数法得到的结果在 20 个特征数以后也一直在基准线以上。这足以说明这两种方法的有效性。卡方统计法和 Relief 过滤法得到的结果虽然有波动，但是大部分都在基准线以上。特别是在特征数分别为 70 个和 40 个后，这两个方法的结果都一直高于基准线。所以这两个特征选择方法能够减少超过 98% 特征数，即只用了不到 2%（70/3764 < 0.02）的特征数来训练模型，并得到比用所有特征时更好的结果。而增益率法得到的结果在特征数为 90 个时就已经高于基准线。这也意味着这五种方法都只用了不到 3% 的特征数就得到了比用所有特征数时更好的结果。

其实对于大多数算法而言，从查全率评估结果看，特征选择法也体现了一定的优越性。如表 5.16—表 5.20 所示，大多数算法学得模型都在 110 个特征数以下超过或者达到了其自身的基准线（即使用全部 3764 个特征得到的模型的结果）。事实上，如表 5.21 所示，在 29 个有基准线的算法学得模型中，只有少部分算法学得模型没有在 110 个特征数以下达到基准线。其中最多的增益率法也只有 6 个（刚刚多于 20%）。最好的信息增益法都达到基准线。其他的特征选择法中也只有 2 个或者 3 个算法学得模型没有达到基准线。

表 5.21　在 29 个有基准线的算法学得模型中在 110 个特征数以下其查全率未能达到基准线的数量和比例

	卡方统计法	关联系数法	增益率法	信息增益法	Relief 过滤法
模型数量/个	2	1	6	0	3
比例/%	6.9	3.4	20.1	0	10.3

下面以支持向量机模型为例，我们将比较各种特征选择法在同一个算法学得模型中的查全率。如图 5.6 所示，整体而言关联系数法、Relief 过滤法和信息增益法的表现较好且它们的变化趋势较为一致。更为详细一点，在特征数为 70 个以前 Relief 过滤法稍微占有优势但是之后就下降，这说明 Relief 过滤法对于数目较少时对于其他方法而言更有效。比前面三种方法稍微差的是卡方统计法。它虽然有较大波动但是基本上都比前面三种方法差。尤其是在特征数为 60—90 个时，它们之间的差距更大。而对于增益率法，它在特征数为 90 个以前表现最差，但是它总体上升最终在特征数达到 90 个时超过卡方统计法。所以，增益率法选择的特征数还是不宜过少。

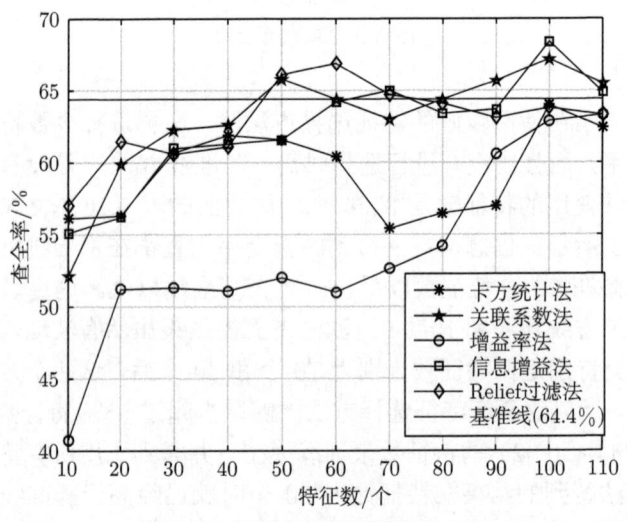

图 5.6　支持向量机模型的查全率

对于部分特征选择法，它们在支持向量机模型中以查全率为评价也很高效但没有前面的以查准率为评价时好。如图 5.6 所示，支持向量机模型的查全率的基准线为 64.4%。其中当特征数为 50 个以下时，没有一个方法的表现是在基准线以上的。在特征数为 50—70 个时，Relief 过滤法和关联系数法及后来赶上的信息增益法在基准线以上，但是在之后又都下降，到特征数为 100 个时，关联系数法和信息增益法才又在基准线以上。所有它们虽然在此表现不是那么好，但是也能减少超过 97%（100/3764 < 0.03）的特征而不使查全率下降。而卡方统计法和增益率法一直在基准线以下，但是当特征数为 100 个以后它们也开始靠近基准线。

在图 5.5 和图 5.6 中，它们之间虽然有些相似但是差别比较大。它们之间比较相似的是增益率法的变化趋势，都呈整体快速上升趋势。但是对于其他四种方法而言，在图 5.5 中整体表现较为平稳即变化幅度不大。但是在图 5.6 中，信息增益法和关联系数法整体呈上升趋势，而卡方统计法波动较大。在和基准线比较方面，图 5.5 的数据大多数在基准线以上而图 5.6 却大部分在基准线以下，并且增益率法和卡方统计法在图 5.6 中一直都没有达到基准线。这说明，如果以查全率为评估，支持向量机模型并不能很好地代表整体算法得到的最优模型。

4. F1 值

表 5.22—表 5.26是算法依次使用卡方统计法、关联系数法、增益率法、信息增益法、Relief 过滤法后在 F1 值的评估下表现较好的算法学得模型的 F1 值。这里表现较好的标准是在某个特征数下，这个算法学得模型能否在所有算法学得模型中取得最大值。

表 5.22　各个算法在用卡方统计法选定的特征数中学得的模型的 F1 值（单位:%）

	\multicolumn{11}{c}{特征数}
	10	20	30	40	50	60	70	80	90	100	110	所有
T_{RET}	66.3*	64.2	64.3	**66.6**	66.3	66.4	65.2	64.8	64.8	64.8	64.8	61.2
R_{JRip}	62.1	68.5*	**68.9**	63.0	68.0	65.1	64.9	63.3	65.2	68.5	64.9	64.0
M_{MCC}	64.3	64.6	66.9	**69.8***	69.6	68.5	68.5*	68.5	68.1	67.8	69.7	45.1
M_{LB}	63.7	64.5	66.3	67.2	69.9	69.1*	68.3	67.3	70.2	70.5*	**70.7***	68.8*
M_{FC}	64.3	65.8	68.4	67.5	67.7	67.7	68.5*	68.8	**69.7**	**69.7**	68.5	68.5
M_{ASC}	65.2	65.2	65.6	65.6	67.8	67.8	67.8	**70.7***	**70.7***	70.0	70.0	68.6
MLP	65.0	67.2	**72.6***	67.2	70.9*	65.3	66.3	69.7	68.2	64.6	69.6	
最优值	66.3	68.5	72.6	69.8	70.9	69.1	68.5	70.7	70.7	70.5	70.7	68.8

表 5.23　各个算法在用关联系数法选定的特征数中学得的模型的 F1 值（单位:%）

	\multicolumn{11}{c}{特征数}
	10	20	30	40	50	60	70	80	90	100	110	所有
T_{RF}	58.4	**70.2***	64.1	63.1	65.3	66.2	63.6	62.5	68.8	65.0	65.9	45.6
T_{LMT}	61.4	63.5	67.6	69.5	71.5	71.3	70.7	71.5*	71.0	**72.0***	68.0	
M_{MCC}	64.2	66.2	69.0	**71.7**	**71.7**	71.0	71.1*	71.0	71.1*	71.5	67.5	45.1
M_{LB}	62.9	64.4	65.7	67.6	68.8	68.8	68.8	68.9	**70.3**	**70.3**	69.4	68.8*
M_{FC}	59.7	69.2	71.4*	71.4	**72.9***	**72.9***	70.6	70.8	69.8	69.8	69.1	68.5
M_{CVR}	65.1*	67.8	**68.8**	67.1	66.1	66.6	67.0	67.0	66.6	66.6	65.5	63.9
M_{ASC}	60.5	65.6	**70.7**	**70.7**	69.4	70.5	70.5	70.3	70.3	70.3	70.3*	68.6
MLP	62.5	68.7	65.1	**72.1***	69.8	65.5	69.9	69.2	65.4	68.6	68.8	
最优值	65.1	70.2	71.4	72.1	72.9	72.9	71.1	71.5	71.1	72.0	70.3	68.8

表 5.24　各个算法在用增益率法选定的特征数中学得的模型的 F1 值（单位:%）

	\multicolumn{11}{c}{特征数}
	10	20	30	40	50	60	70	80	90	100	110	所有
T_{RT}	53.8	55.7	56.1	55.5	53.8	53.8	49.7	54.4	**68.2***	64.6	57.8	43.1
T_{LMT}	**60.0***	61.1	60.5	59.7	57.2	57.5	58.7	60.7	65.5	**68.6**	68.2	
$T_{C4.5}$	58.8	59.3	59.3	**63.2***	57.7	58.9	60.0	59.3	65.8	**68.0**	66.1	64.5
R_{PART}	56.7	**61.6***	**61.6***	60.6	57.3	54.7	58.2	58.3	64.1	**67.3**	59.2	
R_{JRip}	54.4	60.3	54.5	50.4	58.5	49.4	61.7	61.5	55.9	70.0	**72.1***	64.0
M_{LB}	57.4	60.4	60.3	60.1	58.8	56.6	56.8	59.8	66.5	65.3	66.4	**68.8***
M_{FC}	49.5	60.1	60.1	59.6	59.6	59.8	61.9*	59.5	66.9	67.2	64.7	**68.5**
M_{ASC}	53.4	61.3	61.3	61.3	**61.3***	**61.3***	61.3	**63.4***	66.7	**69.9**	**69.9**	68.6
MLP	58.2	60.2	60.7	60.3	53.6	54.3	58.6	62.0	67.2	**71.2***	69.4	
最优值	60.0	61.6	61.6	63.2	61.3	61.3	61.9	63.4	68.2	71.2	72.1	68.8

表 5.25　各个算法在用信息增益法选定的特征数中学得的模型的 F1 值（单位:%）

	\multicolumn{11}{c}{特征数}
	10	20	30	40	50	60	70	80	90	100	110	所有
T_{RF}	67.9	**69.2***	65.4	66.7	66.9	66.3	66.5	66.6	64.4	65.6	59.2	45.6
T_{LMT}	64.5	63.6	67.2	68.5	68.2	**70.4***	70.1	**71.4***	69.8	71.0	69.8	
R_{JRip}	68.3	64.0	64.0	**70.4***	66.3	66.8	68.7	69.4	69.3	66.4	68.8	64.0
M_{MCC}	60.0	63.7	**69.0***	70.1	**70.4**	65.1	66.1	63.8	66.6	67.0	67.7	45.1
M_{LB}	62.0	65.0	64.7	68.9	68.1	**70.4***	**70.7**	70.7	**70.7***	70.7	**70.7***	**68.8***
M_{FC}	**68.9***	66.8	**69.0***	69.4	69.5	**69.7**	**69.7**	68.5	68.5	68.5	68.5	68.5
M_{ASC}	67.7	65.2	65.6	67.8	**70.7***	68.5	69.4	69.6	69.6	69.6	68.6	
SVM	54.2	61.1	66.5	67.6	66.0	68.2	68.7	67.4	68.2	**72.6***	70.0	66.5
最优值	68.9	69.2	69.0	70.4	70.7	70.4	70.7	71.4	70.7	72.6	70.7	68.8

表 5.26　各个算法在用 Relief 法选定的特征数中学得的模型的 F1 值（单位:%）

	\multicolumn{11}{c}{特征数}
	10	20	30	40	50	60	70	80	90	100	110	所有
T_{LMT}	63.4	**69.4***	67.4	**69.6**	66.3	66.3	66.7	67.5	65.4	65.4	68.0	
$T_{C4.5}$	63.4	65.0	66.4	67.4	67.3	67.4	68.6	65.3	66.3	**71.2***	**70.9***	64.5
R_{JRip}	63.8	66.3	66.3	69.3	64.4	68.2	66.6	**70.7***	69.0	66.2	64.3	64.0
M_{LB}	64.0	66.0	66.8	66.6	64.5	64.5	64.6	66.7	65.6	65.6	65.6	**68.8***
M_{FC}	62.9	67.0	**68.8***	**71.1***	**72.0***	**72.0***	**72.0**	70.4	**70.4***	70.4	70.4	68.5
MLP	**68.4***	66.1	63.7	62.2	65.3	63.2	61.1	64.9	61.8	61.7	**69.1**	
最优值	68.4	69.4	68.8	71.1	72.0	72.0	72.0	70.7	70.4	71.2	70.9	68.8

以 33 个算法的整体表现为对象，卡方统计法、关联系数法、增益率法、信息增益法和 Relief 过滤法在 F1 值评估下的比较结果如图 5.7 所示。这里的结果和在用查全率评估的结果类似。其中，关联系数法依然相对表现较好。它的结果一开始先从较低值急剧增加到 70.2%，之后缓慢增加，到特征数为 50 个时达到最

5.4 论证挖掘中特征选择的比较研究

大值 72.9%，在特征数为 60 个之后下降并开始波动性变化。总体而言，信息增益法和 Relief 过滤法不相上下，但是信息增益法呈上升态势并在特征数为 100 个时达到最大值而 Relief 过滤法的表现是先增加再稳定后下降以至于虽然它在特征数为 40—80 个时较信息增益法有优势但是之后却差于信息增益法。而卡方统计法波动性较大，先是激烈上升并在特征数为 30 个时达到最大值 71.5%，再波动性下降，过后是波动性上升。但是总体而言，它都比信息增益法和 Relief 过滤法的表现差。增益率法在这里的表现也和以准确率为评估方法时相似。它一开始和其他方法有很明显的差距，并且一直在 64% 的波动性上升，直到特征数达到 80 个之后，它的 F1 值才显著增长，到特征数为 110 个时其 F1 值达到最大值 72.1%。

图 5.7 同样表明在使用较好的特征选择方法时，只需选择少数特征就可得到相对较好的 F1 值，而且比没有进行选择时高。基准线 68.8% 是没有进行特征选择的结果，即算法使用的特征数是 3764 个，如前面的表 5.22—表 5.26 的最后一栏所示。如图 5.7 所示，信息增益法得到的 F1 值一直都在基准线以上，而关联系数法得到的结果在 20 个特征数以后也一直在基准线以上。这也足以说明这两种方法的有效性。以此类似的是 Relief 过滤法，虽然它得到的结果在特征数为 30 个时稍微低于基准线。所以这三个特征选择方法基本上能够减少超过 99% 特征数，即只用了不到 1%（30/3764 < 0.01）的特征数来训练模型得到的结果比用所有特征数时的结果好。卡方统计法得到的结果依然有波动，但是大部分都在基准线以上。在特征数为 80 个时，它的结果都一直高于基准线。而增益率法得到的结果在特征数为 100 个时就已经高于基准线。这也意味着这五种方法都只用了不到 3% 的特征数就得到了比用所有特征数时更好的结果。

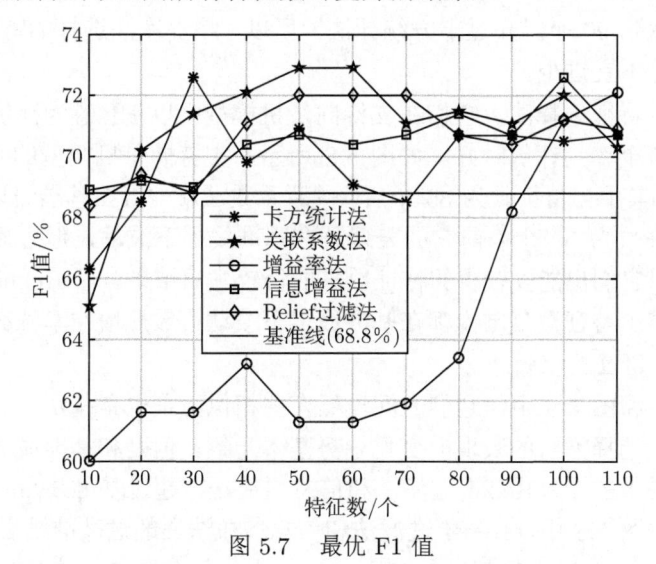

图 5.7 最优 F1 值

其实对于大多数算法而言，从 F1 值评估结果看，特征选择法也体现了一定的优越性。如表 5.16—表 5.20 所示，大多数算法学得模型都在 110 个特征数以下超过或者达到了其自身的基准线（即使用全部 3764 个特征得到的模型的结果）。事实上，如表 5.27 所示，在 29 个有基准线的算法学得模型中，只有少部分算法学得模型没有在 110 个特征数以下达到基准线。其结果和在查全率下的结果相似。其中表现最差的还是增益率法，这次有 4 个（少于 20%）没有达到基准线。其次是 Relief 过滤法，它有 3 个未达到基准线。而其余的都只有 1 个没有达到基准线。

表 5.27　在 29 个有基准线的算法学得模型中在 110 个特征数以下其 F1 值未能达到基准线的数量和比例

	卡方统计法	关联系数法	增益率法	信息增益法	Relief 过滤法
模型数量/个	1	1	4	1	3
比例/%	3.4	3.4	13.8	3.4	10.3

下面以支持向量机模型为例，我们将比较各种特征选择法在同一个算法学得模型中的 F1 值。如图 5.8 所示，整体而言关联系数法表现较好。其次是信息增益法，它在特征数为 70 个以后相对而言有较好的表现。关联系数法和信息增益法都呈上升趋势，信息增益法的增长更明显并在特征数为 100 时达到这里所有 F1 值的最大值 72.6%。而 Relief 过滤法先增加后减少，在特征数为 20 个和 60 个时也达到相对最大值而在特征数为 100 个以后又减少到最小值。比前面三种方法稍微差的是卡方统计法。当特征数为 40 个以后，它一直比关联系数法和信息增益法差。而对于增益率法，它在特征数为 80 个以前表现最差，但是它总体上升最终在特征数达到 90 个时超过卡方统计法。所以，增益率法选择的特征数若以 F1 值为评价同样不宜过少。

对于部分特征选择法，它们在支持向量机模型中以 F1 值为评价较为高效且比前面的以查全率为评价时好。如图 5.8 所示，支持向量机模型的 F1 值的基准线为 66.5%。其中当特征数为 30 个后，关联系数法就一直在基准线以上。而信息增益法在特征数为 50 个以前它的表现是在基准线上下波动，但之后一直在基准线以上。所以它们也能以较少的特征数来取得较好的结果。而 Relief 过滤法和卡方统计法在整个特征数范围内都在基准线上下波动。最后增益率法在特征数达到 100 个后它才超过基准线。

在图 5.7 和图 5.8 中，它们之间虽然有些相似但是也有差别。这两张图中呈现的五种特征选择方法的表现的变化趋势基本一致。但是和基准线的比较结果差别较大。在图 5.7 中，Relief 过滤法和信息增益法在超过基准线后一直在基准线以上。但是在图 5.8 中，Relief 过滤法和信息增益法在超过基准线后还是有波动。卡方统计法在图 5.7 中的基准线向下波动较小，而在图 5.8 中它向下波动较大而且横跨的特征数也多。故支持向量机算法的表现不能完全代替全部算法的整体表现。

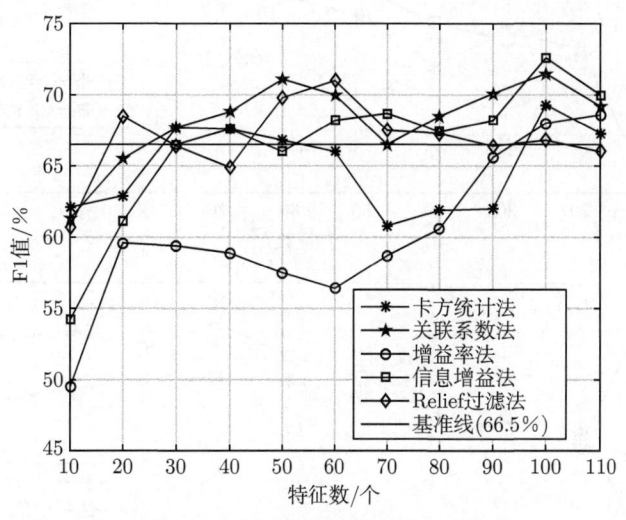

图 5.8 支持向量机模型的 F1 值

5.4.3 特征选择方法在论证挖掘和文本分类中对比

在 5.4.2 节中，我们呈现了学得模型在不同评估方法下的特征选择方法的比较结果。那么这个比较结果在不同研究领域中是否一致？

在文本分类领域的特征选择方法的比较研究中，由于研究者常常选择了一些与他们的分类任务相关的方法，所以他们的比较结果不能够完全与我们论证挖掘中的比较结果一一对比。但是从一些和我们使用的特征选择方法一样的实验中，通过对比，还是能够发现特征选择方法在论证挖掘和文本分类研究中有差别。

在文本分类中，Uchyigit[177] 用查准率和 F1 值来评估朴素贝叶斯分类结果时发现卡方统计法的结果在查准率和 F1 值中都比信息增益法好。

但如图 5.1—图 5.8 所示，信息增益法整体上在这些试验中都比卡方统计法好。那么在单独的朴素贝叶斯算法学得的模型中，它们的比较结果又如何？

图 5.9 分别展示了朴素贝叶斯算法学得的模型在分别用查准率和 F1 值评估时的结果。我们发现在这两项评估中，信息增益法基本上都优于卡方统计法。这样我们得到了和 Uchyigit[177] 的文本分类实验结果相反的结果。由此虽然在文本分类中已经有了不少特征选择方法的比较研究，但是这个比较结果在论证挖掘中和在文本分类中不一致，所以在论证挖掘中进行这样的研究同样有意义。

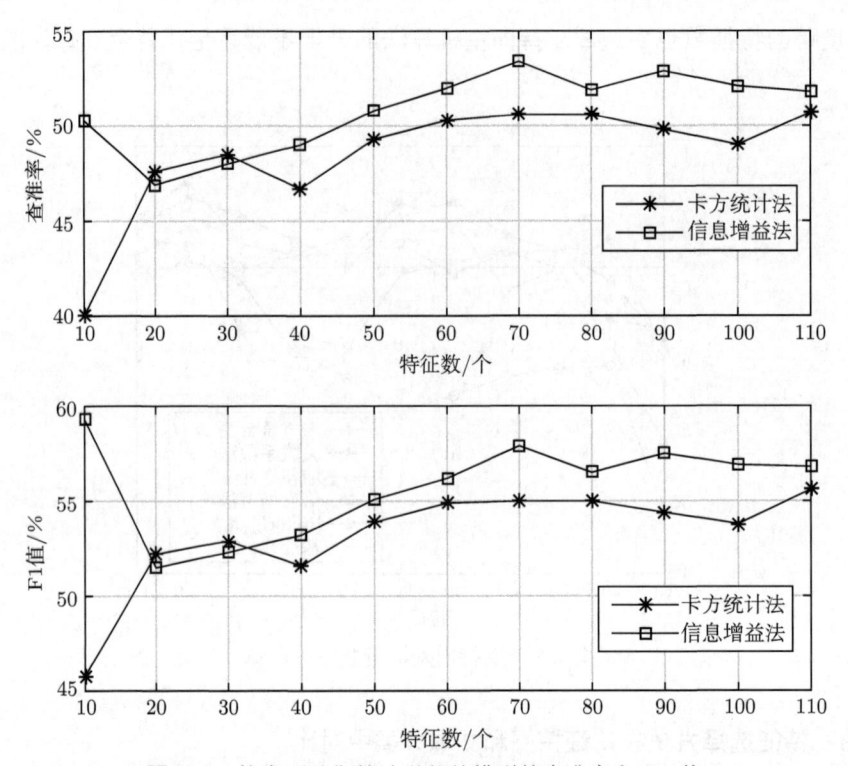

图 5.9　朴素贝叶斯算法学得的模型的查准率和 F1 值

5.5　论证挖掘中的模型选择

如表 5.4—表 5.26 所示，对于同样的特征选择方法，在不同的特征数下，能够得到最好模型的算法常常不一样。而不同的算法在同样的评估方法、同样的选定特征数下表现也差别很大。比如，在以特征选择为信息增益法且选定的特征数为 100 个时（表 5.7），支持向量机算法得到的模型的准确率为 77.3%，在所有算法得到的模型是最大的，也是在这里展示的所有特征选择法及所有特征数下得到的最大值。但是这不是唯一一个最大值，比如，当特征数为 80 个时，用同样的特征选择方法，一个决策树模型算法 T_{LMT} 和一个集成学习算法 M_{ASC} 都得到了这个最大值 77.3%。值得一提的是，在表 5.4—表 5.26 所示的较好模型中，集成模型的算法占了很大比例，可见集成模型的算法的可靠性。然而此时，支持向量模型的结果已经显著下降到了 73.6%。由此可见算法的表现并不稳定。因而我们在选择最优模型时，有必要多尝试不同的算法，进行多种环境下的实验，通过比较寻找较好的算法学得模型。

那么，假如我们以特征选择为信息增益法，而选定的特征数为 100 个时，能否得到比目前更好的模型？如今，我们有了支持向量机算法学得的模型这个最优模型。之所以这么说是因为虽然在这时集成模型 M_{ASC} 也得到了 77.3% 的准确率，但是它的查准率（71.9% < 77.3%）、查全率（67.5% < 68.4%）和 F1 值（69.6% < 72.6%）都不如支持向量机模型。下面，我们将利用参数调节并比较检验调整前后的最优模型，以确认能否利用这些方法得到性能显著提升的模型。

5.5.1 实验设置

这里实验采用的数据和算法库都和前文一样。此外，在实验中，我们固定使用信息增益法，选定的特征数为 100 个。这样选择的目的是信息增益法在五种特征选择方法中表现较好，尤其当特征数为 100 个时。这样选择还有一个目的是和一些已有的随机选择的结果进行比较，即与 Stab 与 Gurevych[183] 在这样条件下得到的最好的模型的比较。由此我们的实验有必要和这样随机选择的结果进行比较，以确认它们是否有显著差异。

这里除了和前文一样对训练集进行学习，然后用学得的模型用测试集进行检测外，我们还将使用第 2 章中的参数调节法。Weka 的 33 个算法中有些能够调节，有些不能够调节，我们选择能够调节的算法进行实验。在参数调节中，如果参数是实数，我们将按一定步长（如 0.1）进行实验。如果发现某个值有较好结果，我们将在这个值周围逐步缩小步长（0.01）。如果一个算法有多个参数可以调节，我们不仅一一尝试还将它们排列组合。

在实验结束后，我们将用 5.3.3 节介绍的 McNemar 检验法比较调节后的最优模型和调整前取得的最优模型。为了使用这个比较方法，我们以准确率为标准进行模型评估。我们这里只是证明通过模型选择的方法来选择得到的模型能够比随机选择得到的模型更好，故只需找到一个即可。

5.5.2 实验结果与讨论

在进行实验后，通过用准确率对学得模型进行评估并简单地比较，我们可以得到在参数调整前后的最优模型。下面，我们先找出这个调整后的最优模型，然后讨论调整前后最优模型的差异性。

部分在调整前后得到的模型准确率有明显差别的算法如表 5.28 所示。在表 5.28 中，我们发现有些算法调整前后学得的模型差别不大，如支持向量机算法。但是有些算法调整前后得到的模型差别比较大，如懒惰学习模型中的三个算法。而多层感知机算法（表 5.28 中的 MLP，且属于神经网络模型）也提升比较大，最后达到调整后的最大值 80.7%。

80.7% 准确率比调整前的最好模型的 77.3% 是提高了，也比它原先自身 74.6% 提高了，但是提高多少呢？是否具有显著性？即这个新模型的性能是否比原来的模型的性能显著提升？为了回答这个问题，我们用 5.3.3 节介绍的 Mcnemar 检验来对调整前后的模型做对比。

表 5.28　部分算法调整前后学得的模型的准确率对比（单位:%）

算法	T_{RET}	T_{RT}	T_{RF}	T_{LMT}	$T_{C4.5}$	R_{PART}	R_{JRip}	R_{DT}
调整前	72.4	65.3	74.1	76.3	76.3	70.9	74.6	71.6
调整后	74.6	75.3	79.0	78.2	78.5	72.9	78.7	74.8
算法	M_{LB}	M_{Bag}	L_{LWL}	L_{KS}	L_{IBK}	SVM	MLP	
调整前	77.0	73.3	60.1	68.5	68.0	77.3	74.6	
调整后	78.2	76.5	73.8	75.6	75.1	77.5	80.7	

先来比较多层感知机算法在调整前后学得的模型。表 5.29 是这两个模型的列联表。这里两模型表现差异的样本数：

$$46 + 21 = 67 > 40$$

故由公式 (5.19) 得

$$\chi^2 = \frac{(46-21)^2}{46+21} = \frac{25^2}{67} \approx 9.3284 \tag{5.21}$$

从而 $\chi^2 \approx 9.3284 > 3.8415 (p = 0.002256 < 0.05)$。又由于多层神经网络模型调整后的准确率 80.7% 比调整前的 74.6% 高，故多层神经网络模型在 $\alpha = 0.05$ 的显著水平下调整后性能显著提升。

表 5.29　多层神经网络模型在调整前后的差别

		调整前	
		正确	错误
调整后	正确	284	46
	错误	21	58

我们再来比较调整前最好的模型（即支持向量机算法学得的模型）与调整后最好的模型（即多层感知机算法在调整后学得的模型）。表 5.30 是这两个模型的列联表。这里两模型表现差异的样本数：

$$38 + 24 = 62 > 40$$

故由公式 (5.19) 得

$$\chi^2 = \frac{(38-24)^2}{38+24} = \frac{14^2}{62} \approx 3.1613 \tag{5.22}$$

从而 $\chi^2 \approx 3.1613 > 2.7055(p = 0.0754 < 0.1)$。又由于多层感知机算法调整后的学得模型的准确率 80.7% 比支持向量机算法学得的模型的准确率 77.3% 高。而支持向量机算法学得的模型在所有算法调整前用信息增益的方法选择 100 个特征的条件下是最好的。故多层感知机算法调整后学得的模型的性能在 $\alpha = 0.1$ 的显著水平下比调整前的所有算法学得的模型的整体水平都显著提升[①]。多层感知机算法的确表现优异，即使不做参数调整而只是调整选择的特征数，当特征数为 150 个时，它学得的模型也有 78% 准确率，比其他的都高。

表 5.30　多层神经网络模型在调整后与原有的支持向量机模型的差别

		调整前	
		正确	错误
调整后	正确	292	38
	错误	24	55

下面我们简单比较在其他评估方法下的结果。如表 5.31 所示，根据这些参数，调整后多层感知机算法学得的模型总体上优于参数调整前支持向量机算法学得的模型。多层感知机算法学得的模型在宏 F1 值和宏查全率上都比支持向量机算法学得的模型优异。在表 5.31 所示的七个指标中，多层感知机算法的学得模型在五个指标中不输于比支持向量机算法的学得模型。虽然多层感知机算法的学得模型在宏查准率中比支持向量机算法的学得模型差，但是相比于两模型的宏 F1 之差和两模型的宏查全率之差，这个差别较小。而且多层感知机算法的学得模型的宏查准率和宏查全率也相对集中。在具体四个类别上，多层感知机算法的学得模型只在识别大结论的能力上稍微比支持向量机算法的学得模型差，而在其他评估值中都好于或等于支持向量机算法的学得模型。

表 5.31　参数调整前支持向量机算法学得的模型与调整后多层感知机算法学得的模型的其他评估参数的对比（单位:%）

	宏 F1	宏查准率	宏查全率	F1(大结论)	F1(小结论)	F1(前提)	F1(非)
SVM	72.6	77.3	68.4	62.5	53.8	82.6	88.4
MLP	75.1	76.1	74.1	57.1	68.7	85.5	88.4

5.6　结　　论

本章以英语议论文论证语料库为内容，利用八大类的 33 个机器学习算法对五种特征选择方法：卡方统计法、关联系数法、增益率法、信息增益法、Relief 过滤法进行对比研究。我们不仅仅像以往在别的领域中就具体的算法表现评估每一

---

① 显著水平 α 在机器学习中常取的值是 0.05、0.1 [172]。

个特征选择方法,还从算法的整体表现来评估所有的特征选择方法。在评估中,我们采用了机器学习常用的四种方法:准确率、查准率、查全率、F1 值。部分实验结果如表 5.4—表 5.27 所示。实验的特征选择法之间的对比结果如图 5.1—图 5.9 所示。

实验结果证明了在论证挖掘中进行特征选择方法的比较研究具有以下三点性质。

- **必要性**:进行论证挖掘的特征选择方法的比较研究是有必要的。
    - 有必要在论证挖掘中进行特征选择的比较研究:我们实验的比较结果表明同样的方法之间在文本分类和在论证挖掘中它们相互比较的结果不一样。所以这进一步说明了虽然在文本分类中已经有了不少特征选择方法的比较研究,在论证挖掘中进行这样的研究依然有必要。另外,当使用全部特征时,有 4 个算法无法有效运行得到数据。从而为了让算法能有效运行,进行特征选择是有必要的。
    - 有必要在进行特征选择的比较研究中使用不同的评估方法:我们的实验结果表明用不同的评估方法,得到的比较结果也会有不同。一方面是在用不同的评估方法时,结果和基准线相差很大;另一方面是在用不同的评估方法时,特征选择法之间的相对表现不一样。在这些方法之间变化比较大的是 Relief 过滤法。因而一种模型的评估方法并不能代替所有评估方法。
    - 有必要考虑所有适用于语料库的算法:我们以支持向量机模型为例,把算法的个体表现和所有算法的整体表现进行比较,我们发现个体算法的结果在评估这些特征选择方法时常常和算法整体的结果有很大不同。因而所有算法的整体表现不是某个算法所能够代替的。
- **可比性**:不同特征选择方法之间具有可比性。从所有算法的整体表现和支持向量机的个体表现来看,这五种特征选择方法并未出现泾渭分明的结果。但是,在大多数情况下当特征数量较少时,关联系数法表现较好;当特征数量较多时(100 个左右),信息增益法表现较好。卡方统计法比前面的两种方法总体而言较差但比增益率法好。增益率法在特征数较少时表现较差但在一些实验中当特征数较多时它也有较好的相对结果。Relief 过滤法相对其他方法而言在不同的评估方法中它的相对位置较不稳定,但是它自身总体上是先增加后减少。
- **有效性**:结果较好的特征选择方法是有效的,即能够大幅度地降低特征的维度。例如,关联系数法和信息增益法在图 5.1—图 5.8 所示的所有结果中它们只使用 100 个特征数就能够得到比基准线高的结果。这意味着它们能够降低超过 97% 的特征维度而不影响模型的性能,在一些实验中甚至能够减少超过 99% 的特征维数。

5.6 结　论

本章根据 5.5 节的数据讨论了不同模型在不同情况下的差异性。然后为了证明经过运用模型选择方法后能够得到比随机选择更好的模型，同时为了和已有的结果比较，我们设计了实验。在实验中主要是用了参数调节法。为了使用统计检验方法，我们主要用了准确率做评估。我们发现很多算法都能进行参数调节且得到性能显著提升的模型。

我们把经过参数调整后的算法学得的最好的模型与参数调整前的算法学得的最好的模型进行比较检验，发现这个新模型的性能比旧模型的性能显著提升。同时在继续用其他评估方法对比检测发现这个新模型的性能也比旧模型更优，从而证明了可以通过模型选择的方法发现性能显著提升的论证挖掘模型。

第 6 章 哲学文本论辩元素挖掘
——基于统计学习的方法

6.1 引　　言

当前的论辩挖掘技术,挖掘的文本最多属于法律领域、科学论文、议论文等,近年来的研究更多关注网络文本的挖掘,然而,在哲学文本上,目前还少有相关学者着手研究。本章从亚里士多德的《尼各马可伦理学》中抽取 71 个章节段落进行标注,建立标注语料库,并说明语料库建立的过程。[186] 在此基础上,采用 UIMA 框架和 DKPro 组件[184]对标注的哲学文本进行预处理。然后以预处理后的格式化文本为输入数据,调用 SMO 算法和逻辑斯谛回归算法进行论证成分挖掘实验,并根据实验结果进行分析。结果显示,在获取最佳结果的测试集中,使用逻辑斯谛回归算法得到准确率为 77.6%。

本章采用 UIMA 框架和 DKPro 组件构成的预处理模型,不仅可以应用于英语文本,还能够应用于中文文本。总的来说,本章建立一个哲学文本标注语料库,为后续的研究提供资源,并在采用 UIMA 框架和 DKPro 组件对标注的哲学文本进行预处理之后,开展论证成分挖掘实验。

6.2 论辩挖掘模型与实践

6.2.1 论辩挖掘的主要流程

在实验之前,首先要准备数据。本节数据的来源是亚里士多德的《尼各马可伦理学》,从中摘取 71 个章节片段,并利用 BRAT 快速标注工具(brat rapid annotation tool)对这些哲学文本进行标注。[186] 借此机会,说明一下选取亚里士多德的《尼各马可伦理学》作为实验对象的理由。[186] 亚里士多德是希腊哲学的集大成者,是世界古代史上伟大的哲学家、科学家、教育家,其涉及的领域包含伦理学、逻辑学、心理学等。而他的《尼各马可伦理学》是根据其授课讲义整理而成,比较系统地阐述了善、道德德性、行为、公正、理智德性、自制、快乐、友爱、幸福等概念,其中不乏精辟的思想和精彩的论述。书中关于每个概念的阐述,都是具有论辩性质的。以《尼各马可伦理学》为哲学文本研究对象,对于本章的研究来说,相对比较方便。

本部分的论辩挖掘实验主要流程分为以下 5 个步骤。

（1）输入数据：摘自亚里士多德《尼各马可伦理学》的 71 个章节段落形成的 71 个原始文本[186]，这些原始文本都是非结构化的数据，经过 BRAT 标注工具标注后得出结构化文档（ann 格式），再通过机器学习方法把它转化为标准化的格式（xmi）。

（2）预处理：把非标准化数据转化为标准化数据的过程，包括切词、分词、词性标注、命名实体识别、句法分析等自然语言处理过程。此处使用 UIMA 框架和来自 DKPro 框架的几个模型。

（3）特征抽取：此过程根据学习任务的需要来抽取特征，在本部分中主要采用了前面介绍的词汇特征、句法特征、结构特征、语境特征、指示词等。

（4）机器学习：基于上面选取的特征的机器学习。本部分采用 SVM 分类器（SMO）算法、逻辑斯谛回归算法进行学习。

（5）评估：此过程采用前面提到过的机器学习常用的评估方式来对习得的模型进行评估，包括：准确率（accuracy）、精确度（precise）、召回率（recall）、F1 测量（F1-measure）等。

6.2.2 语料库标注

创建哲学文本语料库的最大动机是，目前还没有可用于论辩挖掘的哲学文本标注语料库。本部分创建哲学文本语料库，首先是为下一步实验做准备，再者是希望能给将来的研究提供资源。关于标注问题，体裁不一样，文本结构也有所不同。哲学文本标注复杂程度不容小觑，要根据哲学文本的实际情况对标注问题进行探讨分析。本节先通过一个文本例子具体说明论证成分标注类别，并展示文本的论辩结构，然后介绍实际的标注流程和标注使用的工具——BRAT。

1. 论证成分和论辩结构

本部分选择的论证结构是树形图，包括简单的前提–主张模型、序列结构、收敛结构、闭合结构，并采用混合方法，把 Cohen[187] 的"一个主张"方法（"one-claim" approach）（只有根节点是一个主张，其余节点皆为前提）和"层次方法"（level approach）（在序列结构中区分前提和子前提）结合起来应用；在树的第一层使用"层次方法"，在每个独立论证中使用"一个主张"方法。

本节将文本中的句子分为大主张、主张、前提、非论辩性句子四类，前三类是论证成分。标注时，只标注三类论证成分，剩下的没有标注的即为非论辩性句子。

哲学文本的结构并不像议论文那样明显，但无形中还是包含一定的规律。它一般以引言开始，中间是详细论证，最后又回归主题内容。引言简单描述主题，通常并不包含论证，但包含理论陈述引出作者对主题的态度立场，这个陈述被称为大主张。结尾部分一般也可能包含大主张。

主张是直接支持或反驳作者立场的。一篇文章包含的主张有多个，不是支持就是反驳大主张。所以标注时，每个主张有一个"立场属性"，可以选择"支持"（for）或"反驳"（against）。一般地，主张是一个假设，如果没有其他理由支持，是不应当被接受的。

前提通常是支持或攻击某个论证成分的理由，可看作一个证实或反驳，用来说服读者关于某个主张的真或假。通常是与另一个论证成分相连接的。前提并不像主张一样有一个"立场属性"，但它通过与另一个论证成分的连接而被标注为"支持"（support）或"攻击"（attack），一个前提只能支持或攻击一个其他论证成分。

通过以下的例子详细说明一个文本的标注过程：

论证成分用方括号来区分边界，论证成分的最后一个标点符号不包含进去。

过去半个世纪，人类生活的改变已超出我们最大的想象。有无数的新科技设备涌入我们的日常生活，如互联网、手机，它们都丰富了我们的日常生活。现在，很多学生课后从网络上学习知识，而且他们认为这给他们带来很大帮助。

这一段是范文的第一段（引言），由于只是对讨论主题背景的描述，没有提出主张，所以没有标注。接下来是包含支持 (for) 或反驳 (against) 大主张的论证。

很多人发现 [学生在学校，即使是大学也仍然从老师那里学得更多]$_{Claim1}$。他们认为，[从幼儿园起，老师就教学生如何写、读和计算]$_{Premise1}$。[当他们念小学，老师教他们更进一步的知识，如写作技巧和如何使用电脑]$_{Premise2}$。[在学校遇到困难时老师会帮助他们]$_{Premise3}$。另外，[学生从老师那里获取大量知识，在老师的协助下学习判断什么是对的、什么是错的]$_{Premise4}$。

这一段落包含了一个支持大主张的观点。第一句包含了论证的主张，由接下来的 4 个句子中的 4 个前提共同支持。

有一些人认为 [学生从其他资源如网络、电视，获取的知识更多]$_{Claim2}$，一般相信 [在这些资源中学生可以学习很多在课堂上学习不到的东西]$_{Premise5}$。[他们只要输入一些关键词并搜索它，然后就可获取无数与它相关的文章和网页]$_{Premise6}$。从这个角度看，[学生更容易学到东西]$_{Premise7}$。同时，他们认为 [好的电视节目确实教学生东西]$_{Premise8}$。例如，[发现频道有很多引导片段]$_{Premise9}$。[学生可以学到其他文化的知识，如外空等]$_{Premise10}$。

这一段落包含了一个反驳大主张的观点。第一句是论证的主张，由第一句的 Premise5、第二句的 Premise6 和第四句的 Premise8 共同支持。Premise7 支持 Premise6，而 Premise9 和 Premise10 共同支持 Premise8。

[虽然学生从其他资源可以学到不少知识]$_{Claim3}$，我个人的观点是，[学生从老师那里学到

6.2 论辩挖掘模型与实践

的东西比其他资源多很多]MajorClaim。因为 [老师不仅仅教我们知识，也教我们判断对错的技巧]Claim4。想象一下，如果一个学生连判断一个资源合理与否的能力都没有，他们如何能够捕捉到正确的信息来帮助他学习呢？

这里是结尾部分，开始是一个攻击大主张的观点，紧接着是大主张。在第二句又包含一个支持大主张的主张。因为本段中的理由是直接与大主张关联的，所以被标注为主张。最后一句只是一个反问句设想，不包含论辩成分，不用标注。这个文本的整个论辩框架如图 6.1 所示，除了没有论证内部的攻击关系外，其他的论辩关系基本都涉及了，图中的论辩框架包含了基本结构、序列结构、收敛结构等论证微结构。

图 6.1 为示例文本的论辩结构,尖头表示论辩支持关系,圆头表示攻击关系。虚线表示主张相对于大主张的立场态度编码的关系:支持(for)或反驳(against)。"P"代表前提。

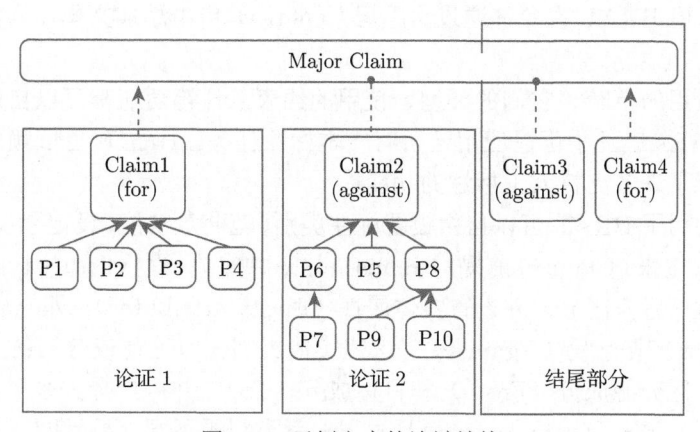

图 6.1　示例文本的论辩结构

2. 标注过程及其工具

本节的哲学文本标注过程包括以下三个步骤。

（1）识别主题和立场。为了能更好地识别，在开始标注任务之前，要先仔细阅读每个哲学文本。

（2）标注论证成分：大主张、前提、主张。区分论证成分边界，并决定主张立场，是支持（for）还是反驳（against）大主张。

（3）把前提连接到与其有论辩关系的论证成分：论辩关系分为支持（support）、攻击（attact），通过关系连接识别论辩结构。

本节构建的语料库选取亚里士多德的《尼各马可伦理学》中的 71 个章节段落，

并利用 BRAT 快速标注工具[188] 进行文本的标注。该标注工具提供了一个网络图形界面来标记文本单元，并可连接两个有关系的论证成分。下面先介绍 BRAT。

BRAT 快速标注工具是一个基于网络的文本标注工具，可为现有的文本节件添加注释。通过 BRAT 输出的是结构化的标注文本，可以由计算机自动处理、编译。

BRAT 有两个基本的标注类别：文本跨度标注、关系标注。简单的文本跨度类型适用于标注命名实体识别，而关系标注则适用于简单的二元关系信息提取任务。BRAT 还支持 n 元联结标注，可以把任意数量的其他标注连接到一个特定标注。这种类型的标注可以运用到事件（event）的标注中。另外，还可以通过"属性"（attribute）功能设置其他具体类别的标注，如标注事件为"事实"或"投机"、标注一个实体为"组织"或"个人"。

为了让特定的文本表达指向真实世界唯一的实体，BRAT 也支持"规范"（normalization）标注，联结其他注释，如维基百科上的条目。最后，虽然这不是 BRAT 首要功能，但 BRAT 也允许通过"笔记"（notes）自由添加文本，为标注实体进行注释。

标注应用的范畴、它们的类型、使用的约束条件等功能都可以自由配置，这些功能让 BRAT 几乎可以应用于所有文本标注任务。BRAT 也依赖自然语言处理技术实现了许多支持人工标注的功能。

本节利用了 BRAT 可以自由设置标注类别、范畴等功能，设定了大主张（Major Claim）、主张（Claim）、前提（Premise）这三种实体类别（Entity type），每种类别显示的颜色皆有区分，并设置实体属性（Entity attributes），即立场（Stance）为支持（For）或反驳（Against）。这些实体类别（即论证成分）的关系通过画箭头连接，区分源成分（From）和目标成分（To），并可选择关系类别——支持（supports）或攻击（attacks），而且根据关系类别的不同，显示的箭头颜色也不一样。图 6.2 展示了利用 BRAT 标注的情况。

如同上面介绍的标注步骤，此处哲学文本的标注，要先熟悉每个文本的内容，再判断标注大主张、主张、前提，在标注主张时要为主张选取一个立场属性（支持或反驳），而每个前提要连接到另一个论证成分（前提或主张，不能连接到大主张），还要选取关系类别（支持或攻击）。在每个标注步骤中，都要再三思考该标注为哪种论证成分、哪些论证成分是相关联的、以何种关系相连。这些内容都不是可以轻易断定的，主张和前提的界定尤为困难。

在标注中，界定论证成分在子句层次上，即一个论证成分至多包含一个句子。除非出现因排版之故引用句子跨段等例外情况。如此，通过 BRAT 快速标注工具，本节完成对亚里士多德《尼各马可伦理学》中的 71 个章节段落的标注，最终形成了用于论证成分挖掘的哲学文本语料库。

6.2 论辩挖掘模型与实践

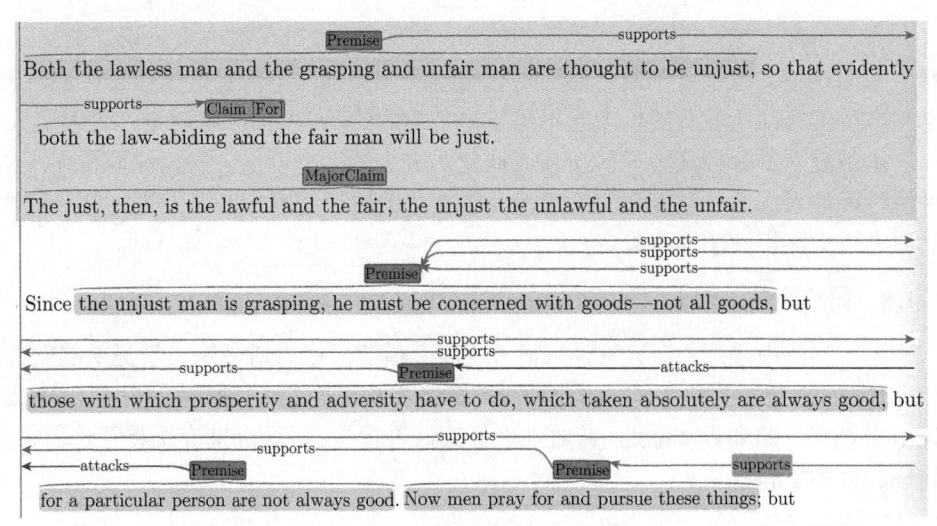

```
                    ┌── Premise ──────────────── supports ─────────────────┐
Both the lawless man and the grasping and unfair man are thought to be unjust, so that evidently
  ── supports ──┐  Claim [For]
both the law-abiding and the fair man will be just.
                    MajorClaim
The just, then, is the lawful and the fair, the unjust the unlawful and the unfair.
                                                          supports
                                                          supports
                              Premise                     supports
Since the unjust man is grasping, he must be concerned with goods—not all goods, but
                                      supports
                                      supports
      ── supports ──    Premise                     attacks
those with which prosperity and adversity have to do, which taken absolutely are always good, but
                        supports          supports
  ── attacks ──  Premise                        Premise           supports
for a particular person are not always good. Now men pray for and pursue these things; but
```

图 6.2　BRAT 标注示意图

虽然标注了 71 个文本，但在预处理时，有 2 个文本出现问题，在实验时也有 5 个文本报错。所以把出现问题的文本剔除后，只剩余 64 个文本。即最终用于实验的语料库包含 64 个文本。类别分布如表 6.1 所示，包含 1162 个样本，63 个大主张、269 个主张、767 个前提。表 6.1 中显示的训练集包含 55 个哲学文本，测试集包含 9 个文本。基本上，所有实验都是按照这个比例划分语料库。平均每个文本 1 个大主张。其实，由于哲学文本中有可能几个篇章都是为了说明一个问题，而每个问题又分为几个小问题，如此分割下去，选取的文本内容不一定包含统筹地位的大主张。所以缺少大主张的标注也是正常的。平均每个主张被 2.8 个前提支持，还是比较合理的。

表 6.1　语料库中类别分布

	大主张	主张	前提	非	总共
训练集	54(5.59%)	224(23.19%)	629(65.11%)	59(6.11%)	966
测试集	9(4.59%)	45(22.96%)	138(70.42%)	4(2.04%)	196
总语料库	63(5.42%)	269(23.15%)	767(66.01%)	63(5.42%)	1162

在标注过程中发现，哲学文本中虽说攻击关系比例还是小，但比普通议论文高很多，这体现了哲学家思维的严谨周密性。由于本节选取的是哲学文本中的章节片段，有的文本只有一个大片段，所以大主张有可能蕴藏在段落中部。

在标注前提和主张时，特别难以断定。根据文本阐述，一些论证成分可为前提可为主张。如同序列结构中，处于中间的论证成分为前提亦为主张。手工标注主观判断都如此艰难，可见哲学文本复杂程度之深。

作者曾深入探析过议论文体裁的标注，也手工标注过一些中文议论文范文，虽然中文的议论文也很难判断，然而对比哲学文本的标注，简直是小巫见大巫。哲学文本手工标注所耗费的精力起码是议论文标注的两倍，而且不确定性程度更大。

本节没有进行标注者间的一致度研究。未来的工作可以扩展标注语料库，同时进行标注者间的一致度研究。毕竟哲学文本的复杂程度较高，通过标注一致性的研究可提高标注的准确率。

6.2.3 研究方法

本节实验中采用的研究方法，很大程度上借鉴了达姆斯塔特大学提供的软件，如 DKPro 框架。此外，本节的论证成分分类实验，是在达姆斯塔特大学 Stab 和 Gurevych[133] 的项目基础上，针对性地修改后进行的。下面分别介绍特征选取、预处理、分类实验方法。

1. 特征选取

关于用于论证成分挖掘实验的特征选择问题，本节采用了结构、词法、句法、指示词、语境等特征。表 6.2 展示了所采用的特征。

2. 预处理

一般来说，论辩结构挖掘的实验包含 5 个步骤：论辩成分识别、论证成分分类、论辩关系识别、生成树、立场识别。识别模型把论辩句子从非论辩句子中分离出来，并识别论证成分边界。接下来的三个模型是联合模型，共同作用于识别论辩结构。论证成分分类模型把每个论证成分标记为大主张、主张、前提，论辩关系识别模型判断两个论证成分是否论辩相关，生成树模型致力于生成每个段落中的一个或几个树形图。而立场识别模型区分论证成分间的支持和攻击关系。

但本节的实验致力于论证成分的挖掘，所以只包含两个步骤：论辩成分识别、论证成分分类。因为在标注过程中，已把论证成分标注出来，相当于已经识别了论辩成分。因此，在实验中，只需要进行论证成分的分类。在论证成分分类前需要对文本进行预处理。

由于利用 BRAT 标注得出的文本是 ann 格式文件，而论证成分分类模型的文件源是 xmi 格式的。因此，需要对标注好的哲学文本进行预处理，将之转化为 xmi 格式的文件。

在预处理阶段，应用到自然语言处理中相关的各种方法、技术，并采用 UIMA 框架和来自 DKPro 框架的几个模型。自然语言处理的方法主要用来进行切词、分词、词性标注、命名实体识别、句法分析等。

表 6.2　用于论辩成分挖掘的特征

分类	特征	描述
结构特征	词条统计	论证成分词条数目和它们覆盖的句子数、覆盖语句中论证成分前后的词条数、覆盖句子和论证成分之词条数目比、论证成分是否包含所有它覆盖句子的词条的布尔特征
	词条位置	论证成分是否出现在论文的开始或结尾位置、是否出现在段落的首句或者尾句（四个布尔特征）、覆盖句子在论文的位置作为数值特征
	标点符号	覆盖句子和论证成分的标点符号数、在覆盖句子中论证成分前后的标点符号、指明句子是否以问号结束的布尔特征
词法特征	n-gram(1-3) 特征	论证成分及句子中在它之前且没有被其他论证成分覆盖的词条
	动词和副词	是否包含动词或副词被看作布尔特征
	情态动词	论证成分中是否包含"应当""可以"等情态动词作为布尔特征
句法特征	词性标注	从句法分析书上抽取，采用论证成分覆盖句子的子句数目和分析树的深度作为特征
		将产生式规则（如 VP->VBG；NP/PP->IN, NP 等）在论证成分子树中出现与否设为布尔特征
指示词	连接词	主张通常跟随"因此""因而""总而言之"等连接词，而前提则包含"因为""原因""由于"等连接词，将是否出现连接词作为布尔特征
	第一人称代词	将是否出现第一人称代词（"我""我的""我自己""我本身""我本人"等）作为布尔特征
语境特征	语境特征	从论证成分覆盖的句子前后的语句中抽取如下特征：标点符号数、词条数目、自己数目、指明是否包含情态动词的布尔特征

由于 UIMA 框架和 DKPro 框架在本节预处理模型中非常重要，这里对它们进行简单介绍。UIMA 是一个分析非结构化数据的组件架构，是一个通用的平台，期望为非结构化分析提供可重用分析组件。UIMA 把应用分解为组件，每个组件实现了由框架定义的接口，并通过 XML 描述符文件提供自描述元数据。UIMA 框架管理这些组件和组件间的数据流。

UIMA 的整个框架如图 6.3 所示，图中虚线框是为未来的可能组件添加占位符。

UIMA 的最大优势是可以提供对 NLP 或论辩挖掘预处理的流水线处理，把各个分散独立的 NLP 组件进行封装和标准化，统一输入和输出格式，多个组件就能够集成起来完成比较复杂的工作。没有 UIMA 的框架，就很难完成这么多工作。

图 6.3　UIMA 框架

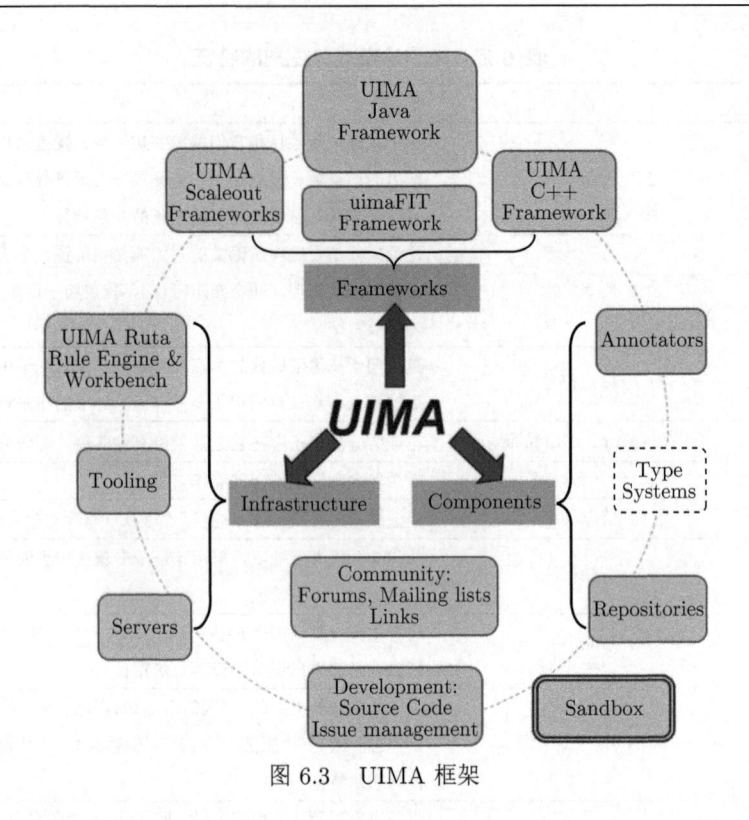

而 DKPro 框架中的 DKPro Core 基于 Apache UIMA 框架，为自然语言处理提供了一套现成的软件组件。这些组件构成了预处理模型。此处也简单介绍本节采用的组件，如 LanguageToolSegmenter、ParagraphSplitter、MateLemmatizer、SnowballStemmer、StanfordPosTagger、StanfordParser 等。

首先，LanguageTool 15 是开源语法检查工具，支持多个不同开源软件，如 OpenOffice、Firefox、TexStudio 等，也支持多种语言，如英语、德语、法语等。

LanguageToolSegmenter 是 LanguageTool 工具的一个组件，将文本切割为词条，即单个词。

ParagraphSplitter 是段落分割器，可通过正则表达式来划分分段标准，命令对象将文本划分为多个段落。

MateLemmatizer 16 是词形还原工具，将词还原为更简单形式，不一定是词本身。

SnowballStemmer 17 是由 Martin Porter 开发的词干还原工具，支持多种方法，如 Porter 和 Porter2（英语词干还原器）、Lovins，且覆盖多种语言，如西班牙语、法语、俄语、瑞士语等。

StanfordPosTagger 18 是词性标注工具，比如，确定单词是动词、名词还是形容词。继承自 StanfordTagger，可助于提高文本处理质量。

StanfordParser 是基于概率上下文无关文法的非词汇化模型[189]，用来对短语结构进行分析，可将短语结构树转化为依存关系树，且适用于多种自然语言。

预处理过程如下：

（1）利用 BratReader 读进 ann 文件。

（2）使用 LanguageToolSegmenter 19 识别分割词语和句子边界，即完成分词任务。

（3）使用 ParagraphSplitter 通过检测分行命令识别段落。

（4）MateLemmatizer 用来进行词形还原，将一个任何形式的英语单词还原到一般形式。

（5）使用 SnowballStemmer 来提取词干，即抽取一个单词的词根。

（6）使用斯坦福词性标注器 (StanfordPosTagger) 进行词性标注。

（7）使用斯坦福语法解析器（StanfordParser）来解析句子结构，对句子中的不同成分进行标注。

（8）使用 XmiWriter 输出 xmi 文件。

整个流程可简单总结为：读进 ann 标注文件、分词、分段、词形还原、词干提取、词性标注、解析句子结构、输出 xmi 文件。通过上面的 DKPro 框架组件的预处理，我们成功获取了 xmi 格式的数据。此后便可进行论证成分分类实验。

3. 分类实验方法

预处理得到符合最终实验格式的输入数据后，便可进行论证成分的挖掘。

本节调用数据挖掘软件包 Weka 中的分类学习算法进行实验，特别采用支持向量机分类器（SMO)和逻辑斯谛回归进行对比分析。

为了获取最佳表现模型，在数据集中使用 k 折交叉检验来进行模型选择。k 折交叉检验即把原始数据随机分为 k 个部分，轮流选择其中一个部分作为测试集，其余的 $(k-1)$ 个作为训练集。交叉检验过程实际是重复实验 k（本节中 $k=7$）次，最后取所有实验结果的平均值。所有的实验结果及平均值如表 6.3 所示，"*" 表示 SMO 和逻辑斯谛回归对比准确率较高的一方。此处的准确率表示，每折实验中，用包含 $(k-1)$ 个部分的训练集训练模型后，在测试集中预测论证成分的分类，准确分类的样本数目占总类别数目的比例。

接着在测试集上进行模型评估。通过累积每折的混淆矩阵到一个大混淆矩阵决定每个交叉检验实验的评估分数，这个方法已被证明是评估交叉检验实验偏差最小的方法。并采用宏平均值、宏精确度（P）、宏召回率（R）、宏 F1 测量值（F1）等评估方法。

6.2.4 实验结果

在我们的实验中，对比 SMO 和逻辑斯谛回归这两种机器学习算法，实验结果如表 6.3 所示，虽说有的检验结果逻辑斯谛回归算法显得更好，取得目前最佳准确率 77.6% 的也是逻辑斯谛回归算法。但总体上，SMO 算法的分类效果更佳，平均准确率达到 68.9%，而逻辑斯谛回归的平均准确率是 65.3%。

表 6.3 每个测试集 SMO 和逻辑斯谛回归准确率对比

	逻辑斯谛回归	SMO
1	0.592	0.621*
2	0.664*	0.598
3	0.662	0.696*
4	0.636	0.722*
5	0.776	0.750
6	0.606	0.697*
7	0.636	0.739*
平均值	0.653	0.689*

在测试集中使用 SMO 的模型前提分类效果较好，总共 767 个前提，被准确分类的达到 721 个，准确率为 94.0%。使用逻辑斯谛回归的模型前提分类效果也不错，总共 767 个前提，被准确分类的达到 645 个，准确率为 84.1%，但比 SMO 算法低不少。然而两个算法模型主张分类和大主张分类的效果并不太好。

SMO 算法主张的准确率为 18.2%，大主张的准确率只有 11.1%；而逻辑斯谛回归算法主张准确率为 24.9%，大主张准确率为 12.7%，均比 SMO 算法稍高。总的来说，前提分类效果已经很好，但主张和大主张的分类效果还有待改善。

如表 6.4 和表 6.5 所示的论证成分分类混淆矩阵表明，最大的不一致在于主张和前提的分类。在 SMO 中总共 209 个主张被错误分类为前提，共 34 个前提被错误分类为主张。而在逻辑斯谛回归中，总共 179 个主张被错误分类为前提，共 66 个前提被错误分类为主张。结合标注情况，原因可能在于直接支持大主张的前提都被标注为主张，这点迷惑了系统。

表 6.4 论证成分分类的混淆矩阵 (SMO)（"非"＝未被标注的内容）

	主张 (预测)	大主张 (预测)	非 (预测)	前提 (预测)	总计
主张 (实际)	**49**	8	3	209	269
大主张 (实际)	24	**7**	1	31	63
非 (实际)	5	1	**30**	27	63
前提 (实际)	34	6	6	**721**	767
总计	112	22	40	988	**1162**

6.2 论辩挖掘模型与实践

表 6.5 论证成分分类的混淆矩阵 (逻辑斯谛回归) ("非" ＝未被标注的内容)

	主张 (预测)	大主张 (预测)	非 (预测)	前提 (预测)	总计
主张 (实际)	**67**	11	12	179	269
大主张 (实际)	24	**8**	3	28	63
非 (实际)	5	0	**41**	17	63
前提 (实际)	66	26	30	**645**	767
总计	162	45	86	869	**1162**

本节主要介绍最终的论证成分分类实验结果。在获取最佳结果的测试集中，使用逻辑斯谛算法，152 个样本被准确分类，44 个被错误分类，准确率为 77.6%；使用 SMO 算法，147 个样本被准确分类，49 个样本被错误分类，准确率为 75.0%。

表 6.6 展示了利用机器学习算法 SMO、逻辑斯谛回归进行论证成分分类的实验结果，并列出了 Stab 和 Gurevych[105] 利用 SVM 在议论文语料库中进行论证成分分类实验的结果，以此作为基准线。

如表 6.6 所示，逻辑斯谛回归的准确率高于基准线，SMO 的准确率也很接近基准线，SMO 和逻辑斯谛回归识别前提的 F1 皆高于基准线。但是，除此之外，其他评估方法显示的数据，SMO 和逻辑斯谛回归都低于基准线。这说明哲学文本的论证成分分类整体上还未达到议论文文本的论证成分分类的水平，相关工作有待改进。同时，也说明哲学文本的论辩挖掘比议论文文本复杂。

表 6.6 测试集论证成分分类结果对比

	Baseline	SMO	逻辑斯谛回归
准确率	0.773	0.750	0.776*
宏 F1	0.726	0.349	0.581
宏精确度	0.773	0.423	0.657
宏召回率	0.684	0.337	0.619
F1 大主张	0.625	0.154	0.308
F1 主张	0.538	0.381	0.419
F1 前提	0.826	0.862	0.869*
F1 非	0.884	0	0.727

在实验过程中发现，本节采用的哲学文本句子较长，哲学家论辩时采用对比、举例等修辞手法较多，导致文本出现众多逗号、分号、连接号。有时也因举例多而导致主张多。此外，文本中指示词虽多，但类型少，"for" 作为 "因为" 解释出现的频率超高。"then" 作为 "所以" 解释也频繁出现，而且处于结论的中央，导致标注论证成分时也把它包含进去。"for" "then" 作为指示词，它们的频繁出现，特别是在一个长句子中，就可能导致多种标注结果。文本也没有很明显地给出大主张，通常很难判断哪个才是大主张。当标注不一致时，训练得到的模型的判断能力会降低，从而使测试集中的分类效果，如准确率，相应降低。这是从哲学文本

特性及标注的角度来推测论证成分挖掘实验准确率整体效果不如基准线的原因。

从机器学习角度看，本节目前只对比了 SMO、逻辑斯谛回归这两种算法，其他算法的效果如何还未知。如果要从技术上探讨，需要重新设计方案实施，这需要更多的努力。然而，就如之前介绍机器学习时提到的，可以结合近来兴起的深度学习技术，改进实验方法并改善实验结果。

上述情况，结合实验结果，说明在哲学文本进行论辩挖掘的困难程度不小，期望更多的工作。

6.3 结　论

论辩挖掘是新兴的研究领域，目前的研究工作不少。但总体上，都是国外的研究者使用英语、德语等语言，在法律领域、新闻评论、科学领域、议会记录、杂志文章等领域上进行的论辩挖掘实验，对哲学领域的论辩挖掘基本上还没有发展。此外，国内在自然语言处理方向已有一定的成就，然而论辩挖掘领域还未出现比较有代表性的文献。

鉴于上述理由，本章对论辩挖掘这一领域的研究工作进行了一番整理总结，并建立一个哲学文本标注语料库。该语料库是选取亚里士多德《尼各马可伦理学》中的 71 个章节段落，并使用 BRAT 快速标注工具对文本进行标注后形成的。在此基础上，采用 UIMA 框架和 DKPro 组件对标注的文本进行预处理，预处理得出适用于实验的 xmi 格式文档后，以这些文档作为输入数据，进行哲学文本的论辩成分挖掘。

虽说论证成分分类是论辩挖掘主要任务的第一个阶段，然在真正入手时，才发现很多问题超乎意料。首先，在语料库的建立阶段，在论证成分的标注任务中，就遇到不少问题。这些哲学文本并不像平常的议论文写作有统一的结构。阐述一个概念，篇幅就不小。由于《尼各马可伦理学》这本书自身的性质所限，本章选取的段落数目方面，基本上是 1—3 段。此外，文本中指示词虽多，但类型少，"for" 作为"因为"解释出现的频率超高。文本也没有很明显地给出大主张，通常很难判断哪个才是大主张。思考判断的过程，耗费标注者大量精力，这也是标注语料库面临的困难之一。

在论证成分分类实验中，使用 7 折交叉检验，对比了 SMO、逻辑斯谛回归这两种机器学习算法，结果发现，逻辑斯谛回归取得目前最佳准确率 77.6%，而在同样的测试集中 SMO 的准确率为 75.0%。虽然在个别数据上，逻辑斯谛回归算法高于 SMO 算法，但总体上，SMO 的分类效果更佳，平均准确率达到 68.9%。

而逻辑斯谛回归的平均准确率是 65.3%。但相对比基准线（Stab 和 Gurevych[45] 利用 SVM 进行议论文的论证成分分类的结果），虽说准确率有望超越，但

6.3 结 论

其他评估方法有所不及。也就是说，在哲学文本上进行论证成分挖掘的水平，整体上看还未达到议论文的水平。

此外，通过累积每折交叉实验的混淆矩阵到一个大混淆矩阵来确定交叉检验的评估效果。总的混淆矩阵表明，最大的分歧出现在前提和主张的分类中。目前估计分歧产生的原因之一是，直接支持大主张的前提都被标注为主张，给系统带来了误解。如此种种皆表明，在哲学文本中进行论辩挖掘非常困难。要想在哲学文本的论辩挖掘方面取得成就，需要众多领域的研究者共同努力。

以上是对本章所做的工作的交代，根据存在的一些问题，未来还有很多工作需要进一步探讨。

首先，本部分建立的语料库还不够大，训练集还不够多。训练数据越多越好，越有利于机器的学习，并且目前阶段，本部分没有研究标注者间的一致性问题。下一步的工作可以扩展标注语料库，同时投入更多精力进行标注者间的一致性研究。毕竟输入的数据是否一致，也对实验结果有很大的影响。

其次，在分析现有语料库的情况时，也提到了现有的语料库基本上是每个研究者根据自身的需要来构建的，没有通用语料库。由于语言、领域、体裁等的不同，语料库的通用性问题面临的困难可不小。但挑战同时也是机遇，未来可致力于这方面的研究。

最后，关于论辩挖掘的技术方面，可借助深度学习技术来改进实验性能。在探讨深度学习技术在论辩挖掘和自然语言处理方向可发挥的作用时发现，深度学习可以运用到自然语言处理中的机器翻译、句法分析、情感分析、文档分类等方向，且利用深度学习可以让分类等任务效率更高。而深度学习实现的特征自动学习，给论辩挖掘带来了便利。不需要手工标注数据，可节省众多资源。这些都说明了深度学习确实可望在论辩挖掘领域发挥重大作用。论辩挖掘与深度学习结合研究，可望成为下一个研究方向，可研究分析借助深度学习实现的特征自动学习效果如何，该如何改进，是否真的可以完全不需要借助人类的标注。

第 7 章　法庭判例摘要的论证成分与结构解析

7.1　引　　言

论辩挖掘是利用计算机算法提取论辩语篇中论证结构的研究领域。以往论辩挖掘工作的语料库主要是按照"前提–结论"的范式进行论证成分标注，然后使用传统的机器学习算法对标注的成分进行识别和分类。这样的工作有两个不足之处：一是"前提–结论"的范式对论证结构的描述太粗糙，而没有融合进已有的结构化论辩模型；二是传统机器学习算法的特征工程非常烦琐，且算法的泛化能力较弱。经典的结构化论辩模型如图尔明模型对论证成分和结构进行了精细的定义，而深度学习模型能够进行端到端的机器学习，模型的泛化能力较好。基于此，本章探索了论辩挖掘在语料库标注和算法开发上的新思路。

在非形式逻辑方面，19 世纪 70 年代，逻辑学的实践转向带来了批判性思维和论辩理论研究的发展，以图尔明模型为代表的论证结构理论，努力探索"前提-结论"范式、三段论范式背后的更细粒度的论证结构理论。作为与认知心理学、人工智能等学科同时兴起的领域，论证结构理论从诞生之初就承载着为人工智能所用的诉求。而人工智能领域在经历了六十载学科的沉浮之后现在借助深度学习算法又有了新的突破和发展。深度学习算法在相当多的任务上不断证明其拟合能力和泛化能力。本章希望证明，经典的细粒度论证结构理论和近年快速发展的深度学习算法的融合，在论辩挖掘工作中具有可用性和有效性。

判例摘要 (case brief) 是一种典型的法律文本，包含丰富的论证信息和相对严谨稳定的论证结构，并且有大量公开可用的数据库，因此，判例摘要是进行上述细粒度论证结构语料库开发和算法实验的理想实验床。

7.2　论辩中的图尔明模型简介

图尔明在 1958 年出版的《论证的使用》[190] 中提出了著名的图尔明模型，重新定义了论证的成分，对论证结构和论证成分的描述进行了重新布局，相较于"前提–结论"的粗粒度论证成分的划分，他按照论证成分的特点及其论证功能，对成分进行了更精细的划分。最具开创性的是，图尔明模型定义了一个支持论证关系（而不是论证成分）的论证成分——正当理由，并且这个支持关系具有可废止性，而不是一个必然的推出关系。图尔明模型受到了北美修辞学和交际研究领域论辩学者的热烈欢迎,并被广泛运用在法律分析等论辩研究领域。虽然伴随着许多的争议和改进工作,但其经典地位并未因此被撼动。

图尔明模型中,一个论证首先有一个主张(claim)或结论(conclusion)。进而,使我们确立这个主张或结论的依据往往是事实基础,在图尔明模型中称为予料(datum)。从予料推出主张的过程必须具有一定的正当性,这样的正当性往往是以一般性的规律或者规则来阐明的,称为正当理由(warrant)。上述的三个成分构成了一个最基本的图尔明模型。此外,正当理由对予料和主张之间关系的支持,有程度上的区别。例如,对于没有规则例外的正当理由来说,在它的支持下从予料获得结论是必然的,此时结论可以使用"必然"的模态限定词(qualifier)来修饰;而对于确定性较弱、具有一些条件限制或者例外情况的正当理由来说,它对从予料推出结论的支持要弱些,此时可以使用"可能"这样的模态限定词来修饰结论。再进一步,这些约束正当理由的条件限制或者例外情况,在图尔明模型中被归为反驳(rebuttal)。在这里我们看到了正当理由的"可废止性",从前提到结论的推出关系不再拘于是演绎的,而是带有程度信息和随时更新的动态可能。当正当理由受到挑战的时候,一种基于领域的规范化的知识能够为它提供支援(backing),如法律条例、分类学的分类系统等。上述六个论证成分构成了图尔明模型,如图 7.1 所示。图尔明在《论证的使用》[1]中也给出了运用图尔明模型进行分析的具体例子。图 7.2 是一个法律推理的例子。

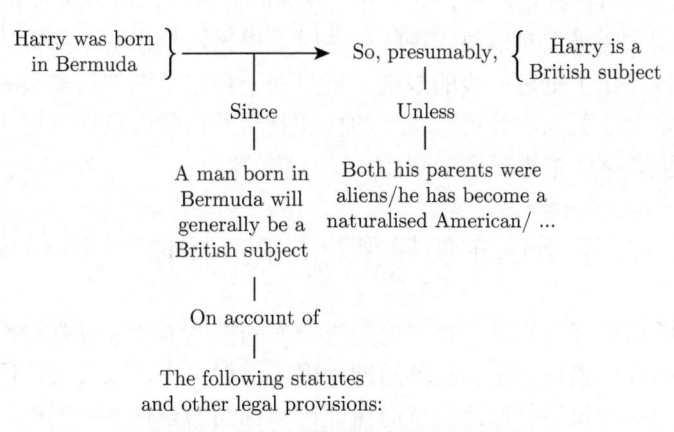

图 7.1 图尔明模型

图 7.2 图尔明模型分析论证的例子

判例摘要是一种被广泛使用的法律文本，其中的法律推理论证，很自然地能够使用图尔明模型进行解析。图 7.3 给出了一个本章判例摘要语料库中的例子使用图尔明模型进行分析的结果。我们注意到这个例子中缺少了模态限定词（qualifier）和反驳（rebuttal），只包括予料（datum）、主张（claim）、正当理由（warrant）、支援（backing）。而事实上本章在进行实际的语料库标注的时候，将只包含予料、主张、正当理由三种成分，具体原因将在 7.3 节中进行阐述。

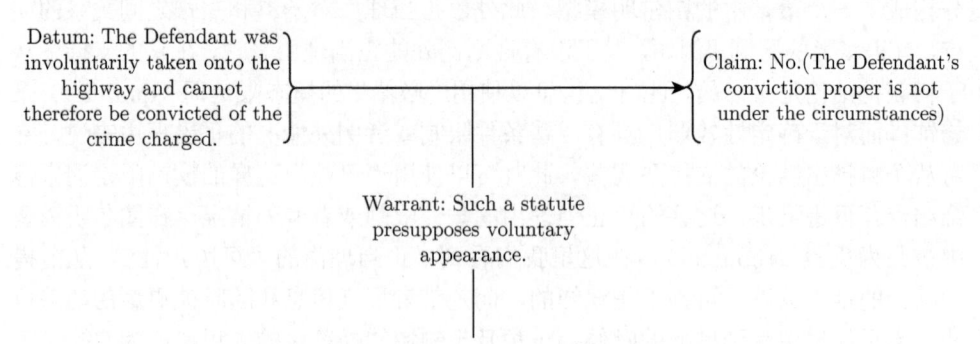

Datum: The Defendant was involuntarily taken onto the highway and cannot therefore be convicted of the crime charged.

Claim: No.(The Defendant's conviction proper is not under the circumstances)

Warrant: Such a statute presupposes voluntary appearance.

Backing: The statute the Defendant allegedly violated states, Any person who, while intoxicated or drunk, appears in any public place where one or more persons are present, and manifests a drunken condition by boisterous or indecent conduct, or loud and profane discourse, shall, on conviction, be fined.

图 7.3　判例摘要语料库使用图尔明模型进行分析的例子

本章的研究工作是基于图尔明模型对传统论辩挖掘任务的一个改进。在传统的论辩挖掘任务中，融合图尔明模型的先验知识，对判例摘要文本进行论证成分和结构解析。本章使用图尔明模型标注了 438 份判例摘要文本，形成一个可用于机器学习训练的论辩挖掘语料库，使之用于后续的论辩挖掘模型算法的开发和实验。本章在使用图尔明模型对语料库进行标注时，根据语料库文本的实际情况对图尔明模型成分标签做了更进一步的规定，重点在于规定了图尔明模型成分和句子类型之间的严格对应关系，使得语料库的标注具有严格的规范性，这些将在 7.3 节语料库的收集和标注中进行详细阐述。

7.3　基于图尔明模型标注的判例摘要语料库

本节介绍语料库的构建。判例摘要语料库的构建需要经过判例摘要文本库的选择、文本的收集整理、文本段落的预处理等前期工作，以及设计语料库标注准则，根据一定的逻辑进行标注，从而保证语料标注的合理性等工作。本节还将给出标注完成后语料库的一些统计学信息。

7.3.1 判例摘要

　　判例摘要顾名思义，是由判例总结提取关键信息而来的摘要文字。在以美国、英国为代表的海洋法系国家，法院判决具有先例约束原则，也就是说，先前的判例对于之后的判例具有约束力，上级法院的判例对于下级法院具有约束力。因此法官在判决时，往往援引以往的判例来支持自己的观点，或是法官在给予陪审团判决指导时，将以往判例作为判决参考提供给陪审团。美国因此发展出了成熟的判例汇编制度，联邦最高法院裁判在宣判后，判决书将汇集成册，以印刷品和电子版的形式出版发行，相关领域的研究人员、法学学生及公众都可以进行查阅和参考。但是完整的判决书往往篇幅很长，包含的信息相当翔实，阅读起来相当费劲，相关人员如果进行判例查找，需要花费相当多的时间和精力，这个时候判例摘要就能够帮助他们更快速地翻查和提取判例。另外，判例摘要是法律专业学生训练的一项基本功。法律专业学生往往需要阅读一个完整的判决书，充分了解当中的争论事实、举证论证过程、判决结论等信息，然后通过撰写判例摘要的方式总结该判例，并且检验自己对这个判例的理解程度。因此判例摘要是法律文本中一种常见的形式。

　　一个好的判例摘要往往能对判决书进行高度精练，同时不丢失重要信息。判例摘要往往包含如下几个信息：事实（facts）、争论点（issue）、判决结果（holding）、判决依据（rationale）。事实（facts）是对案件经过的简单梳理，尤其是对与案件相关的事情经过的阐述，通常是陈述性的文字。争论点（issue）概括案件审理过程中围绕的问题，往往是上诉法庭提出的问题、法院判决最终解决的问题。判决结果（holding）是法庭对案件的最后裁决，是对争论点的回答。判决依据（rationale）阐述了判决结果的推理依据和论证过程，这当中往往包含结论依据的事实细节、援引的判例、遵循的法条和公共政策原则等。此外，判例摘要还会包含一些特定信息如案号（citation）、对判例的评价或讨论（discussion）。总结起来看，一个判例摘要可以粗略地分为陈述的部分和论证的部分，事实（facts）是其陈述部分，而判决结果（holding）和判决依据（rationale）合在一起成为一个完整的论证部分。本章对判例摘要中论证结构的挖掘，就是对判决结果（holding）和判决依据（rationale）当中的论证结构进行挖掘。

　　如例7.1给出了一个判例摘要的例子，选自本节语料库——一个判例摘要的在线数据库。作者选取了这个在线数据库中"刑法"条目下的445个判例摘要，原因是刑法判例中包含的行业语相对较少，词语的多样性较强，具有相对较小的话题偏向性；另外，刑法判例对于语料库标注者尤其是对非法律专业的语料库标注者来说，理解难度较小，从而标注更为可靠。一个较为极端的相反例子是医疗诉讼的判例摘要，当中包含的医学术语较多，如"病理学"（pathology）、"麻醉师"(anesthetist)、"血栓"(thrombus)、"心脏肥大"(cardiomegaly),无论是对标注者还是挖掘算法来说都有一定的阅读难度和误导性。作者选取的这个在线数据库中的判例摘要,一个与上述关于判例摘要的表述略有差别的部分在于,这个数据库把判决结果(holding)和判决依据(rationale)合并在同一个小标题 Holding 下,也就是说 Holding 部分包含了相对完整的论证。作者是在综合对比了几个美国判例的判例摘要在线数据库之后,选择了这个数据库,原因是这个数据库中判决结果和判决依据部分(holding)的论证相对完整和规范,判决论证的要素呈现得相对完整,如事实细节、以往判例、法条、约定俗成的规则等,均有呈现。作为论证结构的挖掘工作,文本中的论证结构足够完整和规范,挖掘工作才能显示出其意义。

例 7.1　判例摘要语料库文本举例

Citation. 22 Ill.131 S. Ct. 483, 178 L. Ed. 2d 283 (2010) [2010 BL 240590]

Brief Fact Summary. The Defendants, Elliot and five other individuals (Defendants), were convicted of violating the Racketeer Influenced and Corrupt Organizations Act (RICO), a law passed specifically to target the complex nature of organized crime.

Synopsis of Rule of Law. RICO prosecution only requires that there is evidence that conspirators each agreed to participate, directly or indirectly, in advancing the purposes of a criminal enterprise by committing two or more predicate crimes.

Facts. The Defendants were convicted of conspiring to violate RICO, arising out of an agreement to advance the purposes of a criminal enterprise engaged in theft, the sale of stolen property, drug trafficking and obstruction of justice. The Defendants appealed on the basis that the evidence at trial showed the existence of several different conspiracies and not a single common conspiracy.

Issue. Do conspiracy convictions in a RICO case require that each conspirator agreed to commit each of the substantive crimes contemplated in the conspiracy indictment?

Held. No.

For a conspiracy conviction to stand in a RICO prosecution, it only need be proven that defendant conspirators agreed to advance the purposes of a criminal enterprise by committing two or more predicate crimes. The Defendants need not each have conspired to commit each of the crimes occasioned by the criminal enterprise. Rather, to find a single conspiracy, there must only be evidence of an agreement on an overall objective. In this case, the evidence established that each defendant committed several acts of racketeering in furtherance of the criminal enterprise over a period of years, from which the inference of an agreement is unmistakable. Only in the case of defendant Elliott is there insufficient evidence of an agreement to enter into an enterprise conspiracy. The evidence that Elliott received amphetamine capsules from a friend and became peripherally involved in a stolen meat deal is not enough to establish, even indirectly, agreement to participate in a criminal enterprise.

Discussion. As is evident, the RICO statute allows the government to bring together in a single conspiracy prosecution a variety of criminal actors who would have been tried separately under the previous statutory approach for their separate criminal conspiracies.

7.3.2 预处理

从一个在线获取的未经加工的判例摘要，到一个能够进行标注的文本，需要经过一些预处理的工作。

如 7.3.1 节所分析的，一个判例摘要包含陈述的部分和论证的部分，而对于论辩挖掘工作来说，我们以论辩语篇作为挖掘的对象，因此预处理的第一步是，把判例摘要中属于论辩语篇的部分摘取出来。对于本节选取的数据库来说，就是 Holding 的部分。由于是在线数据库，判例摘要的撰写未必完全严谨，因此有些样本的 Holding 会包含非论证成分的语句，但是对于论辩挖掘算法来说，本书也希望算法能够区分论证成分和非论证成分。因此对于这样的语句，并不要求去除，而是作为段落中自然存在的语句看待。

预处理的第二步涉及语料标注和算法实现的需求。本书的论证成分识别算法是基于句子分类任务，并不涉及成分边界识别的算法，因此对于语料标注的要求也是以句子为单位进行标注。值得注意的是，作者在对批判例摘要文本进行分析的时候发现，有些样本在同一个句子中会包含两个或两个以上的论证成分，这会给我们的语料标注带来一定的歧义。因此作者采用的处理方式是，对那些同时包含两个或两个以上论证成分的句子进行拆分，从而保证每个样本中的每个句子只对应一个论证成分标签。当然，这是一种理想化的处理方式，在之后的工作中，可以考虑将成分边界识别纳入到端到端的算法实践中，从而满足一个句子具有多个标签的情况，但是这也是一个相当复杂的实现过程。

经过上述两个步骤的预处理之后，我们得到了能够用于标注的语料库。关于语料库的统计信息如表 7.1 所示。其中总单词量表示的是整个语料库当中包含的不同单词的数量，也称为字典大小。

表 7.1　判例摘要语料库的统计学信息　　　　　　　　　　（单位：个）

项目	子项	数值
语篇样本数		445
语料库总单词量（字典大小）		5 084
语篇中的句子数	平均句子数	6
	最大句子数	31
	最小句子数	1
句子中的单词数	平均句子数	21
	最大句子数	133
	最小句子数	2
语料库的词频	词 / 最大词频	'the' / 4 828
	词 / 最小词频	'expedite' 等 / 1

7.3.3　基于图尔明模型的标注

本节的论辩挖掘工作是以论证成分分类的方式进行的，经过分析发现，句子层面（sentence-level）的特征分析可以足够进行论证结构和论证成分的分析，而词层面（word-level）的解析对于完成论证成分识别和分类来说不是必需的。因此本节的语料库以句子为单位进行图尔明模型成分的标注。如 7.3.2 节所叙述的那样，个别包括了两个或两个以上图尔明模型成分的句子经过预处理，被拆分成为多个句子，分别进行标注。

我们规定句子的标签 $l \in \{$"Not Toulmin Component", "Claim", "Datum", "Warrant", "Padding"$\}$，也就是"非图尔明模型成分"、"主张"、"予料"、"正当理由"和"补零"。其中"补零"的标签是出于本节的论辩挖掘算法中句子数和词语数对齐的考虑，由算法实现的预处理步骤自动生成，因此不存在于语料库当中。可以看到，本节语料库的标签中不包括"模态词"、"反驳"和"支援"这三个图尔明模型成分。不包含"模态词"标签的原因在于，"模态词"并非表示某个论证成分的类别，它刻画的是在正当理由的支持下从予料到主张的推出关系的强度，因此它属于论证关系的属性，而非某个论证成分的标签。在本节定义的论辩挖掘问题，即论辩语篇中句子的论证成分分类问题中，"模态词"的标签不适用。不包含"反驳"标签的原因则是，判例摘要文本作为阐述法院在审理某个案件之后的判决结果和判决依据论证的文本，通常不包含一个对论证推理过程举反例、以削弱该判决论证的要素，因此判例摘要中通常不存在"反驳"的图尔明模型成分。不包含"支援"的原因在于，根据法律文本中比较常见的对于"支援"的划分，"支援"通常是法条或者公共政策原则的直接引用，而这样的直接引用在本节收集的语料库中相当少见，不超过样本量的 10%，如果作为单独一类标签，语料库将存在样本量的严重失衡问题，对于算法开发和问题求解来说不合理。因此，对于这些极个别的直接引用法条或公共政策原则的句子，本节将其看待为"正当理由"。

7.3 基于图尔明模型标注的判例摘要语料库

本节的标注准则大致上遵循了图尔明在 1958 年《论证的使用》[190] 中对各成分的定义。在此基础上，针对语料库的具体情况，本节更进一步地明确了标签的定义。主张（claim）的标注对象是整个判例的判决结果，例如，"No, but the conviction for possession was reversed and a new trial ordered on other grounds not recounted in the opinion."，其句子是一个认定性、结论性的语句。予料（datum）的标注对象是那些在论证阐述中提到的事实依据，例如，"In this case, the evidence established that each defendant committed several acts of racketeering in furtherance of the criminal enterprise over a period of years, from which the inference of an agreement is unmistakable."，因此句子是事实性、陈述性的语句。正当理由（warrant），作为从案件事实依据到判决结果的推出依据，按照海洋法系特有的先例约束原则，我们的标注限定其为以往的判例，或者是对法律条文的一种一般性解释，例如，"The Supreme Court's recent opinion in MedImmune, 549 U.S. 118 (2007), disagreed with the two-prong Pfizer test by this court, 395 F.2d 1324 [Fed Cir 2005]."给出了一个以往判例，而"For a conspiracy conviction to stand in a RICO prosecution, it only need be proven that defendant conspirators agreed to advance the purposes of a criminal enterprise by committing two or more predicate crimes."对法律规定进行了解释性的阐述。此外如上所述，从语料库的具体情况分析，正当理由（warrant）也包括了个别对法条或公共政策原则的直接引用，例如，"Importantly, the statute also states, 'No other circumstances relating to force or threat eliminate consent under the statute'."。而对于无法被归类到上述三种标签里的句子，一律以非图尔明模型成分进行标注，这样的句子可能是法庭表达对陪审团的判决指导的语句，或者是与论证无关的一些假设性的语句。

值得注意的是，判例摘要文本中关于判决结果的论证有时候并不是一个单一的论证，而是复合的论证，比如，可能在一个论证中嵌套着另一个论证，或者在一个主要的论证之外附加讨论一个小的论证，例如，下面这个例子，"No. For a conspiracy conviction to stand in a RICO prosecution, it only need be proven that defendant conspirators agreed to advance the purposes of a criminal enterprise by committing two or more predicate crimes. The Defendants need not each have conspired to commit each of the crimes occasioned by the criminal enterprise. Rather, to find a single conspiracy, there must only be evidence of an agreement on an overall objective. In this case, the evidence established that each defendant committed several acts of racketeering in furtherance of the criminal enterprise over a period of years, from which the inference of an agreement is unmistakable. Only in the case of defendant Elliott is there insufficient evidence of an agreement to enter into an enterprise conspiracy. The evidence that Elliott received amphetamine capsules from a friend and became peripherally involved in a stolen meat deal is not enough to establish, even indirectly, agreement to participate in a criminal enterprise.",最后的两个句子明显不属于关于判决的主要论证,而是附加讨论的关于其中一个被告定罪考虑的假设论证。基于本节论辩挖掘任务的一致性和语料库标注范式的纯粹性考虑,本节的标注只关注关于"判决结果如何合理地被推出"的这个大的论证,而并不关心在这个大的论证中间嵌套的一些关于其他结论的论证。因此,当遇到类似这样的复合论证的情况时,本节对于嵌套论证或者附加论证的部分都不予考虑,并且将其标注为非图尔明模型成分。例如,上面这个例子中"Only in the case of defendant Elliott is there insufficient evidence of an agreement to enter into an enterprise conspiracy. The evidence that Elliott received amphetamine capsules from a friend and became peripherally involved in a stolen meat deal is not enough to establish, even indirectly, agreement to participate in a criminal enterprise."两句附加的论证被标注为非图尔明模型成分。

7.3.4 标注工作的执行

语料库的标注工作由四名标注者完成,其中两名标注者具有逻辑学专业背景,另两名标注者具有法学背景。他们都对图尔明模型有一定的了解,并且具备一定的法律文本的阅读和理解能力。作者为每名标注者分配一定数量的样本,样本之间没有重合。所有的标注者都被要求严格按照 7.3.3 节所述的标注准则进行标注。由于语料库的样本较多,并且受到标注者人数的限制,本节语料库的标注采用如下的方式进行:每个样本只由一名标注者进行标注,所有样本最终汇总到作者这里进行审核和微调,以确保标注符合标注准则,并且保持一致性。

一种更理想的标注方式应该考虑标注者观点的差异性和标注的不确定性,每个样本由三名标注者进行标注,取三名标注者一致的标签作为句子最终的标签;当对于某个句子标注者的标签出现轻微分歧的时候,比如,一名标注者的意见与另外两名标注者不同,采取多数标注者的意见作为最终的标签;当标注者的意见分歧非常大的时候,比如,三名标注者分别给出了三个不同的标签,则由汇总者重新按照标注规则给出最终的标签。如果在一个样本中,有较多的句子出现了标注者之间意见不一的情况,这个样本应该被剔除。这样的标注方式保证了语料标签的稳定性和客观性,并且能够剔除那些具有歧义的样本。但是由于条件的限制,并不能要求四名标注者对 445 个样本全部进行阅读和标注,且无法邀请更多符合条件的标注者参与本节的标注工作,因此采用了折中的办法,由四名标注者分别标注一部分的样本,最后全部汇总到作者这里进行重审和微调,遇到意见严重相左且无法调和的样本,将其剔除。经过这样的处理,总共剔除掉 7 个样本,最终保留了 438 个标注的样本。这样,每个样本相当于由两名标注者进行标注,并且最终的标签给定体现了两名标注者的共同意见。

7.3.5 标注文本示例

本节语料库中一个完整的标注例子如例 7.2 所示。为了算法训练的方便,每一个标签都对应了一个索引的编号,字典的形式表示为 {"0":"Padding","1":"Not Toulmin_Model Component","2": "Claim","3": "Datum","4":"Warrant"},其中,标签"0"不出现在语料库的标注中,而是在本节论辩挖掘算法的预处理中自动生成。

另外一个值得注意的地方是,我们考虑每个句子独立的类别和特性进行标注的这种标注思路,决定了我们的每个样本中不必包含每个标签,一些样本中会因为具体论证的需要,并没有出现其中的某一个图尔明模型成分。但是例 7.2 包含了全部四个类别的标签。

例 7.2 图尔明模型标注的判例摘要示例

2 No.
4 For a conspiracy conviction to stand in a RICO prosecution, it only need be proven that defendant conspirators agreed to advance the purposes of a criminal enterprise by committing two or more predicate crimes.
4 The Defendants need not each have conspired to commit each of the crimes occasioned by the criminal enterprise.
4 Rather, to find a single conspiracy, there must only be evidence of an agreement on an overall objective.
3 In this case, the evidence established that each defendant committed several acts of racketeering in furtherance of the criminal enterprise over a period of years, from which the inference of an agreement is unmistakable.
1 Only in the case of defendant Elliott is there insufficient evidence of an agreement to enter into an enterprise conspiracy.
1 The evidence that Elliott received amphetamine capsules from a friend and became peripherally involved in a stolen meat deal is not enough to establish, even indirectly, agreement to participate in a criminal enterprise.
labels: [2, 4, 4, 4, 3, 1, 1]

所有标注的文本以上例所示的格式,分别存储在 txt 格式文件中。每一行存放一个句子,并且开头存放句子的标签。在本节的论辩挖掘算法的预处理工作中,所有的 txt 文件将被重新导入到一个 json 格式文件中,以便进行后续的数据处理和算法实现。

7.3.6 统计学分析

标注完成后的语料库的标签分布统计如表 7.2 所示。

表 7.2 判例摘要语料库的标签统计

标签	样本数/个
非图尔明模型成分（not Toulmin-model component）	112
主张（claim）	903
予料（datum）	495
正当理由（warrant）	1129

可以看到,标签的样本数之间存在一定的差异,分布较为不平均。其中正当理由数量最多,共有 1129 个句子被标注为正当理由,而非图尔明模型成分最少,总共 112 个样本。主张（claim）也较多,在语料库中总共有 903 个。予料（datum）则总共有 495 个。正当理由（warrant）的样本量大约是予料（datum）样本量的 2 倍,是非图尔明模型成分样本量的 10 倍。按照整个语料库 438 个样本量来看,平均每个语料的样本中包含了两个主张语句,一个予料语句,两个正当理由的语句,可能出现、也可能不出现非图尔明模型成分的语句。语料库文本的真实情况也确实如此。语料库样本的开头两个句子通常首先回答案件争论点的问题,给出案件的裁决结果,例如 "No. At the time of this case the doctrine of necessity was still largely unexplored.",第一个语句针对争论点（issue）的问题给出了否定的回答,第二个语句则进一步阐述该裁决结果。之后,论证的展开倾向于给出支持判决的正当理由（warrant）,也就是用一个句子援引以往的判例,或者对相关的法律进行解释。随后,用一个句子指出该案的关键事实（datum）,从而表明正是基于这样的事实,使得正当理由的推理在该案中成立。

7.4 论辩挖掘的深度学习模型

本节介绍本章工作的第二大部分:基于深度学习的论辩挖掘算法的开发。本节设计的用于论辩语篇的论证成分与结构解析的深度学习模型是一个端到端的神经网络模型,由功能各异的几个模块组成。本节将分 4 个部分对模型的整体框架及各个模块进行阐述,定义模型训练目标及整体损失函数,给出模型评价指标,并介绍模型的实现细节。

7.4.1 模型框架及算法细节

本节所构建的论辩挖掘的深度学习模型，其基本框架如图 7.4 所示。模型包含词向量、卷积神经网络、循环神经网络、分类器等模块，分别完成数据变换、特征提取、分类预测等任务。这些任务基本对应于 7.2 节所介绍的传统论辩挖掘算法的特征工程及分类器训练。与之不同的是，本节模型是基于深度学习的算法模型，通过拟合目标函数、最小化模型损失来完成特征抽取、特征学习及分类预测，算法实现端到端地进行，因此训练效率更高，模块更灵活，同时模型泛化能力更好。

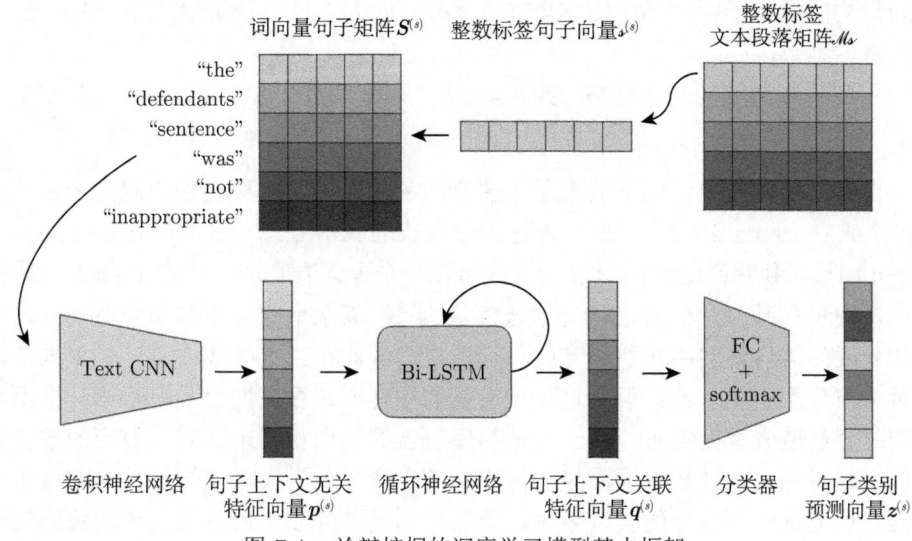

图 7.4 论辩挖掘的深度学习模型基本框架

1. 输入和输出

mal 模型的输入是一个经过预处理的文本段落矩阵 $\mathcal{M} \in \mathbb{R}^{S \times W}$，其中 S 为文本的规定最大句子数，W 为每个句子的规定最大单词数，矩阵 $\mathcal{M}$ 的每一个元素代表一个单词，以单词在算法实现的预处理阶段中创建的语料库字典中所对应的整数标签索引表示[①]。模型的输出是经过分类器之后的句子类别预测向量 $\boldsymbol{z}^{(s)} = \left[z_1^{(s)}, z_2^{(s)}, \cdots, z_C^{(s)} \right] \in \mathbb{R}^C$，其中 $s \in \{1, \cdots, S\}$，C 为类别数，且 $\sum_{i=1}^{C} z_i^{(s)} = 1$。每个 $z_i^{(s)}$ 表示对应类别 i 的置信度，$\mathrm{argmax}_i\{z_i\}$ 为预测类别的对应标签。文本段

---

① 本节对于算法计算以外的矩阵或向量和算法计算以内的矩阵或向量用不同的表示法进行区分。例如，文本段落矩阵 $\mathcal{M}$ 为存在于算法计算之前的预处理阶段的矩阵，使用大写花体字母表示；文本段落矩阵中的句子向量 $s^{(s)}$ 使用小写花体字母表示。而由词向量构成的句子矩阵 $\boldsymbol{S}^{(s)}$ 为算法内部计算的矩阵，使用大写斜体黑体字母表示。此外，算法内向量使用小写斜体黑体字母表示，如词向量 $w_i^{(s)}$；标量使用小写斜体字母表示，如偏差项 b。

落矩阵的每个句子向量 $s^{(s)} \in \mathbb{R}^W$ 将依次进入模型管道，经过特征提取之后，都进入分类器，生成该句子对应的类别预测向量，获得句子的类别预测。对文本段落中每个句子的预测使用同一个分类器。

2. 词向量的选择

输入的文本段落矩阵 $\mathscr{M} \in \mathbb{R}^{S \times W}$ 必须以句子为单位切块，获得 S 个包含整数标签的句子向量 $s^{(s)} \in \mathbb{R}^W$，每个整数标签句子向量 $s^{(s)}$ 的元素为句子中单词在语料库字典中对应的整数索引。句子向量被进一步变换到词向量空间，成为由词向量构成的句子矩阵 $\boldsymbol{S}^{(s)} \in \mathbb{R}^{W \times E}$，其中 W 为上述的规定最大单词数，E 为词向量的维数。

由词向量构成的句子矩阵 $\boldsymbol{S}^{(s)} \in \mathbb{R}^{W \times E}$ 可以进一步详细地表示成 $\boldsymbol{S}^{(s)} = \left[w_1^{(s)}, w_2^{(s)}, \cdots, w_E^{(s)}\right] \in \mathbb{R}^{W \times E}$，其中词向量 $\boldsymbol{w}_i^{(s)} \in \mathbb{R}^E, i \in \{1, \cdots, E\}$。

自然语言处理中词向量的表示主要有两种方式，一种称为独热码的表示方式（one-hot representation），另一种称为分布式的表示方式（distributed representation）[66]。独热码的词向量表示方式将每一个单词表示成一个由 0 和 1 组成的向量，向量在某一个位置上的元素被赋值为 1，其余所有元素被赋值为 0。词向量的长度为语料库的字典所包含的单词数目。因此相当于字典中每一个单词在词向量中被分配一个占位。但是这种词向量的构建方式存在两个不足。第一个不足之处是容易造成维度灾难，当一个语料库包含的单词相当丰富时，对应的语料库字典也相对庞大，独热码词向量的维度也随之变得非常大，这给算法的实现带来困难，也很难达到较好的实现效果。第二个不足之处在于，独热码词向量的构造方式决定了所有的词向量之间是正交的关系。例如，$a = [1, 0, 0], b = [0, 1, 0]$，则 a 和 b 余弦相似度 $\cos <a, b> = \dfrac{a \cdot b}{||a|| \cdot ||b||} = 0$。因此独热码词向量之间是相互语义独立的，无法很好地刻画词语之间的语义相似性。分布式的词向量表示方式改进了独热码词向量表示的上述两个不足。分布式词向量的思路是，词语被映射到规定维度的词向量，所有的词向量被放到一个词向量空间里，并且利用空间中向量间的距离来刻画词语的相似性。因此词向量的维度不必是语料库字典的大小，并且词语之间的语义关系被表征出来。例如，当词语由分布式词向量表示时，我们可以得到 $I_国王 - I_皇后 = I_男 - I_女$，其中 I_w 为单词 w 对应的词向量[27-29]。因此本节的算法实现采用分布式的词向量表示。

谷歌在 2013 年发布了经典词向量工具 word2vec（Mikolov 2013）[143,191,192]，提出了两个训练词向量的模型，即跳字模型（skip-gram）和连续词袋模型（continuous bag of words），并使用负采样（negative sampling）和层序 softmax（hierarchical softmax）的方法进行近似的梯度计算，在大规模的 Google News 6B 数

据集上进行异步计算和在多个 GPU 上进行分布式训练，训练获得的词向量在刻画词语之间的语义相似性和关系相似性上面有很好的表现。谷歌 word2vec 训练的词向量涵盖了英语中的常用词甚至涵盖了不太常用的词语，词汇量相当大。在自然语言处理的机器学习训练中，可以选择使用谷歌 word2vec 预训练的词向量作为分布式词向量的初始化，也可以选择随机值对分布式词向量进行初始化从而从头开始训练。本节在实验阶段将考虑谷歌 word2vec 预训练的词向量和随机初始化的词向量两种初始化方式，并对模型训练效果进行比较。

3. 卷积神经网络进行句子特征提取

由词向量构成的句子矩阵 $\boldsymbol{S}^{(s)} \in \mathbb{R}^{W \times E}$ 经过卷积神经网络的计算，将输出一个表示该句子特征的向量。不同的句子使用同一个卷积神经网络进行特征提取。本节采用 Kim [149] 用于句子分类任务的卷积神经网络 Text CNN，去掉最后两层的 Dropout 层和全卷积 softmax 分类器，只保留前面进行特征提取和特征计算的卷积层。卷积层的矩形卷积核 $\boldsymbol{K} \in \mathbb{R}^{n \times E}$ 在词向量构成的句子矩阵 $\boldsymbol{S}^{(s)} \in \mathbb{R}^{W \times E}$ 上沿着单词序列维度进行滑窗和特征提取。矩形卷积核 $\boldsymbol{K} \in \mathbb{R}^{n \times E}$ 每次查看句子中的 n 个连续词，即对句子矩阵中的 n 个连续词向量进行特征提取，然后执行步长为 1 的滑窗，再次进行特征提取。所得的特征矩阵为 $\boldsymbol{F}^{(s)} = \left[f_1^{(s)}, \cdots, f(W-n+1)^{(s)} \right] \in \mathbb{R}(W-n+1)$, $f_i^{(s)} = ReLU(K \cdot \boldsymbol{S}_{i:i+n}^{(s)} + b) \in \mathbb{R}$ $i \in \{1, \cdots, W-n+1\}$。其中 $\boldsymbol{S}_{i:i+n}^{(s)}$ 表示句子矩阵 $\boldsymbol{S}^{(s)}$ 的第 i 到 $i+n$ 行。对于提取出来的这 $W-n+1$ 个关于句子 $\boldsymbol{S}^{(s)}$ 的特征，我们希望选取最重要的特征作为刻画该句子的属性特征，而且可以认为取值最大的特征，应该是最重要的特征，因此，取出特征矩阵 $\boldsymbol{F}$ 当中值最大的元素作为卷积核 $\boldsymbol{K}$ 对应的最终句子特征，$f_k^{(s)} = \max \{\boldsymbol{F}^{(s)}\}$。因此，对于一个句子，卷积核每次只查看固定视野范围内的单词，提取特征，然后移动视野，再次提取特征，最终进行特征选择。由于卷积核的视野范围可以调节，本节采用三种规格的视野范围，视野域分别为 3 个单词、4 个单词和 5 个单词，分别执行卷积操作进行特征提取和特征选择，再把所得的三种特征拼接在一起，作为这个句子最终的特征向量。由于该向量的获得单纯考虑了句子本身的特征，与句子的上下文无关，因此可以称之为句子的上下文无关特征向量，$\boldsymbol{p}^{(s)} = f_{k_3}^{(s)} \oplus f_{k_4}^{(s)} \oplus f_{k_5}^{(s)}$。

4. 循环神经网络刻画句子之间的相互关联

由于一个文本中句子的组织是具有逻辑性和语义关联的，这种关联表现为上下文之间的语义连贯性，因此，我们的算法需要学习这种句子之间的上下文关联。在获得每个句子的上下文无关特征向量之后,我们构建一个模块,用于提取句子的上下文关联特征。这个模块采用循环神经网络中的一种——长短时记忆（LSTM）

递归神经模块。对于文本中第 s 个句子来说，我们把它的句子上下文无关特征向量 $\boldsymbol{p}^{(s)}$ 输入到 LSTM 模块中，输出的是具有上下文关联信息的句子特征 $\boldsymbol{q}^{(s)}$。当 LSTM 模块具有单层隐藏层时，我们有

$$\boldsymbol{h}^{(s)} = \tanh\left(\boldsymbol{U} \times \boldsymbol{p}^{(s)} + \boldsymbol{W} \times \boldsymbol{h}^{(s-1)}\right) \tag{7.1}$$

$$\boldsymbol{q}^{(s)} = \text{sigmoid}(\boldsymbol{V} \times \boldsymbol{h}^{(s)}) \tag{7.2}$$

其中，$\boldsymbol{U}$、$\boldsymbol{W}$、$\boldsymbol{V}$ 为 LSTM 模块的参数矩阵。由于 $\boldsymbol{q}^{(s)}$ 取决于 $\boldsymbol{h}^{(s)}$，而 $\boldsymbol{h}^{(s)}$ 取决于 $\boldsymbol{p}^{(s)}$ 和 $\boldsymbol{h}^{(s-1)}$，因此事实上 $\boldsymbol{q}^{(s)}$ 的值取决于当前时间点之前的每一个 $\boldsymbol{p}^{(*)}$ 的值。也就是说，从单层隐含状态的 LSTM 模块输出的第 s 个句子的特征 $\boldsymbol{q}^{(s)}$，是在考察了从第 1 个句子到第 $s-1$ 个句子，加上自身的第 s 个句子之后得出的。而如果考虑具有双层双向隐含层的 LSTM（Bi-LSTM）模块，其中一个隐含层从前向后传递信息，另一个隐含层从后向前传递信息，则我们有

$$\overrightarrow{\boldsymbol{h}}^{(s)} = \tanh(\overrightarrow{\boldsymbol{U}} \times \boldsymbol{p}^{(s)} + \overrightarrow{\boldsymbol{W}} \times \overrightarrow{\boldsymbol{h}}^{(s-1)}) \tag{7.3}$$

$$\overleftarrow{\boldsymbol{h}}^{(s)} = \tanh(\overleftarrow{\boldsymbol{U}} \times \boldsymbol{p}^{(s)} + \overleftarrow{\boldsymbol{W}} \times \overleftarrow{\boldsymbol{h}}^{(s-1)}) \tag{7.4}$$

$$\boldsymbol{q}^{(s)} = \text{sigmoid}(\boldsymbol{V} \times \left[\overrightarrow{\boldsymbol{h}}^{(s)}; \overleftarrow{\boldsymbol{h}}^{(s)}\right]) \tag{7.5}$$

其中，$\overrightarrow{\boldsymbol{U}}$、$\overrightarrow{\boldsymbol{W}}$、$\overleftarrow{\boldsymbol{U}}$、$\overleftarrow{\boldsymbol{W}}$、$\boldsymbol{V}$ 为 Bi-LSTM 模块的参数矩阵。因此第 s 个句子在经过 Bi-LSTM 模块之后获得特征向量 $\boldsymbol{q}^{(s)}$，通过从前向后的计算考虑了从 $\boldsymbol{p}^{(1)}$ 到 $\boldsymbol{p}^{(s)}$ 的输入特征，通过从后往前的计算考虑了从 $\boldsymbol{p}^{(s)}$ 到 $\boldsymbol{p}^{(S)}$ 的输入特征。也就是说，从 Bi-LSTM 模块输出的特征向量 $\boldsymbol{q}^{(s)}$，是考察了上文的第 1 个句子到第 $s-1$ 个句子，并且考察了下文的第 s 个句子到第 $s+1$ 个句子，加上自身第 s 个句子之后得出的。这样的特征向量 $\boldsymbol{q}^{(s)}$，就是我们想要的具有上下文关联信息的句子特征，称为上下文关联特征向量。除此之外，Bi-LSTM 模块可以被替换为其他循环神经网络模块，也将同样具有上下文关联特征提取和学习的能力，如门控循环单元（gated recurrent unit，GRU）、循环神经网络（RNN）。本节在具体实验时，考虑了关于循环神经网络的多重变化情况，分别进行了对比实验，包括使用循环神经网络与不使用循环神经网络的对比，单向循环神经网络与双向循环神经网络的对比，不同类型的 RNN、GRU、LSTM 之间的对比。具体实验结果在 7.5 节中展示和分析。

5. 分类器预测分类标签

从循环神经网络模块获得句子的上下文关联特征向量 $\boldsymbol{q}^{(s)}$ 之后（对于不使用循环神经网络的对比实验来说则是在获得句子的上下文无关特征向量 $\boldsymbol{p}^{(s)}$ 之后），模型接入一个全连接层的分类器，获得维数为标签类别数 +1 的向量（+1 是因为

7.4 论辩挖掘的深度学习模型

将"补零"「padding」纳入分类预测向量），然后通过 softmax 函数获得概率分布向量，体现句子在所有类别标签中的概率分布。

$$z^{(s)} = \text{softmax}(\boldsymbol{W}_{fc} \cdot \boldsymbol{q}^{(s)} + b_{fc}) \in \mathbb{R}^C \tag{7.6}$$

其中，$\boldsymbol{W}_{fc}$ 和 b_{fc} 分别为全连接层的参数矩阵的偏差项，C 为标签类别数。

7.4.2 模型整体损失函数

模型使用负对数似然函数（negative log likelihood function）作为损失函数。对文本中每个句子分别计算负对数似然损失，并对所有句子的损失求和，作为模型的整体损失函数。模型的训练目标是使每一个预测的句子标签最大化接近真实的句子标签，即最小化整体损失函数 l。假设模型对于句子 s 给出的预测为 $\boldsymbol{z}^{(s)}$，而句子 s 真实的标签向量为 $\hat{\boldsymbol{z}}^{(s)}$，句子 s 的负对数似然损失为

$$\begin{aligned} l^{(s)} &= -\log L(\hat{\boldsymbol{z}}^{(s)}, \boldsymbol{z}^{(s)}) = -\sum_i \log L(\hat{z}_i^{(s)}, z_i^{(s)}) \\ &= -\sum_i (\hat{z}_i^{(s)} \log z_i^{(s)} + (1-\hat{z}_i^{(s)}) \log (1-z_i^{(s)})) \end{aligned} \tag{7.7}$$

其中，L 表示似然函数。因此语篇样本的整体损失函数为

$$l = \sum_S l^{(s)} = -\sum_S \log L(\hat{\boldsymbol{z}}^{(s)}, \boldsymbol{z}^{(s)}) = -\sum_S \sum_i \log L(\hat{z}_i^{(s)}, z_i^{(s)}) \tag{7.8}$$

值得注意的是，模型训练过程中"补零"（padding）虽然作为一个独立的类别标签，但是基于其并非模型真正需要学习的类别,因此真实标签为"补零"（padding）的"句子"，均不参与整体损失的计算。

7.4.3 模型评价指标

首先分别考察模型对单个标签类别的预测情况,计算"非图尔明模型成分""主张""予料""正当理由"标签的精确率（precision）、召回率（recall）、F1 分数（F1-score）。大致上，精确率体现预测结果的正确率，而召回率则体现正确预测结果的数量，两个指标越高，说明模型效果越好，而与此同时这两者也存在一定的对抗关系。精确率、召回率、F1 分数是评估模型在分类任务上的表现的常用指标。

$$\text{精确率} = \frac{\text{真阳性}}{\text{真阳性} + \text{假阳性}} \tag{7.9}$$

$$\text{召回率} = \frac{\text{真阳性}}{\text{真阳性} + \text{假阴性}} \tag{7.10}$$

$$F1 \text{ 分数} = \frac{2 \times \text{精确率} \times \text{召回率}}{\text{精确率} + \text{召回率}} \quad (7.11)$$

然后考察模型对于所有标签类别预测的整体表现,计算宏平均(macro-average)和微平均(micro-average)。其中宏平均较微平均更能体现模型的真实效果。

$$\text{宏平均} = \text{所有类别 F1 分数的算术平均} \quad (7.12)$$

$$\text{微平均} = \frac{\text{真阳性} + \text{假阳性}}{\text{真阳性} + \text{真阴性} + \text{假阳性} + \text{假阴性}} \quad (7.13)$$

7.4.4 模型实现细节

本节的算法实现基于深度学习框架 PyTorch。

1. 训练集、校验集的划分

本节标注的判例摘要语料库总共有 438 个语篇样本,对其随机进行训练集、校验集的划分,如表 7.3 所示。基于样本量的限制,本节并未专门划分测试集,超参数的选择和实验结果的分析都在校验集上进行。

表 7.3 训练集、校验集的划分统计 (单位:个)

总样本数	训练集	校验集
438	395	43

2. 构建索引字典

训练之前先构建判例摘要语料库的索引字典。统计语料库中所有单词、数字,以及常见的标点符号等字符,为每一个字符分配一个整数索引。另外,增加两个特殊字符,一个是 <pad>,表示空白位置的补零;另一个是 <unk>,表示"未知字符"(unknown),用于处理在校验集/测试集中出现,而训练集中未出现的字符。特殊字符也被分配整数索引。

3. 算法输入的预处理

从 7.3 节的统计学分析中可以看到,本章的语料库语篇样本包含的句子数和句子包含的单词数变化较大,为了保证算法的运行,我们需要对语篇样本进行预处理。前文曾提及,作者在算法中规定了文本的最大句子数 S 和句子的最大单词数 W。如果一个语篇样本的句子数大于规定的最大句子数,超出最大句子数范围的句子将被裁掉;而如果语篇样本的句子数小于规定的最大句子数,多出的部分全句用 0 来补齐,对应字符 <pad>。同样,对于句子来说,一个句子的单词数如果超过规定的最大单词数,超出部分将被裁掉;反之,如果一个句子的单词数小于规定的最大单词数，多出的部分用 0 来补齐，对应字符 <pad>。这样，所有的语篇样本都被表示成尺寸一致的整数标签文本段落矩阵 $\mathscr{M} \in \mathbb{R}^{S \times W}$，作为模型算法的输入。本节考虑了语料库的实际情况，并经过多次实验的对照和调整，最终选取了最大句子数 S 为 10，最大单词数 W 为 50。

由于算法的实现是对句子进行分类，全句被用 0 补齐的句子在算法实现时被分配一个特殊的分类标签——补零（padding）。如上所述，作为模型训练的手段，补零的"句子"只起到位置填充的作用，并不参与实际的参数学习和权重更新，因此不对模型的学习和预测产生影响。

4. 超参数的选择

循环神经网络的隐藏状态向量维度是一个可以调节的参数。借鉴以往的相关工作经验，以及基于多次实验的对照和调整，本节选取循环神经网络的隐藏状态向量维度为 256。

本节的梯度更新使用 Adam 优化算法。批尺寸（batch size）为 438，即每次运用整个训练集对模型进行特征学习和权值更新。模型训练初始学习率为 1×10^{-4}，每当校验集的损失不再下降时对学习率进行一定衰减。模型最多训练 500 个 epoch。

7.5 实验结果和模型评估

本节分析 7.4 节提出的深度学习模型在 7.3 阐述的标注语料库中进行训练测试的实验结果，从而考察本节基于图尔明模型标注语料库和基于深度学习算法进行论辩挖掘的思路的有效性。本节首先展示一个基线模型的实验结果。然后，为了考察基线模型的每一个模块对于算法的贡献，尤其是考察词向量、循环神经网络在语篇的句子分类任务中到底起到多大的作用，将采用控制变量法的实验思路，设计对比实验并分析实验结果，从而对模型中不同模块的贡献度进行讨论。最后给出模型对个别样本预测的直观可视化结果。

7.5.1 基线模型

本节的基线模型采用随机初始化的词向量，随机初始化的卷积神经网络模块 Text CNN，正交矩阵初始化的循环神经网络 Bi-LSTM 模块和平均分布初始化的全连接层分类器。实验结果如表 7.4 所示，模型的宏平均达到 61%，微平均达到 82% 以上。F1 分数体现了模型对各个成分的预测效果，整体预测效果较好，尤其是对"正当理由"标签的预测，达到 75% 以上，对"主张"标签的预测稍逊，但也达到了 41%。从 7.3 节对语料库的统计分析中我们得知，这个语料库中各标签的样本数存在较大的不平衡，"主张"和"正当理由"的句子样本数大致是"予料"和"非图尔明模型成分"样本数的两倍,而模型的预测效果显示,模型较好地消除了这种样本数目失衡的问题。

表 7.4 基线模型实验结果

标签/指标	精确率	召回率	F1 分数	宏平均	微平均
非图尔明模型成分(NTC)	1.000	0.5000	0.6667	0.6129	0.8256
主张	0.2899	0.7041	0.4107		
予料	0.7143	0.5435	0.6173		
正当理由	0.6577	0.8909	0.7568		

7.5.2 随机初始化词向量和预训练词向量的对比实验

为了考察词向量对模型分类任务的影响,本小节的对比实验在基线模型的基础上,把随机初始化的词向量替换成预训练的谷歌 word2vec 词向量,实验的对比结果如表 7.5 所示。

表 7.5 随机初始化词向量与预训练词向量的对比实验结果

基线模型(随机初始化词向量)						
标签/指标	精确率	召回率	F1 分数	宏平均	微平均	
非图尔明模型成分(NTC)	1.000	0.5000	0.6667	0.6129	0.8256	
主张	0.2899	0.7041	0.4107			
予料	0.7143	0.5435	0.6173			
正当理由	0.6577	0.8909	0.7568			
预训练词向量 (a)						
标签/指标	精确率	召回率	F1 分数	宏平均	微平均	
非图尔明模型成分(NTC)	0.5000	0.0625	0.1111	0.4896	0.8192	
主张	0.2794	0.7041	0.4000			
予料	0.7143	0.6522	0.6818			
正当理由	0.7050	0.8376	0.7656			
预训练词向量 (b)						
标签/指标	精确率	召回率	F1 分数	宏平均	微平均	
非图尔明模型成分(NTC)	0.3333	0.0625	0.1053	0.4974	0.8227	
主张	0.2903	0.7347	0.4162			
予料	0.7111	0.6957	0.7033			
正当理由	0.7164	0.8205	0.7649			

作者对模型进行了两次不同的对比实验。一次实验是在模型中加载了谷歌 word2vec 词向量后,将其固定住,不进行训练,实验结果体现在表 7.5 的预训练词向量 (a)。另一次实验是,初始化的谷歌 word2vec 词向量随模型的其他模块一起进行权重学习和参数更新,实验结果体现在表 7.5 的预训练词向量 (b)。基于 word2vec 词向量的良好特性,对实验结果的预期是,加载了预训练的谷歌 word2vec 词向量的模型,应该使模型的性能有进一步提升。然而真实的实验结果显示,从总体来看,预训练词向量初始化的模型相较于随机初始化的模型在整

体的宏平均和微平均上有数值减小；但是当关注到每一个标签类别的时候，我们发现，总体表现的下降主要来自于"非图尔明模型成分"标签的预测效果的明显下降，然而，对"予料"和"正当理由"标签的预测效果反而有一些明显的提升。

对于实验现象的原因分析主要有以下两方面。一方面,预训练的谷歌 word2vec 词向量具有刻画词语间语义相关性的特点，借助这样的特点，模型倾向于对句子有更好的理解，因此对"予料"和"正当理由"的指认能力更强。另一方面，是基于对本章的判例摘要语料库的特点的考虑。本章的判例摘要语料库首先是一个仅有 400 多份样本的小型语料库，总共仅包含 5084 个不同的单词；其次这个语料库是一个法律文本的语料库，包含相当多的法律类专业术语，也包含类似案件编号这样不具有典型语义的词语。这些特点体现出预训练的谷歌 word2vec 词向量未必完全适用于本节语料库的词向量刻画，这可能会造成预训练词向量的优势并不能很好地发挥出来，例如，对"非图尔明模型成分"的指认能力较弱。

7.5.3　有无循环神经网络的对比实验

由于本章的论证成分分类任务以一个完整的语篇而不是独立的句子作为样本，每个样本中包含多个具有逻辑关系的句子，故而在模型中考虑使用了循环神经网络来刻画句子之间的相互关联。为了探讨循环神经网络模块是否真正起到了刻画句子上下文关联特征的作用，本小节的对比实验将基线模型中的循环神经网络模块去掉，让模型中的卷积神经网络直接与全连接层分类器相连进行句子类别的预测。

表 7.6 提供了实验结果的对比。结果显示，没有使用循环神经网络模块的模型，也能够对文本的句子进行一些预测，但是整体的预测效果逊于有循环神经网络模块的模型，并且对每一类标签的预测能力都有所下降。尤其是"非图尔明模型成分"预测的 F1 分数下降了 9%，而对"予料"标签预测的 F1 分数则下降了将近 27%。

其中，对"正当理由"标签预测的精确率有 11% 的下降，而召回率却有接近 3% 的上升。可见当模型失去关于句子的上下文关联特征时，只能根据统计学信息去进行盲目预测。从 7.3 节关于语料库的统计信息中我们得知，"正当理由"句子的样本数是最多的，是"予料"样本数的 2 倍，"非图尔明模型成分"样本数的 10 倍，显然在对句子信息不足的情况下，将句子预测为"正当理由"是最稳妥和有胜算的选择。但是显然 F1 分数也较基准模型下降了，说明模型虽然使用了统计学信息进行句子预测，仍然没有使用循环神经网络模块的上下文关联信息进行预测的效果好。表 7.7 提供了一个没有循环神经网络模块的模型对文本进行预测的可视化结果。结果显示，模型把应当预测为"予料"的两个句子都预测成了

"正当理由"。

表 7.6　无循环神经网络与有循环神经网络模型的对比实验结果

标签/指标	精确率	召回率	F1 分数	宏平均	微平均
基线模型（有循环神经网络）					
非图尔明模型成分（NTC）	1.000	0.5000	0.6667	0.6129	0.8256
主张	0.2899	0.7041	0.4107		
予料	0.7143	0.5435	0.6173		
正当理由	0.6577	0.8909	0.7568		
无循环神经网络					
非图尔明模型成分（NTC）	1.0000	0.4375	0.6087	0.5408	0.8105
主张	0.2800	0.6429	0.3901		
予料	0.6400	0.3478	0.4507		
正当理由	0.5838	0.9182	0.7138		

表 7.7　无循环神经网络的模型预测可视化结果

预测段落：No. Reversed. If the declaration were made in furtherance of the criminal transportation conspiracy charged in the indictment, it would be admissible against the defendant co-conspirator because made in furtherance of the conspiracy. However, the declaration was in fact made after the indicted offense had already occurred, successfully or not, and the Defendants' were in federal custody. The conspiracy, which the declaration furthered, was that to conceal the crime to authorities after it had been committed, not a conspiracy to commit the crime itself.

句子	预测结果	标注
No.	主张	主张
Reversed.	主张	主张
If the declaration were made in furtherance of the criminal transportation conspiracy charged in the indictment, it would be admissible against the defendant co-conspirator because made in furtherance of the conspiracy.	正当理由	正当理由
However, the declaration was in fact made after the indicted offense had already occurred, successfully or not, and the Defendants' were in federal custody.	正当理由	予料
The conspiracy, which the declaration furthered, was that to conceal the crime to authorities after it had been committed, not a conspiracy to commit the crime itself.	正当理由	予料

7.5.4　单向循环神经网络与双向循环神经网络的对比实验

本节的基线模型选择了双向的循环神经网络，也就是说循环神经网络的权重计算和参数更新过程按照时间序列既从前往后传递，也从后往前传递。因此对于每一个时间点的输入句子而言，模型都会使用这个句子的所有上文句子和所有下文句子计算一个上下文关联特征。

本小节的对比实验考察把双向的特征学习替换成单向的特征学习之后，对模型预测能力的影响。把基线模型中的双向循环神经网络替换成单向循环神经网络，模块只具有从上游句子到下游句子的信息传递方向,不具备从下游句子到上游句子的信息传递。如 7.4 节的公式和分析所示,此时每个句子生成的上下文关联特征只与句子的上文信息相关,而与下文信息无关。实验结果展示在表 7.8 中。单向循环神经网络也能够对文本进行一定的预测,但是整体的预测能力逊色于双向循环神经网络,除了"正当理由"的预测精确率有细微的提升以外,每个类别标签的预测表现也都有所下降。

表 7.8 单向循环神经网络与双向循环神经网络的对比实验结果

基线模型(双向循环神经网络)						
标签/指标	精确率	召回率	F1 分数	宏平均	微平均
非图尔明模型成分(NTC)	1.000	0.5000	0.6667	0.6129	0.8256
主张	0.2899	0.7041	0.4107		
予料	0.7143	0.5435	0.6173		
正当理由	0.6577	0.8909	0.7568		
单向循环神经网络					
标签/指标	精确率	召回率	F1 分数	宏平均	微平均
非图尔明模型成分(NTC)	0.8750	0.4375	0.5833	0.5812	0.8209
主张	0.2833	0.6735	0.3988		
予料	0.5745	0.5870	0.5806		
正当理由	0.6761	0.8727	0.7619		

7.5.5 不同种类的循环神经网络的对比实验

本小节在基线模型的基础上对比不同类型循环神经网络在本节任务上的表现。将基线模型中的 Bi-LSTM 模块分别替换成双向门控循环单元(bidirectional gated recurrent units,Bi-GRU)模块和双向循环神经网络(bidirectional recurrent neural network, Bi-RNN)模块,实验结果如表 7.9 所示。从结果中我们看到,针对本节的语料库和本节的预测任务,Bi-LSTM 模块的表现要明显优于 Bi-GRU 模块和 Bi-RNN 模块。其中采用 Bi-GRU 模块的模型,其预测效果整体稍逊于 Bi-LSTM,但是没有表现出太大的失误;而采用 Bi-RNN 模块的模型明显难以正确地预测"非图尔明模型成分"标签的语句,预测的召回率为 50%,与 Bi-LSTM 相当,然而精确率却只有 12.7%,而 Bi-LSTM 的精确率达到 100%,显然对很多的句子做出了错误的预测。

7.5.6 本节模型与类似论辩挖掘工作的实验结果对比分析

本小节比较本节算法与现有同类型工作算法的实验结果。由于之前的论辩挖掘工作中并没有对判例摘要语料库进行论证挖掘的相关工作,也没有使用图尔明模型进行细粒度标注的法律文本语料库,因此对比分析只能近似地选取一些基于法律文本语料库、基于粗粒度论证成分分类的论辩挖掘工作。例如,Palau[193] 对欧洲人权法院(ECHR)的文本语料库进行"前提"和"结论"的二元成分识别;

表 7.9　不同种类的循环神经网络的对比实验结果

标签/指标	精确率	召回率	F1 分数	宏平均	微平均
基线模型（Bi-LSTM）					
非图尔明模型成分（NTC）	1.000	0.5000	0.6667	0.6129	0.8256
主张	0.2899	0.7041	0.4107		
予料	0.7143	0.5435	0.6173		
正当理由	0.6577	0.8909	0.7568		
Bi-GRU					
非图尔明模型成分（NTC）	1.0000	0.4375	0.6087	0.5662	0.8186
主张	0.2941	0.7143	0.4167		
予料	0.6333	0.4130	0.5000		
正当理由	0.6363	0.8909	0.7396		
Bi-RNN					
非图尔明模型成分（NTC）	0.1270	0.5000	0.2025	0.4784	0.8186
主张	0.4172	0.6939	0.5211		
予料	0.4694	0.5000	0.4842		
正当理由	0.6207	0.8182	0.7059		

Palau[67] 同样使用 ECHR 语料库进行训练，但进行的是"前提""结论""非论证成分"的三元识别。为了算法效果对比得相对公平，在与文献 [36] 进行对比时，本节算法只计算"予料"和"主张"两个类别的平均预测结果，而在与文献 [65] 进行对比时，本节算法只计算"予料""主张"和"非图尔明模型成分"三个类别的平均预测结果。对比结果如表 7.10 所示。

从对比结果可以看到，本节的深度学习模型与传统的机器学习算法在进行法律文本的论证成分分析上具有不相上下的预测能力。但是在此基础上更重要的是，本节的深度学习模型免去了传统机器学习方法烦琐的特征工程，也免去了分步拟合的麻烦，实现了端到端的学习和预测，训练效率远远优于传统算法，并且模块的拆解和更换也相当灵活，这些优势都是传统机器学习算法所不具有的。

表 7.10　本节模型与类似工作的对比实验结果

	宏平均	微平均
"前提/结论"的二分类		
Palau[36]	0.5066	0.8191
本节模型	0.5140	0.7337
"前提/结论/非论证成分"的三分类		
Palau[67]	0.7110	0.8000
本节模型	0.5649	0.8163

7.5.7 模型预测结果可视化

本小节挑选了模型对于单个样本进行预测的具有代表性的直观可视化预测结果，如表 7.11所示。这个样本的人工标注包括了"主张""予料""正当理由"三个图尔明模型成分，不包含"非图尔明模型成分"标签的句子，但是对于我们考察本节模型对论辩语篇的论证成分与结构解析能力不会有太大的影响。可视化结果显示，模型对这个文本的绝大部分的句子进行了正确的预测，说明模型对于论辩语篇的论证成分和结构具有较好的解析能力。

这一预测结果当中唯一的不足之处是，把其中一个原本属于"主张"标签的句子归类成了"予料"。仔细考察这个被错误分类的句子我们发现，这个标签为"主张"结论性语句在表达上比较隐晦，它不如文本中同为"主张"的第一个句子"No."和最后一个句子"Judgment reversed and remanded."那样，是明确直接的判断性语句，它在主张地区法院的判决结果错误时，把这个错误的判决结果陈述了出来，因此这个"主张"语句包含了一些陈述句的特征，因此模型很容易错误地把它归类为"予料"。

表 7.11 本节模型预测结果的直观可视化

预测段落：No. Under § 102(b), it is not "public use" for a third party to commercially use a process in secret. Assuming that Croppers' machine used the patented process, there is no evidence that someone could figure out the process by viewing Cropper's machine, even while in operation. There is no evidence that by examining the tape product that the public could discover the process. The district court therefore erred in holding that Budd's use of the machine in secret and sale of the tape made the patent invalid. Judgment reversed and remanded.

句子	预测结果	标注
No.	主张	主张
Under § 102(b), it is not "public use" for a third party to commercially use a process in secret.	正当理由	正当理由
Assuming that Croppers' machine used the patented process, there is no evidence that someone could figure out the process by viewing Cropper's machine, even while in operation.	正当理由	正当理由
There is no evidence that by examining the tape product that the public could discover the process.	予料	予料
The district court therefore erred in holding that Budd's use of the machine in secret and sale of the tape made the patent invalid.	予料	予料
Judgment reversed and remanded.	主张	主张

从这个例子的分析中，我们可以获得一些启发。一方面，在本节模型的思路基础上，模型内部的算法还有进一步提升的空间。由于本节的模型是一个相对简单的端到端学习的模型，这样的模型对于特征明显的句子往往能够很顺利地学习和预测，但是正如表 7.11 的可视化例子所显示的，有一些句子层次更为丰富，表达更为含蓄，对于这样的句子，如果也想要实现正确的预测，则需要模型能够抓住

句子当中更细微的局部的特征，而不仅仅是句子的全局特征。例如，表 7.11 中被错误预测的句子，关键词"therefore"作为结论性语句的关键信息，应该比句子中的陈述性词语获得模型更多的关注。所以在模型内部算法的改进上，增加注意力机制去重新分配句子中不同单词之间的学习权重，也许对预测效果的改进有所帮助。当然也还有其他更多不同的算法值得尝试，例如，神经网络与支持向量机算法的结合，帮助模型具有更强的分类能力；又或者神经网络与条件随机场（CRF）算法的结合，帮助模型更好地处理上下文关系。另一方面，我们也应当充实现有的语料库，既增加语料库的文本量，也向语料库补充不同表达类型的句子，从而帮助模型更好地学习到相应的特征。

7.6 结　　论

本章我们首先阐述了基于图尔明模型标注一个判例摘要语料库的具体思路和详细细节。判例摘要是对判决书的概括和精炼，其中包含关于判决结果和判决推理过程的论证，这样篇幅适中且论证结构较为完整的论辩语篇非常适合作为论辩挖掘工作的语料。作者从精心挑选的判例摘要在线数据库中获取 445 份刑法案例的判例摘要，进行一定的预处理，去掉文本中与论证不相关的案件陈述部分，提取出文本中的论证部分，以句子为单位进行图尔明模型成分的标注。当遇到一个句子中包含两个或两个以上的图尔明模型成分标签的情况时，则把句子拆分使之成为单标签语句。样本中句子的标注基本遵循图尔明模型对论证成分的定义，按照语料的实际情况去除"模态词"、"反驳"和"支援"三种图尔明模型成分的标签，只标注"主张""予料""正当理由"，如果上述三种类别皆不符合，则标注为"非图尔明模型成分"。当遇到嵌套论证或附加论证的情况，标注工作不予考虑，而只专注于与判决结果直接相关的论证。标注工作在执行过程中考虑了标注的一般性问题，规避了不同标注者对文本的理解差异所造成的标注的不稳定性，剔除争议性大的语篇样本，最终语料库中保留 438 个语篇样本。

其次，我们阐述了论辩挖掘的深度学习模型的整体框架设计、算法及实现细节。本章提出的端到端的论辩挖掘深度学习模型主要包含了词向量、卷积神经网络、循环神经网络、分类器等模块，分别实现单词的分布式向量表示、句子上下文无关特征的提取、句子上下文关联特征的提取、句子类别标签预测等功能。模型训练的目标是使其预测的句子类别标签最大化接近句子真实的类别标签，即最小化所有句子预测标签与真实标签间的负对数似然估计。对模型性能的评价采用对单个类别标签的评价及对所有标签类别的整体评价。算法实现基于深度学习框架 PyTorch，对语料库划分训练集和校验集，构建语料库索引字典，通过校验集的表现选择模型训练的超参数，使算法达到最佳的学习状态。

7.6 结　　论

最后，我们展示了论辩挖掘的深度学习算法对论辩语篇的图尔明模型进行论证成分和结构解析的实验结果。先给出了一个基线模型及其实验结果，然后通过一系列的控制变量对比实验，考察了基线模型中各个模块的特性及其对模型的贡献，之后给出了实验与以往同类型工作之间的实验结果对比分析，呈现了本章模型在单个语篇上进行预测的直观可视化结果，并通过实验结果的分析，发现模型和语料库的一些可以改进的地方。

第 8 章 融合逻辑与外部知识的自然语言推理

8.1 引 言

人类有两种重要的获取新知识的途径：一种是对新事物进行观察归纳；另一种是通过已有知识推理得到新知识。前一种途径已经有许多人工智能研究上的长足进展，比如，对于视觉的模拟，有图像识别生成的研究 [194]；对听觉的模拟，有语音识别的研究 [195]；对语言能力的模拟，有自然语言处理、文本生成等的研究 [196,197]。而对于后一种途径，关于推理能力的研究，仍然存在很大的挑战。关于推理的研究，从亚里士多德时期已经开始，逻辑学这门学科便是关于推理的学科，逻辑学家关注经典命题逻辑等形式化的推演问题。

虽然命题逻辑在许多人工智能研究中已经起到了至关重要的作用，但在真正通用的认知智能中，自然语言理解是不可或缺的一部分。认知、思维、语言等概念是密切相关的，关于思维的研究常常会转化成使用自然语言作为载体。因而在自然语言上的推理问题是一个检验人工智能的重要标准。从某种程度上来看，自然语言推理是自然语言理解的一个必要问题，能理解自然语言的机器必定要能够使用自然语言进行推理。

自然语言推理任务是判断两个语句之间的逻辑关系。给定两个语句，一个为前提 (premise) p，另一个为假设 (hypothesis) h，模型需要判断出前提和假设之间的关系。一般我们将关系分为"蕴含"、"矛盾"和"中立"三种。"蕴含"表示当 p 为真时，h 必然为真；"矛盾"表示当 p 为真时，h 必然为假；"中立"表示 p 和 h 的真值没有必然联系。

此前关于自然语言推理的研究一直沿用经典逻辑及自动定理证明的思路。这类方法主张先将自然语言转换为形式化语言 (结构化语言)，再使用经典逻辑的推演方法或自动定理证明等技术进行推理演算，如果能够从前提推演出假设，则说明二者存在推演关系。虽然一阶逻辑能刻画生成逻辑关系，但由于自然语言的含混性和歧义性，这类方法的泛化能力不强。

随着基于概率的机器学习算法在人工智能的各个领域大放异彩，有学者将机器学习和深度学习的研究方法应用在自然语言推理任务上，取得很大的突破。特别是在文献 [198] 贡献了一个大型的自然语言推理训练数据集 SNLI 后，训练复杂的神经网络变成可能，其效果十分显著。这类方法一般会将前提和假设映射到

8.1 引言

向量空间，得到连续稠密的语义表示，然后使用分类器（譬如神经网络）进行分类，得到各个标签的概率，最终选择概率最高的标签作为预测结果。

由于模型训练是完全端到端的[199]，可以理解为，模型的推理能力完全在训练样本中习得，不借助任何外部的内容，而且在判断前提和假设之间是否存在逻辑关系的时候，模型只会考虑前提和假设两个语句，不会加入任何其他额外的背景知识。这与人类进行推理的过程是相违背的，在人类进行推理的时候，往往运用了大量自身已有的背景知识。我们不禁思考，推理能力是否能够完全通过训练数据习得，逻辑关系是否可以只凭前提假设，不加入额外背景知识而推导得出。譬如下面这个例子。

前提：我们恨他们因为他们比我们更聪明，且更用功，且更专注。
结论：我们羡慕他们比我们聪明。

要判断出前提和结论之间的蕴涵关系，需要知道"羡慕"和"恨"具有近似的语义；还需要知道"且"所代表的逻辑合取含义在这里的作用 $(p \wedge q \to p)$。

幸运的是，现今已经有许多知识库，如 WordNet、ConceptNet[200]，将人类知识和常识知识以实体关系对的形式存储起来，我们可以加以利用。同时，先验的逻辑知识可以以逻辑规则的形式表达。如何在自然语言推理问题上对这些外部知识加以利用，是本章的研究重点。

除了常识知识，还有两种知识能在自然语言推理任务上发挥作用。一种是语言学知识——语句的结构信息，另一种是逻辑知识——先验的逻辑推理规则。

根据弗雷格的组合语义理论，一个命题的语义是由它的各个子部分根据命题结构组合而成的。因而通过词语之间的一些依赖信息可以组合得到颗粒度更粗的语义表示。比如，直觉上，将"更"和"聪明"的语义组合起来，可以用来表示"更聪明"的语义。这样可以使得语义表示更加完整、有效。

基于传统经典命题逻辑的研究方法判断逻辑关系的重要工具是一些先验的与语义无关的逻辑真理，譬如 $(p \wedge q \to p)$。这些逻辑真理在形式逻辑推理上可以很方便地使用，但在自然语言推理上的应用方法尚不明朗。

针对以上三种外部知识，本章基于目前 MultiNLI 数据集上最高记录保持者[201]提出的 DIIN 模型，将以上三种知识都融合到模型当中。此前的基于形式化的方法虽然可明确地在部分问题上十分有效但具有泛化能力不强的缺点；而基于神经网络的方法虽然泛化能力强但具有较差的解释性，而且假设了所有的推理能力都仅从训练数据中获得。我们的方法可以看成是此前的形式化方法和神经网络连续的方法的有机结合，将三种知识都通过不同的形式进行连续稠密的表示，融合到模型当中。

具体地，我们首先根据每一个语句的词语之间的依赖信息，对每一个词，将它与它所依赖的词组合放入一个单层全连接层，计算得到其组合语言，用以丰富每一个词的语义表示。然后在语句交互层，我们将前提和结论之间的每一个词语对在 WordNet 中的关系抽象成一个低维向量，合并到句子交互矩阵上，进行特征抽取，从而获得关于词语之间的语义信息的特征。最后，我们将逻辑规则根据文献 [202] 中提出的师生学习方法融合到模型中。模型在 MultiNLI 数据集上进行了测试，取得了很好的效果，证实了外部知识的有效性。

8.2 自然语言推理工作

关于自然语言推理的工作主要有两个思路：一个是基于一阶逻辑的研究方法，另一个是基于神经网络的研究方法。

8.2.1 基于一阶逻辑的自然语言推理方法

1. 自动定理证明

基于自动定理证明的研究方法[203-204]先将自然语言语句 p 和 h 进行预处理及形式化，得到一阶逻辑形式的命题；再使用自动定理证明[205]的技术进行推理演算。由于一阶逻辑的表达力强，这种方法可以很容易地捕捉逻辑相关的推理范式，但对于一些语义层面的推理范式（如近义词替换等）比较难以解决，而且由于语言的模糊和歧义，将自然语言语句映射到结构化形式化语言的自动化技术仍然面临很大的挑战，所以这种方法的泛化能力不强。

2. 自然语言逻辑

相比形式逻辑更关注析取、合取、否定等逻辑关系词的推理范式，自然语言的推理同时还需要关注语义层面的推理，比如，上下位语义之间在量词上的蕴含关系、近义词语替换等。为了解决这些用自然语言推理产生的独有的问题，McCartney 提出了自然语言逻辑推理（natural logic inference）[206,207]。具体地，自然语言逻辑从前提出发，根据三种关系进行推演：全称存在量词关系、否定析取等逻辑词关系、实体词之间的上下位关系。可以成功推演的则向下延伸一个节点，并继续重复上述推演，直到每一个分支都不能再进行推演为止。至此构建完一棵推理树，然后穷尽所有叶节点，寻找假设或假设的否定。如果找到假设，则说明前提和假设之间是蕴涵关系；如果找到假设的否定，说明二者是矛盾关系，否则是不相关关系。虽然该方法利用一些上下位和近义词的语义知识，能够解决一些语义层面的推理问题，但它十分依赖语句结构，对一些语句结构不同的前提和假设之间的逻辑关系无法判断，具有局限性。特别是对一些句法不完整或有习惯用法的语句，该方法将遇到挑战。

8.2 自然语言推理工作

8.2.2 基于神经网络的自然语言推理方法

神经网络在其他人工智能领域获得了很好的效果，由于网络模型复杂度一般都比较高，需要大量地标注训练数据。SNLI 数据集[198] 和 MultiNLI 数据集[208] 两个自然语言推理的数据的发布，为神经网络方法在自然语言推理研究奠定了良好的基石。自然语言推理上的神经网络模型可大致分为以下两种。

句子编码模型（sentence encoding based model）[209-213] 的思想是，将前提和假设分别通过编码器，映射成低维稠密的向量表示；然后将编码后得到的向量表示作一些简单的关联，如相乘相减，再通过一个最终的决策层计算各个标签的概率。根据编码器和决策层模块选择的不同而组成不同的网络形式。譬如文献 [211] 使用了三层双向 RNN 作编码器，并结合使用了词语级别表示和字符级别表示；文献 [212] 使用了一种定向多维的注意力机制作为编码器；文献 [213] 使用一个称为 Gumble Tree-LSTM 的结构作为编码器，以更好地捕捉解析树结构的语义。不过这类方法有一个共同的问题，即编码器只关注句子本身，缺少对句子之间即前提和假设之间的关注。而推理关系很大程度上需要依靠前提和假设之间的关系作为判断依据。

句子交互模型 (inter-sentence based model)[201,214-216] 刚好弥补了上面方法的缺点，这类模型注重前提和假设之间的交互信息，一般这种交互信息会通过每一句话中的每个词对另一句话的每个词的注意力来刻画。文献 [214] 将这种语句之间的匹配信息分成两个方向，从多个维度来捕捉。文献 [216] 提出一种增强的 LSTM 单元，应用 DINN 模型，并采用更完备的交互方法，将语句之间的每一个词的每一个维度相乘，得到一个三维的交互空间；再使用一些在计算机视觉领域获得很好效果的卷积神经网络模型，如 DenseNet[217] 获取特征。该模型得到了很好的效果。本节也将以该模型作为基准模型。

基于神经网络的方法可以获得很强的泛化能力，能够从训练数据中学习到推理模式。但由于神经网络的不稳定性和不可解释性，容易出现一些被数据欺骗的问题，或者在一些很明显的数据上出现一些匪夷所思的错误。而基于自动定理证明的和自然语言逻辑等形式化的方法可以提供更好的解释性，以及在一些问题上保持稳定性。我们也在思考这些借助外部知识的方法是否可以融合到神经网络模型当中，获得更好的效果。

8.2.3 结合外部知识的方法

1. 语义知识

结合语义知识的方法在一些自然语言处理任务上取得了很好的效果。一种思路是，从一些已有的知识库如 WordNet、Yago 中学习低维稠密的知识表示，再将知识表示使用到模型训练当中，这样可以有机地将语义知识结合到模型中。如

文献 [218] 在 WordNet 和 NELL 上学习了一些知识表示，再将知识表示结合到 LSTM 中，称为 KBLSTM；该方法在机器阅读任务上取得了不错的效果。另一种思路是将关键信息通过实体关系对的形式提取出来，使用记忆网络的原型将外部知识存储成映射的形式，在使用时调取。文献 [219] 提出了通过将关键信息提取并生成语义向量，将语义向量额外使用在机器翻译上，能够使得关键信息不会被错误翻译或遗漏。这些方法都有一个共同的问题，即都需要额外训练对知识的表示，增加模型复杂度，且在知识图谱之间的移植成本很高。

在自然语言推理任务上，文献 [220] 使用一种更简单的知识表示方法。具体地，在前提和假设交互时，从 WordNet 中获取每个词语对之间的语义关系，表示为一个五维语义关系向量 (每一个维度表示一种语义关系)。再将这些五维语义关系向量应用在模型的编码层、推理层和最后的决策层上。该模型是第一个将外部知识融合到自然语言推理任务上的模型，取得了最好的效果，可以看出外部知识对推理的作用。但是文献 [220] 提出的方法是深度结合到 ESIM 模型之上的，因此难以移植到其他模型。

不过外部知识不只语义知识一种，还包括语言学层面的句法知识及逻辑知识，这些知识在理解语言和推理上也起到了至关重要的作用。

2. 语言学知识

通常使用递归神经网络能够很好地模拟句法依存知识，只需要在递归的路径上以句法树为路径即可[221]。不过递归神经网络和循环神经网络都有一个问题，即计算是序列的，这导致模型训练难以被并行化，时间成本很高。而基于卷积神经网络 (CNN) 的模型可以避免这个问题，但如何在 CNN 上刻画句法信息，是一个问题。

由于 CNN 的窗口的局限性，无法捕捉到长距离依存的信息，文献 [222] 提出了一种在句法树上作扫描的方法，可以根据句法树的结构捕捉词语之间的语义特征。

文献 [223] 提出了一种类似的方法，先将语句转换为依存解析树，每一个节点对应一个词。然后用一个子树特征检测器捕捉一些子结构特征。

3. 逻辑知识

对于分类问题，神经网络的最后一层输出一般是 softmax，而 softmax 的一个输出与经典逻辑中的赋值是相似的。根据这种相似，文献 [224] 提出了语义损失函数，以及一种将关于输出值的逻辑规则融合到模型中的方法。文献 [224] 设计了一个符合要求的语义损失函数，满足逻辑规则的输出将达到更低的损失，而违背逻辑规则的输出相应会造成更大的损失，通过这种方法来将逻辑规则融合到模型当中。

文献 [202]、[225] 提出了一种基于模型蒸馏的融合逻辑规则的方法。算法分为老师模型和学生模型，迭代学习。每一个迭代步骤，先让学生网络学习训练数据，然后通过将学生网络投影到一个由逻辑规则限制的子空间，得到老师网络。再将通过老师网络的预测结果和真实预测结果做加权平均得到损失，用以反向传播更新学生网络的参数。

8.3 知识稠密交互推理网络

本节将介绍我们的模型———知识稠密交互推理网络（knowledge density interactive inference network）。该模型是基于文献 [201] 提出的稠密交互推理网络 (DIIN) 模型，增加三个外部知识模块而构成的。因而我们先介绍 DIIN 模型，然后再介绍三个外部知识增强模块，分别对应于语义知识、句法知识和逻辑知识。由于整个 DIIN 模型只使用了注意力机制，一些全联接操作及卷积操作，没有使用递归神经网络的递归机制，所以可以简单地并行处理，能够很好地提升效率。为了保持这个优点，我们结合外部知识的模块也没有采用任何递归或序列的操作，使得模型仍然保持高可并行性。

8.3.1 基础模型

DIIN 是一个结合了注意力机制和交互的神经网络模型，整个可以分成三部分，分别是语义编码层、语义交互层和特征提取层 (不考虑输入和输出)。具体模型结构如图 8.1所示。首先，给定前提和假设两个语句的词向量表示 $p = [p_1, \cdots, p_n]$ 和 $h = [h_1, \cdots, h_n]$，每一个 p_i 和 h_i 为 d 维稠密向量。DIIN 先将两个语义表示过同一个高速神经网络层 (highway network)，得到 p^{hw} 与 h^{hw}，再过一个自注意力机制层 (self-attention)，得到 p^{sa} 和 h^{sa}。再将两个编码结果经过一个融合门 (fuse gate) 进行融合，得到最后编码完成的 p^{enc} 与 h^{enc}，具体融合公式如下：

$$z_i = \tanh(W^1 \left[p_i^{hw}; p_i^{sa}\right] + b^1) \tag{8.1}$$

$$r_i = \sigma(W^2 \left[p_i^{hw}; p_i^{sa}\right] + b^2) \tag{8.2}$$

$$f_i = \sigma(W^3 \left[p_i^{hw}; p_i^{sa}\right] + b^3) \tag{8.3}$$

$$p_i^{enc} = r_i \circ p_i^{hw} + f_i \circ z_i \tag{8.4}$$

其中，$W^1, W^2, W^3 \in \mathcal{R}^{2d \times d}$ 和 $b^1, b^2, b^3 \in \mathbb{R}^d$ 都是可训练的参数；σ 表示 sigmoid 函数，表示向量合并操作。编码完成后的语义表示 p^{enc} 和 h^{enc} 是两个 $n \times d$ 维的矩阵，交互层对两个矩阵进行元素级的交互，得到一个三维矩阵 $I \in \mathbb{R}^{n \times n \times d}$，具体公式如下：

$$I_{i,j} = \beta(p_i^{enc}, h_j^{enc}) \in \mathbb{R}^d, \forall i, j \in [1, \cdots, n] \tag{8.5}$$

$$\beta(a,b) = a \circ b \tag{8.6}$$

一般交互都是两个矩阵相乘得到一个 $n \times n$ 的矩阵，而这里 DIIN 采用了颗粒度更细、更稠密的交互方式，得到 $n \times n \times d$ 的三维矩阵，即每一个矩阵的每一个元素相乘，这样可以尽可能保留更多的原始特征，因而称为稠密交互。最后，我们将三维稠密交互矩阵 I 经过特征抽取层。由于是一个三维矩阵，这里采用了在计算机视觉取得很好效果的网络结构 DenseNet 层进行特征抽取，并将输出压平输入一个全连接层，最后进行 softmax，输出三个值，分别代表"蕴涵"、"中立"和"矛盾"的概率。

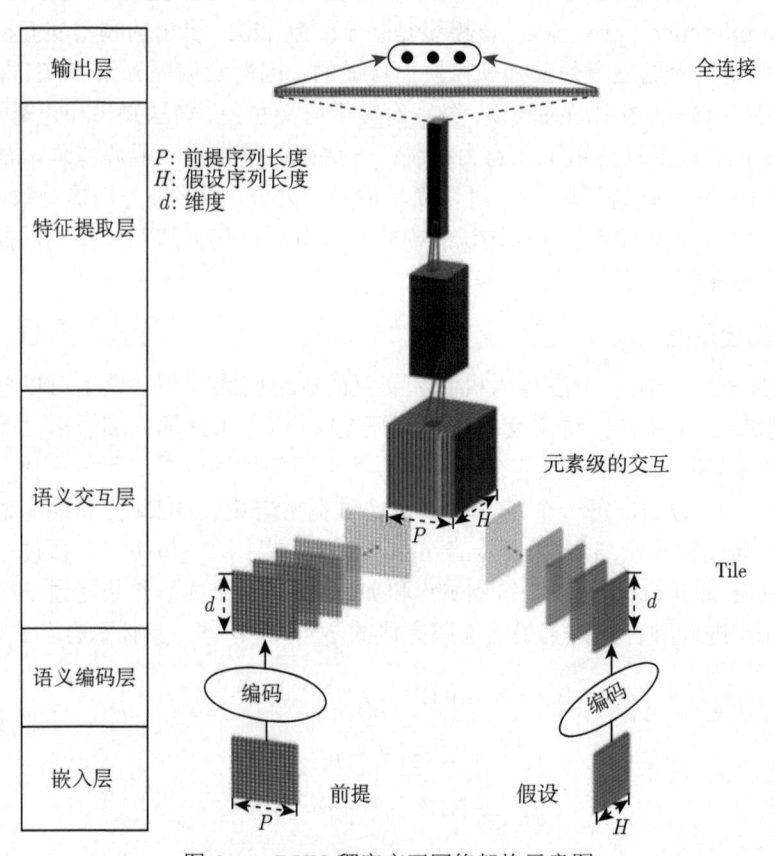

图 8.1 DIIN 稠密交互网络架构示意图

8.3.2 语义知识

语义知识指的是一些关于词语的含义的知识。比如，一个词"狗"的含义是什么，它和其他词如"京巴犬"之间是否有什么关系。这些关于实体的含义，以及实体之间的关联的知识，是人们在成长的过程中逐渐积累的。但人类理解和记忆这些语义知识的方式仍不明朗，因而仍然难以实现让机器模拟学习语义知识。不过已有一些关于语义知识的研究，譬如一些大型语义知识图谱的构建：WordNet、ConceptNet 等。大部分的语义知识图谱都采用实体关系对的形式对这些语义知识进行存储。具体地，一条语义知识是一个命题，形如 $P(a,b)$。其中 P 代表一个二元关系谓词，a 和 b 分别代表实体常元。举一个例子，"京巴犬是一种狗类"这个知识可以存储成 $IsA(beijing\_dog, dog)$。

一般知识图谱会预定义一定数量的关系（十几至几十种）和成千上万的实体，并将真值为真的命题存储下来。由于这种储存结构很像一个网络，将实体理解为节点，关系理解为边，因而我们也将这种形式的知识库称为知识图谱。

在使用自然语言推理的过程中，理解前提和假设的词语之间是否存在语义关系是十分重要而有用的。如下面这个例子：

前提：这是一个博大而有启发性 (evocative) 的博物馆。

假设：这个博物馆能激发 (inspiring) 参观者的灵感。

前提和假设之间没有逻辑关系，要判断出这之间的蕴含关系，必须要能发现"启发性"和"激发"两个词之间的语义相似关系。虽然我们的模型使用预训练的词向量，语义相似的词词向量之间的距离会更近，一定程度上可以刻画出这种语义相似关系。但如果我们可以借助知识图谱的帮助，显式地将这种语义近似关系作为特征放入网络中学习，可能可以更好地捕捉这些相似特征，而且除了语义相似关系，还有很多如"上下位关系""反义关系"等并不能同词向量刻画，而这些关系在推理过程中也起到了至关重要的作用。因此我们认为从知识图谱中获取前提和假设之间的语义关系可以提升模型的效果，对 WordNet 中词语语义关系的统计见表 8.1。

表 8.1　WordNet 关系特征关键统计信息

类型	# 词数	# 词对数
近义	84 487	237 937
反义	6 161	6 617
上义	57 475	753 086
下义	57 475	753 086
同宗	53 281	3 674 700

我们的主要目的是识别出前提和假设之间的语义关系，因而我们将语义知识模块添加在语义交互层。具体地，交互矩阵 $I_{i,j}^{sk} \in \mathbb{R}^{n \times n \times (d+v)}$ 的构造如下：

$$I_{i,j}^{sk} = \left[\beta(p_i^{enc}, h_j^{enc}); r_{ij}\right] \in \mathbb{R}^{d+v}, \forall i, j \in [1, \cdots, n] \tag{8.7}$$

其中，r 是一个 $n \times n \times v$ 的语义矩阵，代表了前提和假设之间的语义关系，$r_{ij} \in \mathbb{R}^v$ 代表前提中第 i 个词和假设中第 j 个词的语义关系。

我们希望两个词之间的语义关系可以使用向量的形式进行表示，这样可以比较简单地融合到模型当中，而知识图谱中的知识是离散的。已有许多将知识图谱向量化的工作，大部分工作都将知识图谱以不同的形式放入神经网络中训练学习，得到各个实体和关系对应的向量表示。但这类方法都需要额外的训练，所以这里我们跟从文献 [220] 的方法，使用 one-hot 的表示形式。具体地，我们使用 WordNet 知识图谱中的五种关系：上位关系、下位关系、近义关系、反义关系、同宗关系。对于一个词语对，如果它们满足以上关系则为 1，否则为 0。将五个数字拼接起来可以得到一个五维向量表示。具体的计算方式如表 8.2 所示。

表 8.2 语义知识模块使用的五个关系特征的解释

类型	定义	实例
近义	如果两个词在WordNet中是近义关系(属于同一个synset)，则取1；否则取0。特别地，如果两个词相同则取1	[felicitous, good]=1 [dog, wolf]=0
反义	如果两个词在WordNet中是反义关系，则取1；否则取0	[wet, dry]=1
上义	如果第一个词在WordNet中是第二个词的 (直接或非直接) 上义关系词，则取$1-n/8$，其中n表示两个词之间的层级数；否取0	[dog, canid]=0.875 [wolf, canid]=0.875 [dog, carnivore]=0.75 [canid, dog]=0
下义	如果第一个词在WordNet中是第二个词的 (直接或非直接) 下义关系词，则取$1-n/8$，其中n表示两个词之间的层级数；否取0	[canid, dog]=0.875 [canid, wolf]=0.875 [carnivore, dog]=0.75 [dog, canid]=0
同宗	如果两个词具有同一个上位关系词，但不属于同一个synset，则取1；否则取0	[dog, wolf]=1

将语义关系矩阵作为特征合并到交互矩阵之下，可以显式地表示出各个词语对的语义关系信息，在下一层的特征提取层中可以更容易地获取这些语义相关的特征。

8.3.3 依存关系知识

根据弗雷格的组合语义理论，一个命题的语义由它的子命题所组成。在自然语言的范畴中，一句话的语义也由它的各个词语组成。组合的方式通常是依靠句法解析树来完成的。句法解析树是根据一个语句中的句法信息，以及句法信息之间的依存关系，将一句话映射成一棵树。每一个叶子节点对应一个词语，中间节点为句法标签。

我们可以根据依存句法树，由底至顶地通过一些操作将所有词语的语义组合得到完整的语句的语义。文献 [221] 提出的递归神经网络便是依照这种思路，每一个词语由其词向量表示，依循句法树，遇到中间节点便进行一个向量操作（如加权求和等）得到中间节点的向量表示；并继续往上组合，最后得到语句语义。但这种方法的缺点是它依然是近似序列化的操作，难以并行处理，效率不高。因而我们采用另一种组合语义方法，并不试图获取整个语句的语义表示，而是试图获取各个短语的语义表示。

在 DIIN 的模型中，我们是以词语为单位进行向量化和交互的，但很多时候一些短语整体理解和拆开理解是两种意思，这时必须整体理解短语。考虑下面的例子：

p: If you need to use the mail, it would be helpful if you sent your comments both in writing and on diskette (in Word or ASCII format).

h: It would be helpful if we could have a soft and hard copy of your comments.

"hard copy"是一种习惯用法，为"打印版"的意思，分开理解便无法捕捉到这种含义。与之对应的词是"writing"，如果单独将"hard"和"copy"与"writing"进行比较交互，并不能理解它们之间的语义相关，必须将"hard copy"作为整体去交互对比才能发现它们的语义近似。因而，获取每一个语句的子部分 (短语) 的语义表示也会对推理有帮助。

接下来是实现方法。对于每一个词，如果有词语依赖于它，我们希望将它与依赖它们的词语进行组合，得到这几个词组合后的语义表示。下面我们描述如何选取依赖词。给定一个句法依存树（对应图 8.2 上面的树表示），每一个叶子节点是一个词语。为了分析方便，我们不再将词语的标签作为词语的父节点，而是将它们合并作为一个节点 (对应图 8.2 中间的树表示)。对于每一个词 t_i，它所对应的依赖节点 c_{ij} 为 t_i 的兄弟节点或兄弟节点的子（叶）节点。譬如下面的例子，"The"的依赖节点为"new"和"rights"；"and"的依赖节点为"nice"和"enough"；"nice"没有依赖节点。如果用隐去句法标签的简化版二元句法依存树表示（如图 8.2 下面的树表示），寻找依赖节点更加方便，即每一个词的依赖节点为其子节点及孙子节点（子节点的子节点）。

```
                        ROOT
                          │
                          S
                         ╱ ╲
                       NP   VP
                      ╱│╲   ╱ ╲
                     DT JJ NNS VBP ADJP
                     │  │  │   │   ╱ ╲
                    The new rights are JJ  RB
                                      │   │
                                     nice enough
```

```
                        ROOT
                          │
                          S
                         ╱ ╲
                       NP        VP
                      ╱          ╱ ╲
                DT The JJ new NNS rights VBP are  ADJP
                                                   ╱ ╲
                                              JJ nice RB enough
```

```
                          S
                         ╱ ╲
                       The  are
                       │     │
                  new right nice enough
```

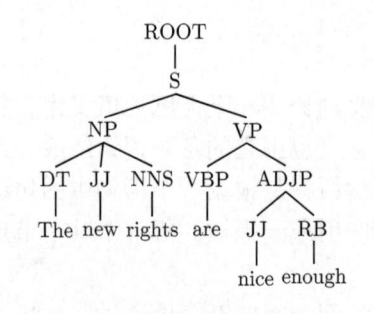

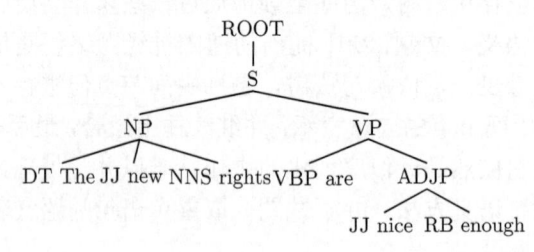

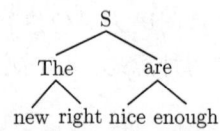

图 8.2　The new rights are nice enough. 的三种句法树表示方法，由上至下分别为：完整句法依存树，将词语最后的标签与词语合并表示的句法依存树，将所有标签省略的句法依存树

接下来我们使用子树依存特征组合器来获取依存语义表示，我们使用一个线性组合来模拟组合器。给定一个词的语义编码后的形式 t_i，以及其 k 个依赖节点 $c_{ij}, j \in 1, \cdots, k$。其中所有 t_i, c_{ij} 都是 p^{enc} 或 h^{enc} 中的向量。依存表示 $t_i^{dep} \in \mathbb{R}^u$ 计算如下：

$$t_i^{dep} = f(W^t t_i + W^c \sum_{j=1}^{k} c_{ij} + b^{dep}) \tag{8.8}$$

其中，$W^t, W^c \in \mathbb{R}^{u \times d}$，$b^{dep} \in \mathbb{R}^u$ 是可训练的参数。f 为激活函数，这里我们采用修正线性单元（rectified linear units, ReLU）。

这样前提和假设中每一个词 p_i^{enc} 和 h_i^{enc} 都有对应的依存表示 p_i^{dep} 和 h_i^{dep}，代表了以该词为依赖对象的依存子树的语义。值得一提的是，当一个词没有被依赖时，它没有对应的 c_{ij}，则以上计算将被简化为 $t_i^{dep} = f(W^t t_i + b^{dep})$。

然后我们将原先的语义表示和依存语义表示合并，如此可以得到包含短语语义的更丰富的语义表示 p^{ed} 和 h^{ed}：

$$p^{ed} = [p^{enc}; p^{dep}] \tag{8.9}$$

8.3 知识稠密交互推理网络

$$h^{ed} = [h^{enc}; h^{dep}] \tag{8.10}$$

8.3.4 逻辑规则

推理问题中，与逻辑有关的推理占据了很大一部分。这部分问题在经典逻辑中能够被很好地解决。经典逻辑如一阶逻辑，将语言内容都抽象化，只留下变元、常元、谓词和逻辑关键词及量词。其中逻辑关键词一般包括析取、合取、否定等。一阶逻辑中验证一个前提是否能推导出一个假设的方法通常是：给定一集合的逻辑真理和逻辑规则，然后由前提出发，构造一个到假设的证明。证明是一个命题序列，其中每一个命题要么是逻辑真理或前提，要么是由它之前的命题通过逻辑规则得到的命题。

可以发现，逻辑真理和逻辑规则在这个过程中起到了至关重要的作用。以神经网络为基础的模型一般是依靠端到端学习的，即仅通过训练数据学习获得所有的推理能力。所以也可以理解为模型将根据训练数据学习这些逻辑规则和逻辑真理。由于没有显式使用这些逻辑规则，模型往往在逻辑相关的测试样本上表现得不好。所以一个自然的想法是，如果将一些逻辑规则加入到模型当中，是否能够提升模型的性能。

将逻辑规则融入训练的一个直观的想法是，在训练的时候，判断训练样本的前提是否可以根据逻辑规则蕴涵假设，如果判断结果与模型预测结果不一致，我们希望能让模型的预测结果和判断结果变得一致。为了达到这个目的，可以让模型的参数作一些改变，使得它能做出符合根据逻辑规则判断的预测。这样的模型我们认为比原始模型要好，因为它的预测能力不只是通过训练数据学习得到的，还可以很好地满足逻辑规则的判断。

假设原始训练得到的模型为 p，满足逻辑规则的模型为 q，可以将逻辑规则看作一些约束，并将问题归约成最小化以下优化问题：

$$\min_q KL(q(Y|X)||p(Y|X)) - \text{Constraint} \tag{8.11}$$

其中，KL 表示 KL 散度计算，用以测量 p 和 q 两个分布之间的距离。因而剩下的问题是如何将逻辑规则表示成约束。

逻辑规则是离散的、形式化的，在以神经网络为模型的方法中，训练是连续的、稠密的。一个有效的方法是改造逻辑规则，使得它们变成"是否可满足"的形式，然后使用模糊逻辑作为语义，使得其真值是在 $[0,1]$ 区间之内的一个实数。举一个简单的例子，给定一个逻辑规则 R，将 R 改写成 $R'(x_1, x_2, y)$ 的约束形式。再给定一个样本 (p, h, y)，如 p 可以通过规则 R 推导出 h，则 $v(R'(p, h, y)) = 1$，v 表示一个逻辑表达式的真值；如果无法推出 h，则 $v(R'(p, h, y)) = 0$。使用模糊逻辑语义可以允许对逻辑规则进行一些连续值的赋值，能够扩大逻辑规则的范围和更好地与模型融合。

接下来简单解释一下如何将逻辑规则改写成约束。给定一个集合的一阶逻辑规则 $\mathcal{R} = (R_l, \lambda_l)_{l=1}^{L}$，其中 R_l 为逻辑表达式，λ_l 为该规则的权重。对于一个规则 l，一个直观的想法是，希望改变后的模型 q 的预测结果都尽量满足规则。比如，当 q 预测 $y = \text{Entailment}$ 的时候，$v(R_l(y = \text{Entailment}))$ 的值也尽可能大。即 $\mathbb{E}^{q(Y|X)}[r_{lg}(X,Y)] = 1$，其中 r_{lg} 为 R_l 规则的所有 grounding（所有变元都被实例化后的逻辑表达式）。有了这个约束表达，我们将优化问题改写成以下形式：

$$\min_{q \in P} KL(q(Y)||p(Y|X)) - C \sum_{l} \lambda_l E_q[f_l(X,Y)] \tag{8.12}$$

其中，C 是约束参数。

根据上面的最优化问题，可以推演得到以下解：

$$q^*(Y|X) \propto p(Y|X) \exp - \sum_{l,gl} C\lambda_l(1 - r_{l,gl}(X,Y)) \tag{8.13}$$

虽然我们可以在 p 训练收敛之后，再通过上述方法得到 q。但根据实验结果，发现迭代式的同时学习 p 和 q 的效果会更好。p 称为学生模型，q 称为老师模型。具体流程是，在第 t 次迭代，假定已有 $p^{(t)}$，然后由 $p^{(t)}$ 通过上面公式 (8.13) 得到 $q^{(t)}$。在根据式 (8.14) 将 $q^{(t)}$ 的预测结果和真实结果 y 作平衡，以更新 p 的参数得到 $p^{(t+1)}$。

$$p^{(t+1)} = \underset{q \in P}{\operatorname{argmin}} \frac{1}{N} \sum_{n=1}^{N} (1-\pi)l(y_n, \sigma(x_n)) + l(s_n^{(t)}, \sigma(x_n)) \tag{8.14}$$

其中，l 是损失函数，$\sigma(x_n)$ 是 p 的预测结果，s_n^t 是 $q^{(t)}$ 的软预测结果（为各个标签的实数概率）。π 是模仿参数，用来平衡学习真实样本和学习逻辑规则结果的重要性。

总的来说，整个方法是要求模型模拟通过逻辑知识加强后的模型 q 的预测结果。每一个迭代步骤，通过将学生网络 p 投影到一个由逻辑规则约束的参数子空间，得到老师网络 q。然后再通过 q 的预测结果和真实结果做平衡作为损失更新学生网络的参数。由实验结果来看，一般学生网络的泛化能力更好，可以应用到其他领域，而老师网络在某一个单独的领域能够比学生网络达到更高的准确率。

下面简述一条我们使用的逻辑规则。直观上如果前提 $p = p_1 \wedge p_2$ 是两个分支合取的形式，而如果其中一个子命题能蕴含假设，则整个前提 p 能蕴含假设。由于一般语句都会使用逗号与连接词（譬如", and"和", but"）作为子命题的分割符号，所以我们可以简单地通过逗号和连接词来分割前提 p 为 p_1 和 p_2。

8.4 实验

使用逻辑规则表示如下，我们称该规则为合取蕴含规则 $AndE$：

$$\frac{p_1 \to h \wedge p_2 \to h}{p_1 \wedge p_2 \to h} \tag{8.15}$$

改写成逻辑表达式的形式，这里对规则进行了加强，因为在自然语言中逻辑规则的使用并不如命题逻辑中严谨：

$$(p_1 \wedge p_2 \to h) \to (p_1 \to h \wedge p_2 \to h) \wedge (p_1 \to h \vee p_2 \to h) \to (p_1 \wedge p_2 \to h) \tag{8.16}$$

进一步改写得到：

$$1(y=E) \to (\sigma(p_1)_E \vee \sigma(p_2)_E) \wedge (\sigma(p_1)_E \vee \sigma(p_2)_E) \to 1(y=E) \tag{8.17}$$

其中，1 为示性函数，当 $y=\text{Entailment}$ 时为 1，否则为 0，$\sigma(p_1)_E$ 表示模型 p 对语句 p_1 与 h 为"蕴涵"关系的预测概率。

根据模糊逻辑的真值运算规则：

$$v(A \vee B) = \min v(A) + v(B), 1 \tag{8.18}$$

$$v(A \wedge B) = (v(A) + v(B))/2 \tag{8.19}$$

$$v(\neg A) = 1 - v(A) \tag{8.20}$$

可将上式真值化简得到，当 $y=\text{Entailment}$ 时，真值为 $(\min \sigma(p_1)_E + \sigma(p_2)_E, 1 + 1)/2$；否则真值为 $(2 - \min \sigma(p_1)_E + \sigma(p_2)_E, 1)/2$。

8.3.5 模型训练

该模型一共有以下权值需要训练：基础模型中的嵌入层 (embedding layer) 参数、语义编码层中的高速网络参数、特征获取层的 DenseNet 的参数，以及最后的全连接层的参数；语义知识的参数计入了 DenseNet 中；句法依存知识中的线性组合的参数。

我们使用交叉熵作为损失函数，并加入了 L2 正则项，避免模型过拟合。同时我们使用批量梯度下降训练参数，并使用 AdaDelta[226] 作为参数更新方法。

关于外部知识模块的获取，语义知识是通过 WordNet 获取的；句法依存知识通过 Stanford PCFG 句法解析器对语句解析得到。

8.4 实验

为了验证外部知识框架的有效性，我们在 MultiNLI 数据集上对模型进行了测试和实验。通过增加三种简单且有效的外部知识模块，模型在两个数据集上都有了提升,达到了目前最好的效果。本节先通过比较 KDIIN 和基础模型来验证模型的有效性,然后通过缺省实验探讨分析各个外部知识模块的作用。

8.4.1 数据

我们先介绍所使用的数据集。评估方式是看模型在测试集上的准确率。

多体裁自然语言推理数据集 (Mulit-Genre NLI Corpus, MultiNLI) 有 43 万条训练数据,其收集和标注方法都与 SNLI 一样。每一个样本是一个语句对,分别代表前提和假设。每一个样本会有一个标签,为 "entailment" "neutral" "contradiction" "-" 中的一个,其中 "-" 表明标注者们无法在这一条数据上统一意见。每一条样本都会由五个标注者给出标注,并且将大于等于三票的标签作为 "黄金标签"(gold-label)。我们没有将标为 "-" 的数据放入训练。MultiNLI 的前提是从各个类别的美式英语文章中收集来的,这些类别包括一些非小说书写体 (SLATE, OUP, GOVERNMENT, VERBATIM, TRAVEL),也包含一些口语体裁(TELEPHONE, FACE-TO-FACE)、一些正式书写体(FICTION, LETTERS)和一些特殊体裁(9/11)。训练数据只包含一半体裁的样本,这样可以分成领域内的和领域外的两种测试数据,可以更好地测试模型的泛化能力。而假设是由自愿者根据前提人工构造的。

8.4.2 实验配置

我们使用 Adadelta 优化方法来训练参数,其中 $\rho = 0.95$,$\varepsilon = 1e-8$。学习率初始化为 0.5。由于内存问题,我们将批量数从 70 调整至 48,这可能影响收敛速度。在优化至 30 000 步后,如果模型不再提升,我们将使用一个学习率为 $3e-4$ 的随机梯度下降优化器进行优化,以找到更好的局部最优值。所有的线性操作前都做了 Dropout 操作,以避免过拟合。同时,词向量层之后也做了 Dropout 操作。Dropout 操作的保持率 (keep rate) 根据训练步数而变化,初始化为 1.0,并每 10 000 步以 0.977 的指数衰减率衰减。我们使用文献 [144] 的预训练 300 维 GloVe 840B 词向量作为初始化,未在词表中的词将使用随机初始化。由于没有预训练的字符级别向量,所以字符向量都采用随机初始化。所有的参数都使用 L2 正则作为约束。关于 DenseNet 的设置,我们将层数设置为 8,增长率 (growth rate) 设置为 20。在特征抽取层的一般尺度缩减率 (first scale down rate, FSDR) 设为 0.3,转移尺度缩减率 (transitional scale down ratio, TSDR) 设置为 0.5。我们将实验中的句子长度设为固定长度,MultiNLI 的长度为 48 个词,能覆盖将近 99% 的句子长度。对于 MultiNLI 数据集上的实验,我们将仿照文献 [208],使用 15% 的 SNLI 数据集作为训练数据。

8.4.3 MultiNLI 数据集

表 8.3给出了一些模型在 MultiNLI 数据集上的准确率。以上模型除了 ESIM 和 DIIN，都是 RepEval 2017 workshop 的模型，这些模型都是句子编码型模型，即没有句子中词语之间的连接及记忆模块。"匹配-准确率"是指在与训练数据文本类型相同的测试集中评估的准确率；相应地，"不匹配-准确率"是指在与训练数据文本类型不相同的测试集中评估的准确率。增加的外部知识模块的模型 KBDIIN 的准确率分别达到了 79.2% 和 79.4%，提升了 0.4% 和 1.6%。值得一提的是，外部知识模块并不会显著增加模型复杂度（在句法知识模块增加了约 2% 的参数，其他几乎可忽略）和收敛时间。文献 [220] 的方法证明了语义外部知识在递归神经元为基础的模型上准确率能得到一定的提升，而我们的实验结果证明了除了语义知识，句法知识和逻辑知识也能够为模型准确率做出提升，且在以卷积神经元为基础的模型上准确率也能获得提升。

表 8.3　MultiNLI 数据集的准确率

模型	匹配-准确率	不匹配-准确率
BiLSTMNangia2017TheR2	67.0	67.6
InnerAtt	72.1	72.1
ESIMNangia2017TheR2	72.3	72.1
Gated-AttBiLSTM	73.2	73.6
Shortcut-Stackedencoder	74.6	73.6
DIIN	78.8	77.8
KBDIIN	79.2	79.4
HumanPerformance	88.5	89.2

8.4.4 缺省实验

为了更进一步地探究各个知识模块的作用，我们做了以下缺省实验。图 8.3 是配备了不同知识模块的模型在不同比例的数据集下的准确率。我们随机选取了 1%,7%,20% 和 100% 几种比例。

当只有个 1%（将近 3900 条训练数据）的数据的时候，基础模型 DIIN 的准确率是 50.7%，在基础模型 DIIN 之上加入语义知识模块（KDIIN(K)），准确率可以提升到 53.4%（2.7% 的提升）。而只加入依存知识模块（KDIIN(D)），准确率可以提升到 52.7%。只加入逻辑知识模块（KDIIN(L)）则准确率可以提升到 53.3%。值得一提的是，当加入所有三个模块（KDIIN(KDL)），模型在只有 1% 的数据的情况下准确率能达到 54.6%（近 4% 的提升）。模型在 7%,20% 的比例的训练数据时体现出的差异不大，但由图 8.3 可看出语义知识模块"K"带来的提升最大，逻辑知识模块"L"能为模型在数据量少的时候带来提升，句法知识模块"D"虽然带来的提升不大，但在各个数据比例都能带来微弱提升。外部知识之所以能够在数据量少的时候带来提升,原因可能是在数据量少的情况下,外部知识可以额外提供可学习的特征,使得模型能够在即使少量数据的情况下也达到不错的准确率。值得一提的是,逻辑知识模块"L"还可以在半监督场景下发挥作用,对于一些未标注的数据,可以单纯将逻辑规则 q 的预测作为学习目标,这部分潜力可作为未来工作。

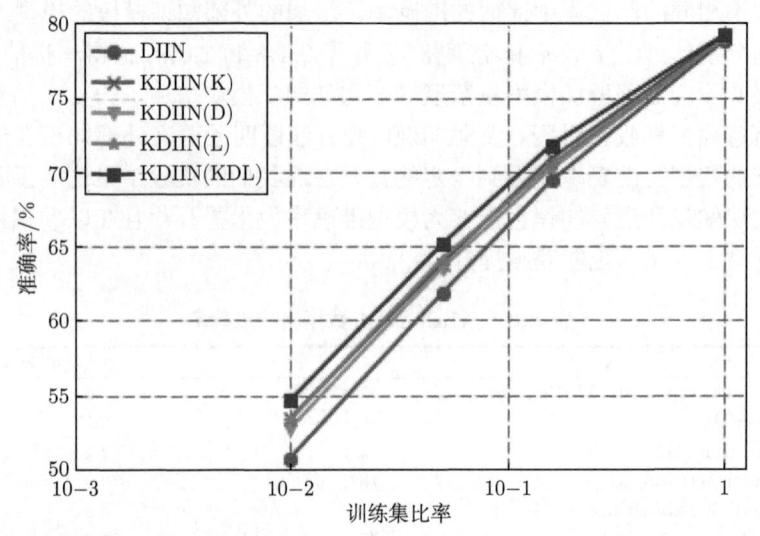

图 8.3　模型使用不同知识模块在 1%,7%,20% 和 100% 几种比例的训练数据下的准确率

8.5　结　　论

自然语言推理是人工智能中一个重要的问题,给定一个自然语言的前提和假设,如何判断二者之间的逻辑关系?传统方法使用逻辑真理(自动定理证明)和语义知识(自然语言逻辑)等知识来实现自然语言推理;而基于神经网络的方法则依靠训练数据习得推理能力。两种方法各有优劣,本章提出一种将二者融合的方法:在神经网络的模型之上融合外部知识进行学习。这样模型能够在不失去连续性模型的高泛化能力的基础上,同时可以运用形式化的外部知识,增加模型的准确率和可解释性。具体地,我们在 DIIN 模型的基础上,增加了语义知识、语言学知识和逻辑知识三个模块。对于语义知识,我们从 WordNet 中获取词语对之间的语义关系,在前提和假设的交互层上加入这种语义关系,能够给模型准确率带来较大的提升;同时,我们利用句法知识,通过组合原则,获取局部短语语义表示,并结合到词语表示中进行学习,可以显式地表示出一些短语级别的语义;最后,我们将逻辑规则以约束的形式,融合到模型的训练过程中,先将模型 p 进

8.5 结　论

行参数约束获得满足逻辑规则的模型 q，并将 q 的预测结果与真实结果一同作为学习目标反向更新学习 p 的参数，如此迭代。这三个模块具有可扩展性，能够简单地移植到其他网络架构之上。我们在 MultiNLI 数据集上进行了实验，达到了很好的效果，证明了外部知识在自然语言推理问题上的有效性，以及外部知识与神经网络结合的可行性。

第 9 章 中文论辩语料库的建设与网络论辩文本标注

9.1 引　　言

论辩文本的标注是论辩挖掘及后续计算论辩研究所必须依据的语料库。在不同的论辩文本挖掘模型中文本挖掘方式不同，但是绝大多数是以文本标注作为自己的基础工作。因为论辩挖掘的任务对应机器学习中的任务，其实是一个多分类任务，在一般数据挖掘情况下多分类任务可以通过有监督化的学习或者无监督化的学习进行。虽然存在一些无监督论辩挖掘的例子，譬如，根据指示词和其他的句子的相隔句子的数量进行自动化的文本标注，但是它们的应用范围还是没有监督学习方法的应用范围广，所以我们主要研究在监督学习情形下的论辩挖掘。而其中最重要的一步就是论辩文本标注，文本标注对论辩挖掘工作起着十分重要的作用，质量较好的文本标注可以使论辩挖掘的结果非常精确，质量较差的文本标注则会使论辩挖掘质量下降，所以论辩文本标注在论辩挖掘里是基本的工作和后续工作的基础。

目前中文世界还没有论辩挖掘的中文语料库。文本标注的目标是对网络上的论辩文本如博客、新闻，以及网站的评论文章等包含较多论辩信息的文本进行标注。因此网络上比较零散的、对话式的论坛讨论将不是本章文本标注的对象。

论辩文本标注的主要工作是标注论辩文本中存在的元素类型及元素之间的关系，但是论辩文本中存在的元素类型和其后的论辩理论有一定的关系，预设了标注者对论辩结构和展开的理解。但是具体的论辩理论我们不再累述。

9.2　网络论辩文本标注方法

本章网络论辩文本标注将文本中的论辩元素主要分为五类：MajorClaim、Claim、Premise、InterClaim 及其他非论辩性元素。网络文本标注参照德国达姆斯塔特大学 UKP 研究中心[133]对短议论文的标注方案进行，目前我们所抓取的是短文类型的文本。结合网络论辩文本的实际情况和论辩结构理论，我们做了相应的一些变化，主要是根据存在的链条论证关系，引入了一个新的论辩元素类型 InterClaim。具体原则如下：

9.2 网络论辩文本标注方法

(1) 对文章进行论辩标注，需要把一个文本中所有的论辩成分都选出来，判断其实体类型是 MajorClaim、Claim、InterClaim 还是 Premise，然后再标注好论辩实体之间（除掉 MajorClaim）的关系是 support（支持），还是 attack（攻击）。Claim 和 MajorClaim 的支持反对关系为 for 或 against。

(2) MajorClaim 即这篇文章中主要的主张或论点。一篇文章通常只能有一个 MajorClaim，如果网络论辩的文本论述比较分散，也可能从中找不出 MajorClaim，那标注中可以没有 MajorClaim 类型的元素。

(3) Premise 可以理解为前提、论据。一篇文章中有多个 Premise，Premise 可能对 Claim、InterClaim 都可以有支持或攻击的关系。我们要标注的是文章中显示的 Premise 对 Claim 或 InterClaim 的关系。

(4) Claim 可以理解为主张、论点、结论。一篇文章中可以有多个 Claim。Claim 可以对有 MajorClaim 有 for 或 against 的关系。

(5) InterClaim 指的是在和支持或攻击它的 Premise 的关系中是 Claim，但是该 Claim 又是支持或攻击其他 Claim 的论据，这是在论证结构中链式论证里面会存在的现象，我们将这类既是 Premise 也是 Claim 的元素标注为 InterClaim 类型。

(6) 在标注中，不再支持其他 Claim 的论辩元素（非 premise）才标注为 Claim。在论辩链条中的非 Premise，非最后 Claim 标注为 InterClaim。

(7) 标注文本选择标注对象的时候，要求按照从句为基本单位进行选择，而不是以句子为基本单位。即不要求一个论辩元素一定要选满一句话，前后的一些内容与论辩无关时可以不用选择为论辩元素的一部分。例如，"目前，在中国证券投资基金年鉴主办的'2019第十四届中国证券投资基金业年会暨资产管理高层论坛'上，多位嘉宾认为，目前中国正在步入养老新时代，已经从'储蓄养老'逐步转向'投资养老'。"这句话，只需要选择"目前中国正在步入养老新时代，已经从'储蓄养老'逐步转向'投资养老'"。

(8) 论辩元素选择时尽量细化，要求不跨段落，但可以跨句子。例如，一个段落中有几句话都是 Premise，可以每一句均标为一个 Premise；如果有三个段落都是支持一个 Claim 的 Premise，不能一起标注为一个 Premise，而是分开标注为三个 Premise。（这为后面的程序处理和论辩文本结构分析提供方便）

(9) 标注两个实体之间的关系时，按照文本本身存在的脉络关系进行标注，遵守"就近原则""直接关系原则"。标注的是文章中作者所显示的关系，而不是我们引申或推理出的关系，因为论辩元素之间可能存在很多的支持或反对关系，不可能把所有元素之间的关系标注出来，这些关系只是我们推论的结果。所以在标注元素支持或攻击关系的时候，只对近的、有直接关系的两个元素进行关系标注；而不是对远的、只有间接关系或解释者推论出来有关系的两个元素进行关系标注。
（10）标注完成后所需要得到的文件就是后缀为 ann 的文件。标注时或完成后，最好打开 ann 文件检查是否有标注重复、混乱等的错误。
（11）标注文本完成后，请将原来的文本及相应的标注文件都保留下来。为方便起见，除后缀外，对应的文件名保持一样。

9.3 网络论辩文本标注软件的安装环境

使用 BRAT 软件进行标注。

BRAT 需要在 Unix 类系统上使用。在 Windows 系统上，可以使用安装虚拟机如 VMWARE 或者 virtualbox 等软件，虚拟机再安装使用 ubuntu；也可以在计算机上安装 windows 和 linux 双系统等方法。

如果是 MAC 机器，MAC 机器可以直接安装 BRAT 软件。

9.3.1 标注软件的安装方法

本地版本的 BRAT。

（1）如图 9.1所示，首先进入官网 http://brat.nlplab.org/index.html，点 Download v1.3 下载得到一个压缩文件，即 brat-v1.3_Crunchy_Frog.tar.gz。

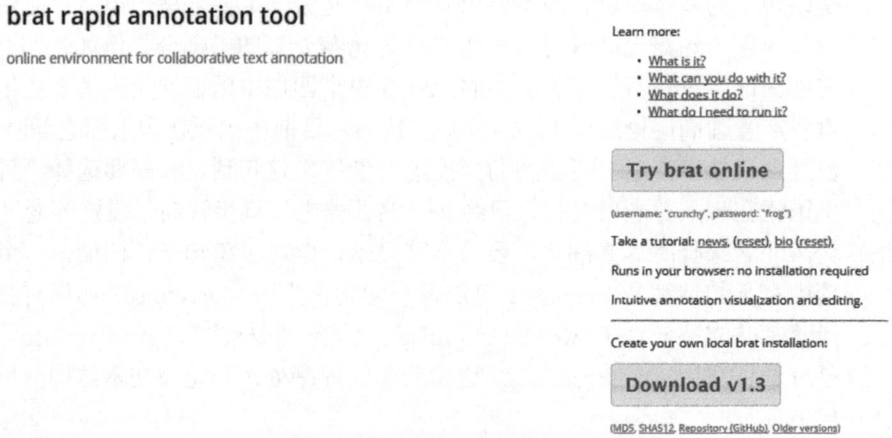

图 9.1 标注工具下载页面

（2）解压文件夹。在命令行中，先进入刚刚下载的文件的路径，再通过以下命令行解压文件夹：

tar xzf brat-v1.3_Crunchy_Frog.tar.gz

或者用下面命令来解压文件：
tar xzf 路径/文件名
（3）然后进入解压后的文件夹：
cd brat-v1.3_Crunchy_Frog
（4）安装
./install.sh
然后要输入姓名、密码、邮箱，自己设置一个 BRAT 账号的姓名密码。
（5）运行 BRAT（每次使用都需要操作的一步，需要使用 python2，python3 不支持）：
python standalone.py
（6）按照运行出的网址。打开浏览器输入网址登录即可进行标注。
网址是 http://127.0.0.1:8001/index.xhtml。
如果在其他机器上进行标注，可以将 127.0.0.1 改为安装了 BRAT 的机器的 IP 地址。

9.3.2 BRAT 使用说明和案例

BRAT 在网页上进行标注的使用，可以看官方网页 brat.nlplab.org/manual.html（BRAT 快速标注工具手册）。这里主要对导入数据与具体标注配置进行说明。

（1）导入数据。

BRAT 将需要标注的数据放在 data 目录下，每个子文件是一个项目，可以看到默认有 examples 和 tutorials 两个目录，里面放了各种教程和实例项目，可以自己定义自己的项目，如 data/project，每个项目里需要至少包含一个 ann 文件和一个 txt 文件，其中 ann 是标注结果写入的文件，txt 是标注数据文件，另外自定义的配置文件也要放在项目目录中，否则系统会采用默认的配置。

直接将包含 txt 数据集的文件夹放置到安装文件下一个 data 的目录下，然后使用命令：

find 文件夹名 -name '*.txt'|sed -e 's|txt|.ann|g'|xargs touch

eg：find data/project -name '*.txt'|sed -e 's|txt|.ann|g'|xargs touch

给文件夹内所有 txt 文件添加对应的空的 ann 标引文件。

如图 9.2 所示，这是标注完成后的 ann 文件，每个实体标注或关系一行。例如，第一行 "T1" 是实体 1，"MajorClaim" 是实体类型，后面两个数字为标注的起始位置和终止位置，最后为标注的内容。

（2）标注配置。

访问 http://127.0.0.1:8001/index.xhtml，标注时要首先 login，用户名和密

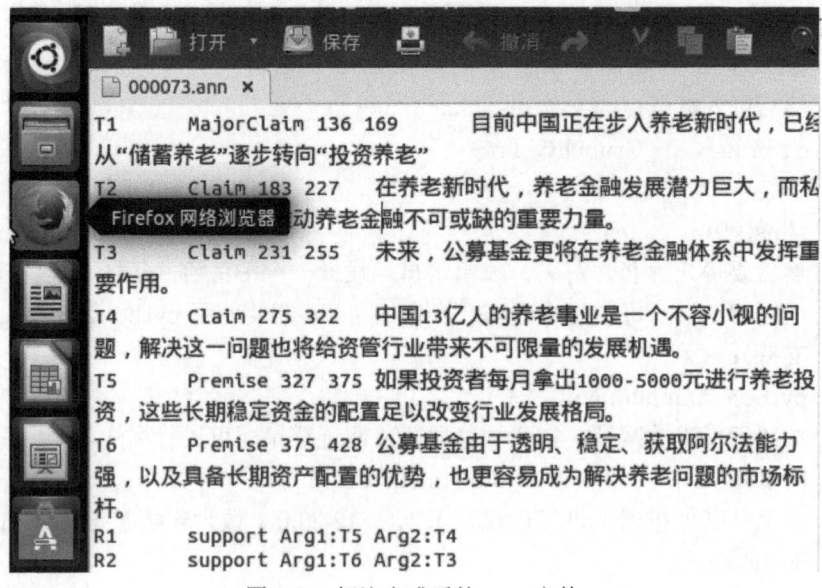

图 9.2　标注完成后的 ann 文件

码是前面安装 BRAT 时所设置的，然后选择要标注的文件。

BRAT 通过配置文件来决定对语料的标注可以满足何种任务，包括四个文件 annotation.conf 标注类别、visual.conf 标注显示、tools.conf 标注工具、kb_shortcuts.conf 快捷键。这里只需要在标注文本的文件夹中加入 annotation.conf 配置文件，该文件包含四类模块：entities、relations、events、attributes，各个模块都可以定义为空。

其中 entities 用来定义标注的实体名称，其格式为每行一个实体类型；relations 用来定义实体间的关系，格式为每行定义一种关系，第一列为关系类型，随后是用逗号分隔的 ArgN: 实体名，用来表示关系的各个相关者；events 用来定义事件，每行定义一类事件；attributes 用来定义属性，每行一个属性。

如图 9.3 所示，这是一个项目中需要的 txt 文件、ann 文件、annotation.conf 配置文件。

图 9.4 是 annotation.conf 配置文件的具体内容，这里 entities 中包括四个实体（如果需要可以增加自己的类型定义）：MajorClaim、Claim、InterClaim、Premise。relations 中包括四个关系：support、attack、for、against。events、attributes 均为空。

（3）相关提示。

登录后，选中文本后会弹出窗口，选择实体类型。

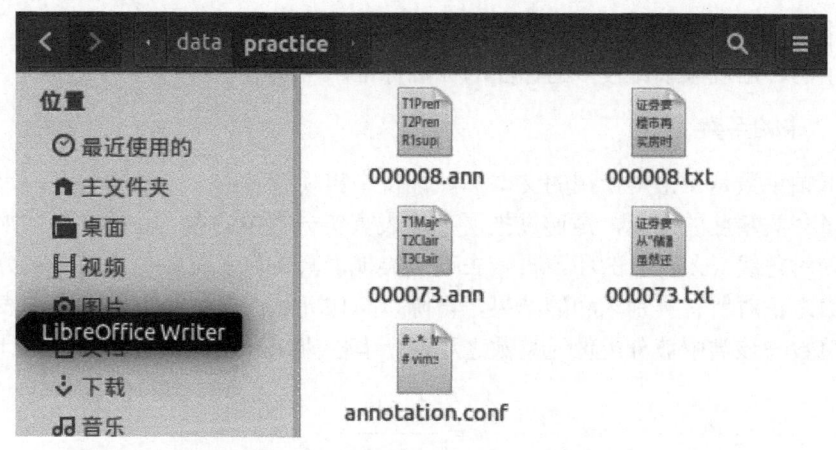

图 9.3 项目需要的 txt 文件、ann 文件、annotation.conf 配置文件

[entities]
MajorClaim
Claim
InterClaim
Premise

[relations]
support Arg1: Premise, Arg2: InterClaim
support Arg1: Premise, Arg2: Claim
support Arg1: InterClaim, Arg2: InterClaim
support Arg1: InterClaim, Arg2: Claim
attack Arg1: Premise, Arg2: InterClaim
attack Arg1: Premise, Arg2: Claim
attack Arg1: InterClaim, Arg2: InterClaim
attack Arg1: InterClaim, Arg2: Claim
for Arg1: Claim, Arg2: MajorClaim
against Arg1: Claim, Arg2: MajorClaim

[events]

[attributes]

图 9.4 annotation.conf 配置文件的具体内容

拖动标注好的实体可以连接关系。
双击标签可对标签进行修改或删除。
点击 data 可导出标注好的数据。

9.4 标注的评价标准

论辩文本的标注是一个带有一定主观性的工作，不同的标注者往往针对同样

的文本得出不同的标注结果。因此如何评价标注也是一个值得关注的问题。下面介绍了两种出现频率比较多的标注的评价标准。

9.4.1 卡帕系数

卡帕系数是在论辩挖掘的文本标注评价中出现较多的一个数学词汇。它是一种衡量分类精度的指标,是通过把所有地表真实分类中的像元总数(N)乘以混淆矩阵对角线(Xkk)的和,再减去某一类地表真实像元总数与该类中被分类像元总数之积对所有类别求和的结果,再除以总像元数的平方减去某一类地表真实像元总数与该类中被分类像元总数之积对所有类别求和的结果得到的。其计算公式为

$$k = \frac{p_0 - p_e}{1 - p_e}$$

其中,p_0 是每一类正确分类的样本数量的和除以总的样本数量,我们将其称为总体的分类精度。假设每一类的真实样本个数分别为 $a_1, a_2, \cdots, a_c$,而预测出来的每一类的样本个数分别为 $b_1, b_2, \cdots, b_c$。总样本个数为 n,则有

$$p_e = \frac{a_1 \times b_1 + a_2 \times b_2 + \cdots + a_c \times b_c}{n \times n}$$

卡帕系数计算结果应该为 -1—1,但通常卡帕系数是落在 0—1 间,我们一般分为五组来表示不同级别的一致性:$0.0 - 0.20$ 极低的一致性 (slight)、0.21—0.40 一般的一致性 (fair)、0.41—0.60 中等的一致性 (moderate)、0.61—0.80 高度的一致性 (substantial) 和 0.81—1 几乎完全一致 (almost perfect)。

利用卡帕系数值的特点及意义可以计算出标注的优劣,从而评价论辩挖掘模型和文本标注方法的优劣。卡帕系数因为自己的优势在论辩挖掘评价标准中广泛应用。

9.4.2 卡方检验

卡方检验在评价文本标注是否合理时也出现得较为频繁。卡方检验是用途非常广的一种假设检验方法,它在分类资料统计推断中的应用,包括:两个率或两个构成比较的卡方检验;多个率或多个构成比较的卡方检验及分类资料的相关分析等,在论辩挖掘中一般要是用多个率或多个构成比较的卡方检验及分类资料的相关分析。

卡方检验在分类检验上有其独特的有点,可以适用于多分类检测,所以在文本标注的评价中也有其广泛应用。

9.5 结　　论

本章我们提出了一个网络论辩文本的标注方法和标准。基于此，我们进行了网络论辩文本的标注，初步构建了一个论辩文本的语料库。这为我们将来的论辩挖掘研究提供了资源，打下了良好的基础。

我们看到，由于论辩文本本身的复杂性，对其进行标注还存在很多的困难，尤其是如何提高不同标注者之间标注的一致性和准确性都还需要展开更进一步的研究。

论辩文本的标注除了我们这里的标注外，为更深入地研究论辩，其他的标注内容包括论辩模型的标注、论辩文本说服力的标注等也都是下一步工作要展开的内容。因此在中文世界中，论辩文本的标注还是一个初步开展的工作，需要研究者进一步的努力。

第三篇
论证的形式结构
——抽象论辩理论

本书第一篇采用广义论证本土化研究程序，对社会文化群体的论证实践所遵循的规则和结构进行提取或采掘。第二篇主要通过采用人工智能机器学习尤其是深度学习的方法，对不同类型文本中的论辩内容进行语言结构分析，挖掘和发现论辩元素及其关系。基于前两篇中的范例分析，本篇将聚焦计算论辩领域，也是形式化论证理论研究的重要分析领域——抽象论辩理论，考察如何基于抽象论辩理论，探索不同领域、不同文化背景下智能主体在实践推理中的形式化论证模式。本篇的重点在于通过形式化的方法，对前两篇中获得的结果进行形式表达和可计算化处理，并由此展示一个自下而上的论证建模过程，即在强调社会文化语境的基础上，以广义论证理论为基础，对自然语言论证进行本土化的分析，提取论证型式和规则，然后通过现代论证技术与人工智能方法，针对论证语料中的重要元素进行挖掘，最后运用形式论辩系统，利用上述方法所获取的素材，实现对实践论辩的建模和语义计算。

本篇结构如下：

第 10 章介绍本篇最主要的理论基础——抽象论辩理论，将阐释该理论的基本理念，给出其中的关键概念，如抽象论辩框架、论辩语义等的定义，并介绍相关论辩语义的重要性质。

第 11 章介绍结构化论证的框架理论，主要包括结构化论证框架 $ASPIC^+$、可废止逻辑编程（defeasible logic programming，DeLP）系统、基于假设的论证（assumption based argumentation，ABA）框架等。抽象论辩理论实现了论证的可计算性，但在实践中依然面临着应用上的困难。结构化论证在抽象论辩的基础上，考虑了论证的结构，以及论证之间攻击关系的类型和识别，是项目后续研究工作中的重要理论基础。

第 12 章对现有的抽象论辩语义进行扩展，并基于论证的分级可接受性概念，提出了一种新的论辩语义——坚实语义。尽管 Dung 在 1995 年提出的抽象论辩理论是论证形式化研究的一个重要进展，然而，这种完全抽象的性质使得它很难被直接应用于具体论证推理问题解决。因此，沿袭第一篇中主张的广义论证理论思想，该章提出一种 Dung 式经典论辩语义的增强版本，使其能够更好地反映特定群体的论证策略。

第 13 章依据广义论证理论，构建了一个带有语境、价值和规范集的论证系统。该论证系统对结构化论证框架 $ASPIC^+$ 做了拓展，使其具有语境敏感性，并考虑了来自不同社会群体的参与者之间的价值偏好差异，从而更加适用于社会文化背景下的实践论辩刻画与建模。

第 10 章 抽象论辩理论及其拓展理论

10.1 引　　言

在日常生活或网络信息处理过程中，智能主体 (agent) 或者人类本身总是在各类不一致信息的矛盾中进行推理, 做出决策。通过论证进行学习、获取知识既是人类认知世界的一种重要形式，也是人工智能 (AI) 领域主体符号化学习的推理研究的重要途径。Dung 的抽象论辩理论[64] 为描述和分析智能主体处理不一致信息提供了形式化方案，其理论核心内容——抽象论辩框架可以为我们研究各种论辩系统提供一个优雅普适的通用框架。同时，利用该框架，我们可以为其他非单调逻辑（如缺省逻辑、限定逻辑等）制定替代语义，重构这些非单调逻辑，从而使得我们可以基于一类通用的理论框架对这些非单调逻辑做出比较。因此，抽象论辩框架不仅是可废止论证研究中的一个重大创新，而且也已成为人工智能领域中一类研究处理不一致信息的基石理论。

本章我们将首先通过实例分析，讨论形式化论证逻辑中的五大元素，揭示出形式化论证逻辑背后的一般思想，以期读者可以更为深刻地理解抽象论辩理论及其拓展理论——具有论证结构化的 $ASPIC^+$。其次，我们将从抽象论辩理论的语义和论辩性质两个方面详述该理论。最后，我们将简单评述抽象论辩理论及其当前学界基于该理论研究的最新成果，明晰我们的研究在该理论已有工作成果方面的意义价值。

10.2　抽象论辩理论概述

本节我们将结合前述部分的实例介绍一类基于符号化研究的非单调推理模式——抽象论辩理论，即通过讨论支持或反对某一主张的论证的产生和评估，以期证实该主张的合理性。本节只是关于抽象论辩理论中主要概念和思想的非正式介绍（10.2—10.4 节是关于该理论具体形式化的讨论，而第 11 章则是关于该理论结构化拓展研究的讨论）。

下面我们通过第一篇中"家吵屋闭"的事例向读者展示抽象论辩理论中的经典概念——抽象论辩框架，以及蕴含在该框架理论背后的推理思想。

回顾"家吵屋闭"实例。

例 10.1　XL 每天早上都有用耳机听粤曲的习惯，结果那天却被妻子说 XL 听粤曲吵着她了，XL 觉得耳机造成的噪声实在有限，因此抱怨妻子无理取闹。CE 开始持反对意见，后来被 XL 的观点说服。

简言之，XL 和 CE 就 "XL 是否应当向 XL 妻子妥协（不再抱怨妻子的无理取闹）" 存在意见分歧，我们分别用 A 和 B 表示他们二人不同的态度主张。

A: XL 不应向妻子妥协

B: XL 应向妻子妥协

现在让我们对 XL 和 CE 之间的这场争论的各个阶段进行详细考察。

首先 XL 为声援自己主张的正确性，XL 提供了如下论证 A[①]：

$$\frac{\dfrac{A_1 \quad A_2}{\text{XL 妻子在对有限噪声进行抱怨}} \quad A_3}{\dfrac{\text{XL 妻子是在无理取闹}}{\text{XL 不应妥协}} \quad A_4}$$

其中，

A_1: 戴耳机听粤曲产生的噪声非常有限

A_2: XL 妻子在抱怨 XL 戴耳机听粤曲

A_3: 对非常有限的噪声进行抱怨是一种无理取闹的行为

A_4: 不应对无理取闹的人妥协

为驳斥 XL 的主张 A，CE 通过指出 "自己是出于个人好心" 提供了如下论证 C[②]：

$$\frac{\dfrac{C_1}{C_2}}{C}$$

其中，

C_1: CE 出于个人好心建议：XL 妥协

C_2: 妥协迁就可以让家庭和睦

C: 家和万事兴

XL 对此进行了反击。[③] 该反击论证 D 如下：

[①] 在实际例子中，XL 是直接从 A_1 和 A_2 得出自己不应向妻子妥协的结论。很明显，这实质上应用的是缺省推理模式，不过，这里我们是将其还原为更为细化的论证模式。

[②] 这里，"家和万事兴，家衰口不停" 是作为广州人的一般共识被缺省地引入到论证中，而后面论证中的 D_3 则是作为一种常识被缺省地引入到相应论证中。

[③] 不过，这里 XL 所做的反击论证，与 CE 驳斥 XL 主张所做的论证不同，他不是直接攻击对方结论，而是通过例证 CE 自身都无法做到妥协，论证了 "单凭个人好心并不能支撑 '妥协可让家和睦' 的成立"（即 "个人好心的信念" 不能推导出 "妥协可以让家和睦"），驳斥论证 C。在 $ASPIC^+$ 中，这种对于推理规则的攻击行为被称为是底切（undercut），详见文献 [227] 和 [228]。

10.2 抽象论辩理论概述

$$\frac{D_1 \quad D_3}{\frac{D_2}{D}}$$

其中，

D_1: CE 女儿抱怨就会导致 CE 不满，更何况妻子的抱怨

D_2: CE 不会向妻子妥协

D_3: 妻子爱抱怨的人是不会对妻子做出妥协的

D: 自己做不到的不应要求他人做到

这样，鉴于论证 C 被 XL 推翻，CE 转而通过论证 E 来为自己的主张 B 辩护：

$$\frac{\frac{E_1}{E_2}}{E}$$

其中，

E_1: 夫妻间一次吵架

E_2: 夫妻间常常吵架

E: 家衰口不停

不过，论证 E 也被 XL 利用下面的论证 F 所驳斥[①]：

$$\frac{\frac{F_1}{F_2}}{F}$$

其中，

F_1: 迁就对方一次

F_2: 常常迁就对方

F: 后果更糟糕

至此，CE 驳斥 XL 主张的两个论证均被 XL 成功地反击，通过配合 XL 完成总结性的论证后，认同了 XL 主张。

上述是关于这场争论的详尽论证进程。当我们略去每个论证中具体的内容，用不同字母分别表示了上述进程中的 5 个论证，并用带有箭头的有向边表示了论证之间的攻击关系，我们可以得到一个如图 10.1 所示的有向图：这种论证内部结构和攻击关系性质未被具体说明的、完全抽象的论辩框架即是抽象论辩理论中最为经典的抽象论辩框架。[②]

[①] 这里 XL 反论证是通过攻击 E 论证中的前提 E_1 完成的，在 $ASPIC^+$ 中，这种对于推理规则的攻击行为被称为是破坏 (undermining)，详见文献 [227] 和 [228]。

[②] 当研究需要细化到论证结构内部时，我们也可将论证 C 和 E 作为论证 B 的子论证进行处理，如我们在后文第 11 章中，基于 $ASPIC^+$ 对于该实例的解析。

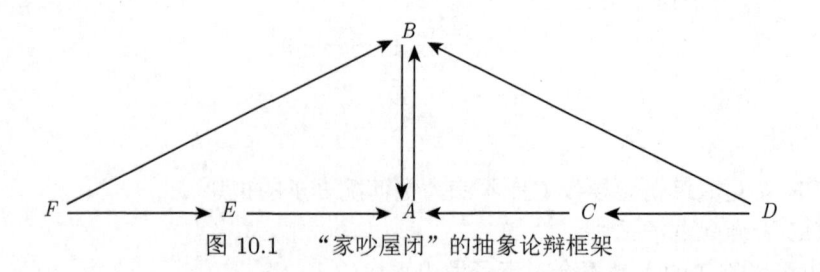

图 10.1　"家吵屋闭"的抽象论辩框架

形式化论证系统围绕基础逻辑语言和在该语言之上定义的一组推理规则构建。一般地，用于常识推理的形式化论证系统通常包含：逻辑语言、推理规则、论证的定义、论证间冲突和攻击的定义，以及对论证辩证地位的定义（即论证评估，类似于经典逻辑系统中用于定义逻辑后承的非单调概念）。不过，由于抽象论辩理论和后面第 11 章中 $ASPIC^+$——结构化论证理论[①]并不指定具体的逻辑语言和推理规则，只是在以替代方式实例化后可以成为一个论证系统，从而使得两类理论具有很强的普适性的同时，也使得它们成为一种框架理论而非形式化的系统。因此，我们仅介绍 Dung 抽象论辩理论中所需要涉及上述五种要素中论证、论证间冲突和攻击及论证评估三种概念[②]。

10.2.1　论证

文献 [229] 指出相应于采用所选逻辑语言，论证一词在"逻辑"中是一种试探性的证明。这里，我们用加标引号的逻辑，旨在表明该逻辑不一定是标准的演绎逻辑，也可以包含可废止的推理规则 (或缺省逻辑的缺省值，如"家吵屋闭"事例中的论证)。不过，因为新的信息不能使得论证无效，而只能产生新的反论证，所以，就目前而言，我们所意指论辩系统中的基本逻辑仍然是单调的。

正如前面强调和实例分析所指，Dung 抽象论辩理论中并不涉及论证的结构：Dung 抽象论辩框架只是将所有相应于某一主张的论证抽象作为一个论点[③]进行分析处理。而在通常的论辩系统研究工作中，我们将论证结构区分为下面三种基本格式：论证或被作为基于前提的推理树、论证或被作为一种推理的序列（即推演）、论证或被作为一个序对——（前提，结论）（隐含了底层逻辑从前提验证结论的证明）。这里，底层逻辑和论证的概念仍然符合经典逻辑系统中的标准描述，而余下的三个论辩系统要素使得论辩系统成为非单调推理的框架）。

[①] $ASPIC^+$ 是一种关于论证内部结构化的抽象论辩框架的理论，通过假设一种未指定的逻辑语言，并通过将论证定义为（有向无环）推理图来实例化 Dung 的抽象方法，该推理图是通过应用两种推理规则：演绎（或"严格"）和可废止规则而形成的，详见第 11 章和文献 [228]。

[②] 后续 10.2.1—10.2.4 节内容主要参考文献 [229]。

[③] 后文中，在不引起混淆的情况下，我们会混合使用论点和论证引述 Dung 抽象论辩理论。

10.2.2 论证间的冲突

在 Dung 抽象论辩理论中并不会涉及论证间的冲突，仅是简单抽象地将论证间不同情形的冲突统一处理为被明确化的论证间（或论点间）的攻击关系，并未指明任意两个论点间攻击关系类型、成立与否的原因。而在利用 Dung 抽象理论框架进行实际论证推理进程中，我们需要对论证间冲突关系的判定、攻击关系成立与否的评判进行考察。考虑后文中我们对于带有结构化论证理论 $ASPIC^+$ 拓展工作及攻击关系分级语义的研究，这里，我们将对论证间的冲突及攻击成功与否的评判研究予以非正式介绍，以便读者可以更好地了解我们的工作。

第一种攻击是论证之间的冲突（或称为"攻击"）。论证间冲突关系被区分为三类：破坏（undermin）、反驳（rebut）和底切（undercut）。首先，论证的前提可以被另一个论证的结论否定而受到攻击。例如，"家吵屋闭"实例中，XL 提出关于"一味迁就也可导致家衰"的论证 F，对于 CE 提出的论证 C 的一个前提"只有夫妻争吵才能导致家衰"进行了攻击。这种攻击对方前提的攻击在 $ASPIC^+$ 中被称为破坏式攻击。

第二种攻击是否定论证的结论。我们仍以"家吵屋闭"为例，友人 CE 提出的论证 C 和论证 E 都是对于 XL 所提出的论证 A 结论的攻击：XL 不应妥协。这种攻击被称为反驳式攻击。

第三种攻击是指，当一个论证使用了一个可废止的推理规则时，它可以通过争论在一种特殊情况，这个推理规则不适用 (参见图 10.2的右边部分) 来攻击它的推理。例如，"家吵屋闭"实例中，就 CE 通过解释自己是出于好心才规劝 XL 妥协的论证 C 而言，XL 接受命题 C_1、C_2 和 C_3，但其通过提出论证 D——自己做不到的不应要求他人做到，对于 CE 利用"好心"这一可废止推导规则进行了攻击，进而攻击了论证 C。这类攻击通常被称为底切式攻击。

图 10.2 更为具体地表明了反驳式攻击和底切式攻击的不同。[①]

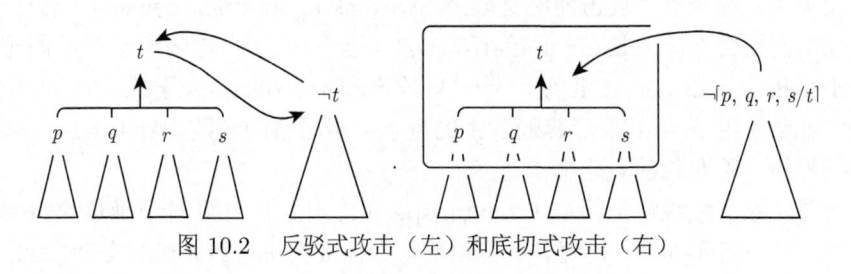

图 10.2 反驳式攻击（左）和底切式攻击（右）

与破坏式攻击不同，底切攻击不会否定其目标的结论，而只是说其结论不受其前提支持，因此无法得出结论。形式化这种类型的冲突，在 $ASPIC^+$ 中，可

[①] 图 10.2 和图 10.3 摘自文献 [229]。

通过将要被底切的规则（在图 10.2中处于矩形中的是推理规则，用 $p,q,r,s/t$ 表示）用目标语言 $[p,q,r,s/t]$ 和其否定式 $[p,q,r,s/t]$ 联合起来加以表述。尽管所有论证都可以被攻击前提，但只有可废止型的论证，其结论或推演才能受到攻击。由于演绎推演在语义上是保真的，即其前提的真实性保证了其结论的真实性，因此，演绎论证是不能被反驳或底切的。因此，否定演绎推演得到结论的唯一方法是：否定该论证中的某个前提。相反，即使可废止论证的所有前提都可以被接受，其结论也可以被拒绝[229]。在我们后文关于 $ASPIC^+$ 介绍中，将对演绎规则与可废止推理规则之间的区别进行形式化，并讨论可废止规则的几个示例。

值得注意的是，以上三种攻击都有直接和间接版本；间接攻击是针对一个论证的子结论或子步骤，如图 10.3 所示。

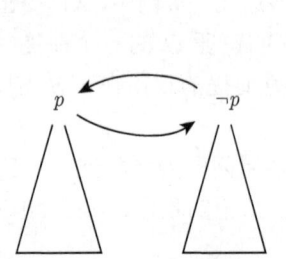

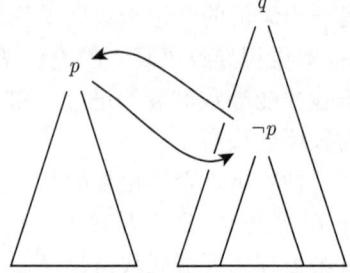

图 10.3　直接攻击（左）与间接攻击（右）

10.2.3　论证间的击败

文献 [229] 指出：我们谈论论证间冲突或攻击某一论证时，并未包含任何形式的论证间冲突或攻击关系的评估，即我们没有对论证间攻击是否成功做出评判。而 Dung 抽象论辩框架是基于默认已有清晰攻击关系的论证理论。然而，在形式化论证系统研究中，论证攻击关系的评估是论辩系统的另一个要素。它是论证间的二元关系，意味着"攻击而不是较弱"(attacking and not weaker)（弱形式上）或"攻击而更强"(attacking and stronger)（强形式上）。这些术语在不同论辩系统中不尽相同：如 defeat 击败、attack 攻击和 interference 干扰。在 $ASPIC^+$ 中，作者通常用 defeat 来形容弱攻击的概念，用严格的击败 strict defeat 来形容一种强烈的、不对称的攻击概念。

当前，除了领域特定标准 (domain-specific) 外，研究者对于确定攻击关系成立与否的依据各不相同。同时，这类领域特定标准具有可废止性。文献 [229] 指明了一些领域特定标准的事例：如果观测对于判断和决策具有重要意义的领域，那么，击败可能取决于测试、观察者或传感器的可靠性；如果我们是在寻求建议或咨询时，那么，击败可能取决于顾问或顾问的专业水平；在法庭案例中，败诉可能取决于法规之间的法律等级、法院的权威级别及社会或道德价值观。明显地，在

"家吵屋闭"的例子中，论证 D 攻击论证 C 实际上包含了一个关于击败标准的争论，即"己所不欲勿施于人"的缺省规则高于"出自个人好心规劝"的标准。

10.2.4 论证的辩证地位

击败关系只能刻画具有冲突关系的论证间攻击关系的强度。当我们确定具有争论性的论证是否赢得争论时，还需要考察论证间的相互作用。即一个论证的最终地位取决于所有可用论证间的相互作用：例如，"家吵屋闭"一例中，论证 C 打败了论证 A，但论证 C 本身却被第三个论证 D 击败；在这种情况下，我们称 D 复原 (reinstates) 了 A。因此，文献 [229] 指出确定争论（或论辩）的胜负需要我们在论证间各种相互作用方式的基础上，对每个论证的辩证地位做出界定。不过，当我们考察一个论证是否合理正当时，除了需要考虑该论证是否具有可被复原性之外，还必须考虑将"除非一个论证的所有子论证都是合理正当的，否则它就不能被证明是正当的"作为核心的判定原则。由于复原通常是通过间接攻击进行的，即攻击某一论证的子组（图 10.3 右），因此这两个原则之间有着密切的联系。而正是这种对论证状态的定义，让我们在基于某形式论辩系统解决问题，可以将具有争议性的论证区分为两类：一类是"赢"的论证，另一类是"输"的论证。有时，第三类论证的中间状态也会被区分出来，即那些让争议悬而未决的论证。需要注意，不同文献在描述论证地位时，使用的术语也各不相同，例如，justified(合理正当的)、defensible(可辩护的) 与 defeated 或者 overuled（被击败的，或者被推翻的），in force 与 not in force(可生效与不可生效的), preferred 与 not preferred(优先的与非优先的)，等等。本书中，除非另有说明，否则我们将使用"合理正当的、可辩护与被推翻的语词来描述论证地位。

通过"描述性"(declarative) 和"程序性"(procedural) 两种形式，我们可以刻画上述概念。描述性形式通常会采用不动点定义，仅提供用以描述某些论证集是可接受的，无法定义某个论证是否属于该集合的过程；而程序形式相当于定义这样一个验测某一论证是否属于某一可接受论证集的程序。因此，我们可将论辩系统的描述形式看作其 (论证理论) 语义，程序形式则可被视为关于其证明的理论。[229] 10.3 节中 Dung 抽象论辩理论 [64] 实质上为论辩系统的语义提供了一个完全抽象的形式框架。①

10.3 抽象论辩框架

正如前文指出，Dung 抽象论辩理论的核心概念是论辩框架（argumation frame，后文中，我们统一用简称 AF 表示抽象论辩理论或抽象论辩框架），它

---

① 一个论辩系统有一个论证理论语义，但同时它用于构造论证的底层逻辑会有一个通常意义上的模型理论语义，例如，标准一阶逻辑的语义，或者一些模态逻辑的可能世界语义。

本质上是一个有向图，其中每个论证用节点（node）表示，攻击关系用箭头表示。给出这样一个图，我们就可以考察哪些论证集可以被接受。为寻求这个问题答案，我们应根据研究需要，选择或提供相应的论辩语义。目前，学界在论辩研究方面做出了大量卓越工作。本节我们将介绍一些主流方法。不过，正如文献 [230] 所指出的，尽管论辩是形式化研究论证体系理论中一个重要问题，但它仅是这个理论研究中的一个具体方面。

一般地，我们是利用符号化的论证理论，通过知识的表示、论证的构造与关系比较、论证评估及结论评估四个步骤进行非单调推理[231]，如图 10.4 所示。

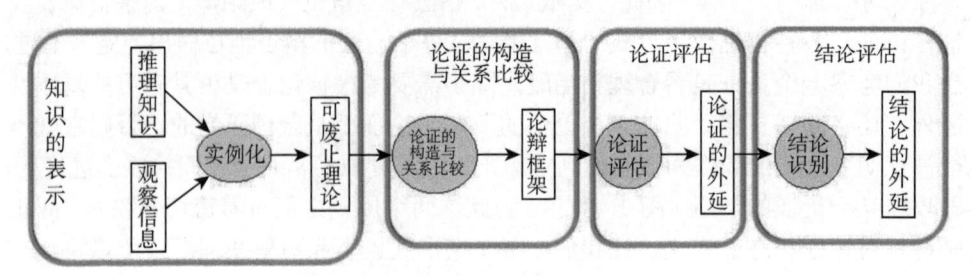

图 10.4　论辩系统的工作机制

首先，我们使用特定的逻辑语言表达已有的推理知识和观测到的信息，这些推理知识和观测到的信息在运行中被实例化处理成为推理知识集合和观察信息（事实）集合，形成一个可废止理论，作为我们问题研究的基础知识库（步骤 1）。其次，根据可废止理论，将基础知识库生成一组论证，并确定这些论证以何种方式相互攻击，即确定论证之间的冲突关系及其优越关系（步骤 2）。这一步骤之后，我们将获得一个论证体框架——Dung 抽象论辩框架。在这个框架中，每个论证的内部结构及论证间冲突关系的强弱特性都被抹去。基于此论辩框架，我们下一步需要使用与论辩相对应的预先标准来确定可被接受的论证集，计算出相应的论辩外延，即完成论证评估（步骤 3）。根据论证评估的结果 (论辩)，我们能够获知各个论证及其所支持的结论的状态。不过，由于在某些论辩标准下，我们可能在一个论辩框架中获得多个论证外延，这需要我们根据问题研究背景，选取某种标准，确定一组可接受的结论，进而给出问题研究的结论，完成最后一步——结论的评估（步骤 4）。由于论辩问题是我们研究工作的重点，因此，上述机制过程的步骤 3 是本章主要内容。其余过程的阐释和研究将被有目的地穿插出现在本篇的其他章节中。

10.3.1　基本概念

定义 10.1　一个论辩框架 AF 是一个二元组 $\langle Arg, \rightarrow \rangle$，其中 Arg 是一个有限的论证集，$\rightarrow$ 是 Arg 上的一个二元关系。

10.3 抽象论辩框架

给定一个论辩框架 $\langle Arg, \rightarrow \rangle$，对于任何两个论证 $X, Y \in Arg$，$X \rightarrow Y$ 表示论证 X 攻击论证 Y，或者表示为 $(X, Y) \in \rightarrow$，并称 Y 是 X 的攻击者。

对于任何一个论证 $X \in Arg$，我们用 $\overline{X}$ 表示攻击 X 论证集，即 $\overline{X} = \{Y \rightarrow Arg \mid Y \rightarrow X\}$。同时，如果 $X \in Arg$ 且 $\overline{X} = \phi$，则称论证 X 是一个源论证。

定义 10.2 给定一个论辩框架 $\langle Arg, \rightarrow \rangle$，一个论证 $X \in Arg$ 相对于论证集 $\Delta \subseteq Arg$ 是可接受的 (accepted)（或称 Δ 辩护 X）当且仅当如果对于任何一个论证 $Y \in Arg : Y \rightarrow X$，则必存在一个论证 $Z \in \Delta$，使得 $Z \rightarrow Y$。

如果论证集 $\Delta \subseteq Arg$ 中的某个论证 $Z \in \Delta : Z \rightarrow Y (Y \in Arg)$，则称论证集 Δ 攻击了论证 Y，记为：$\Delta \rightarrow Y$。因此，"论证集 Δ 辩护了 X" 也可被定义为：

定义 10.3 对于任何一个论证 $Y \in Arg$，如果 $Y \rightarrow X$，则 $\Delta \rightarrow Y$。

我们可以基于抽象论辩框架，通过攻击关系对一组论证中存在的冲突进行诠释：根据某种合理的标准，识别冲突结果。简单地说，这意味着确定框架中哪些论证应该被接受（比如，"挺过冲突"），哪些论证应该被拒绝（比如，"在冲突中被击败"）。例如，考虑图 10.5 描述的论辩框架 AF_1。

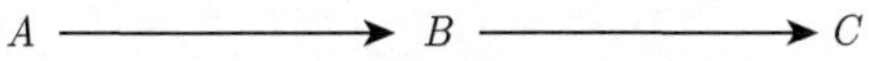

$$A \longrightarrow B \longrightarrow C$$

图 10.5 一个简单的论辩框架

图 10.5 中三个论证具有冲突关系。对于这些冲突中的论证，哪些是能够被我们所接受的？寻求这个问题的解决，识别论辩框架中论证冲突结果的形式化方法即被称为论辩语义。

学界中有两种定义论辩语义的主要方法: 基于标识 (labeling-based) 的方法和基于外延（extension-based，或称基于扩张）的方法。

基于标识方法的基本思想是给每个论证指派一个标签。以 *in*、*out* 或 *undec* 表示的标签是常见的一种标识，其中，可被接受的论证会被赋予标签 *in*，标签 *out* 则指派到被拒绝的论证，而被指派标签 *undec* 的论证则表示尚不能确定该论证是被接受还是被拒绝。框架中每个论证都有一个标签。在图 10.5中因为论证 A 没有受到任何论证的攻击，所以，我们首先可以将 *in* 指派给论证 A，这使得论证 B 就不应当被接受，从而被标识为 *out*。进一步地，我们会考虑对论证 C 指派标签 *in*。虽然这种标识方法看起来至少在原则上是合理的，但我们也有其他可行的标识方法。例如，我们也可以将所有三个论证 A、B、C 都标识为 *in*，不过，这似乎与它们之间存在冲突的含义相矛盾，或者我们也可以对所有论证都赋值为 *undec*，但至少这对于未收到攻击的论证 A 而言，似乎过于谨慎。因此，一个具体基于标识的论辩为我们提供了一种依据定义中的某一标准，从所有可能的标识中选择"合理的"标识论证的方法。

基于论证外延方法的基本思想是识别被称为外延的论证集，这些论证集可以一起经受住冲突，从而共同代表一个自动推理者可能采取的合理立场。例如，在图 10.5 中，由于论证 A 不受任何论证的攻击，因此，这个框架的一个论证外延应当包含论证 A。这样，我们就可以将论证 B 从该外延中排除，这使得唯一攻击 C 的论证消失，从而此框架的论证外延也包含了论证 C，即该框架论证外延是 $\{A,C\}$。当然，至少从原则上讲，我们还有其他挑选外延元素的方法。例如，我们可以将集合 $\{A,B,C\}$ 作为该框架的论证外延，但是，这又一次与论证间现有的冲突产生矛盾；或者我们也可以将空集作为一种外延，不过，这似乎也是一种过于谨慎的态度，因为至少论证 A 应当可以被包含在任何一个外延中。因此，一个特定的基于外延的论辩语义为我们研究论证间冲突提供了一种方法，让我们根据嵌入在其定义中的一些标准，从所有可能的论证中选择"合理的"论证集。

这两种方法在研究论辩方面的基本等价性已得到证实。考虑本篇中我们的研究工作，主要是依据基于论证外延的论辩方法展开，因此，接下来我们将重点介绍与此方法相关的主要概念。

定义 10.4 一个论证是合理正当的当且仅当所有攻击它的论证都不是合理正当的；

一个论证是不合理正当的当且仅当它受到一个合理正当的论证攻击。

在简单的情形中，依照此定义，我们可以非常明确地判定哪些论证能够在冲突中获胜，如图 10.5 中的事例：论证 A 是合理正当的，因为它没有被任何其他论证攻击。这使得论证 B 是不合理正当的，因为 B 被一个合理正当的论证 A 所攻击。进而，这又使得 C 成为合理正当的：尽管 C 被 B 攻击，但由于 A 使 B 成为不合理论证，使得 C 被 A 所复原。

然而，在其他情形下，定义 10.4 会让我们的判定陷入循环的或模棱两可的境况。特别地，在两个论证实力相当的情形中，如图 10.6 所示的 AF_2 框架。

$$A \rightleftarrows B$$

图 10.6　两个论证相互攻击

在该论辩框架中，我们既可以判定 A 是合理正当的（如果我们能够判定 B 是不合理的），也可以判定 B 是合理正当的（如果我们能够判定 A 是不合理的）。同时，我们也能认为 B 是不合理的（如果 A 是合理的），并且认为 A 是不合理（如果 B 是合理的）。因此，对于满足定义 10.4 的 A 和 B，现在有两种可能的"身份分配"：一种是以牺牲 B 为代价来证明 A 是正当的，另一种是以牺牲 A 为代价来证明 B 是正当的。然而，直觉上，如果这两个论证实力相当，我们没有理由接受其中的任何一个。

避免这类循环或模棱两可结果的出现，或者我们通过更改定义 10.4，使得我们总可以找到一种可能的方式对论证分配一个确定的状态，并且在"未决定的冲突"的情况下，如在上面的例子中，两个实力相当的冲突论证都被判定为不合理正当的。或者我们也可采用一种多重指派的方式，即将一个论证地位具有不同的状态指派并不是作为一个问题，而是作为论证属性中的一个特征：一个论证可以被指派多重地位，并且定义一个论证为"真正"合理正当的，当且仅当，它在所有可能的指派中都将获得这种合理正当的状态指派。参见文献 [229]，这两种处理问题不同的方法，让我们得到两类论证地位指派的方法。

10.3.2 抽象论辩语义 *

1. 唯一性的论证状态指派

通过将前面定义 10.2可接受的概念与不动点算子相结合，让我们总是可以找到一种可能的方法，对每个论证进行唯一的状态指派。

回忆定义 10.2和复原定义，我们不难看出，"论证 A 相对于论证集 S 是可接受的"意指在论证 A 受到攻击的情况下，集合 S 中的论证可以复原 A。让我们再次考虑图 10.5所示的论辩框架: C 对于 $\{A\}$、$\{A, C\}$、$\{A, B\}$ 和 $\{A, B, C\}$ 都是可接受的，但是对于 $\varnothing$ 和 $\{B\}$ 则不是可接受的。不过，仅依据可接受定义，当我们考察图 10.6所示的论辩框架时，却会出现问题。例如，如果令 $S = \{A\}$，明显地，因为所有攻击 A 的论证 (即 B) 被 S 中的一个论证攻击，即 A 本身，所以，A 相对于 S 是可接受的。直观上，我们显然不希望一个论证能够复原它自己。因此，为了获得一个唯一的状态赋值，我们还需要一种不动点运算。[229]

下面一些关于不动点运算的基础知识。

令 S 是一个集合，算子 $\mathcal{O} : Pow(S) \to Pow(S)$，将 S 中的任一个子集指派到 S 的另一个子集上。集合 $T \subseteq S$ 是 $\mathcal{O}$ 的一个不动点，当且仅当，$\mathcal{O}(T) = T$。众所周知，当算子 $\mathcal{O}$ 满足某些性质，它就有一个最小不动点，即 $\mathcal{O}$ 的一个最小不动点，它是 $\mathcal{O}$ 的所有其他不动点的子集。单调性是算子 $\mathcal{O}$ 具有最小不动点的一个最重要的性质，即每当 $T \subseteq T'$ 时，$\mathcal{O}(T) \subseteq \mathcal{O}(T')$。

现在考虑下面的算子，它为每个论证集提供了它可以接受的（或者它可以保护）的、所有论证的集合。

定义 10.5（基底语义外延） 给定一个抽象论辩框架 AF，令 $\Delta \subseteq Arg$，定义不动点算子 F^{AF} 如下：$F^{AF}(\Delta) = \{A \in Arg \mid A$是相对于$\Delta$可接受的$\}$。[①] AF 的基底外延 (grounded extension) 是 F^{AF} 的最小不动点。

---

* 本小节中的定义及相关说明摘自文献 [229].

① 由于 $F^{AF}(S)$ 是由受到论证集 S 辩护的论证所构成的，因此，在后文中，我们也将算子 F 称为辩护函数。

如果一个论证相对于 Δ 是可接受的,那么它对于 S 的任何超集也是可接受的,因此算子 F 是单调的[①],从而,算子 F 具有一个最小不动点,框架的基底外延具有良定义性。通过将一组合理的论证定义为最小不动点,避免论证的自我复原。在图 10.6 的示例中,集合 $\{A\}$ 和 $\{B\}$ 是 F 的不动点,但不是其最小不动点,该框架的最小不动点是空集。一般地,如果框架中每一个论证都被攻击,那么 $F(\varnothing)=\varnothing$。

基于上述研究,我们可以给出基底语义下合理正当论点的定义。

定义 10.6 基底语义下[②],一个论证是合理正当的当且仅当该论证属于基底语义外延。

文献 [64] 为我们提供了计算基底语义下合理论证的方法,表明我们可以通过令 F 对空集进行迭代逼近运算获得 F 的最小不动点。

定理 10.1 考虑下列论证序列:
- $F^0 = \varnothing$
- $F^{i+1} = \{A \in Arg \mid A\text{相对于}F^i\text{是可接受的}\}$

令 $F^w = \bigcup_{i=0}^{\infty}(F^i)$,则下述命题成立:

(1) F^w 中所有的论证都是合理正当的;

(2) 如果框架中每一个论证至多被有限多个论证攻击,那么,一个论证是合理正当的当且仅当该论证属于集合 F^w。

应用定理 10.1 到图 10.6 示例的框架中,我们可得

$$F^1 = F(\varnothing) = \{A\} \qquad F^2 = F(F^1) = \{A, C\} \qquad F^3 = F(F^2) = F^2$$

尽管借助定义 10.6,我们可以将论证区分为两大类:合理论证与不合理论证。然而,在很多情形中,同为不合理正当的论证在框架的状态上依然存在较大的差异。

例 10.2 考虑下面论辩框架 AF_3 中论证 B 的状态 (图 10.7)。

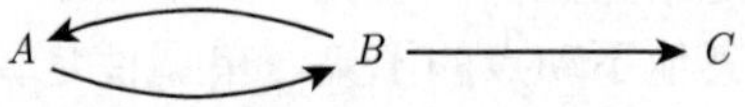

$$A \rightleftarrows B \longrightarrow C$$

图 10.7 带有可辩护论证的框架

依照定义 10.6,由于该框架中不存在不受攻击的论证,所以,三个论证 A, B, C 都是不合理论证。但由于论证 B 没有被任何证明是合理的论证所攻击,这使得没有被证明是合理的论证通过打败 B 来复原 C,从而 B 保留了阻止 C 被证明是合理的可能性。这类 B 论证也被称为"僵尸论点"(zombie arguments):B 没有

[①] 当论辩框架是明晰的,我们将省略算子 F 的上标 AF。

[②] 后文中,基底语义简记为 Gro。

"活着的"(即不是合理的),但它也没有完全失去活性;它具有一种中间状态,在这种状态下,它仍然可以影响其他论证的状态。僵尸性论证的这种中间状态被称为"可辩护的",框架中论证 C 则被称为"被推翻的"(overruled) 论证。

定义 10.7 在基底语义下,论证 A 是被推翻的当且仅当 A 被一个合理正当的论证所攻击;论证 A 是可辩护的当且仅当 A 不是合理正当且不是被推翻的论证。

至此,我们可以清晰地看到,依照定义 10.6 我们不再受到前述图 10.5 框架中所存在的循环或模棱两可问题的困扰,因为该论辩框架的基底语义外延是空集,即论证 A, B 都是不合理的,它们只是可辩护的论证。而在"家吵屋闭"所示的论辩框架中,我们易计算获得该框架的基底语义外延是 $\{A, D, F\}$,进而分析可得该争论的最终结果是"XL 不应妥协妻子",与实例分析的结果一致。不过,上述关于基底语义外延计算和性质的讨论也向我们揭示出依照基底语义筛选合理论证是一种极为严格的标准(如果框架中不存在未被攻击的论证,则该框架的基底语义外延必为空集)。这种严格特性在实际应用中,使得我们在很多情形中无法得出任何结论,甚至有悖我们对于合理论证选择的直觉。

例 10.3 考虑图 10.8所示的论辩框架 AF_4。

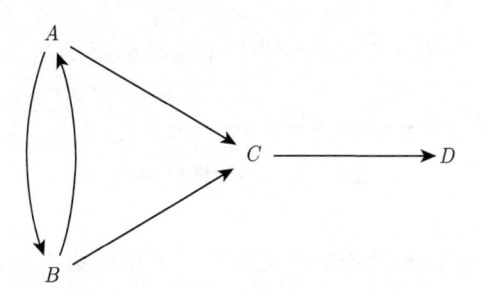

图 10.8 带有"浮动"论证的框架

因为没有一个论证是不被攻击的,依定义 10.6和定义 10.7,所有这些论证都是不合理的可辩护性论证。然而,直觉上,尽管 C 是不合理的,但由于 C 同时被 A 和 B 攻击,无论 A、B 是什么状态,论证 C 都应该是被推翻的论证,即就 C 的地位而言,我们不需要解决 A 和 B 之间的冲突:C 的地位是"浮动"在 A 和 B 的地位之上。如果 C 是被推翻的,因为 C 是 D 的唯一攻击者,那么 D 应该是合理正当的。

例 10.3 中所示问题让我们看到:本质上唯一指派论证地位的方法无法捕获具有"浮动性"论证的特性,而通过允许论证被指派多个状态是解决上述问题的一种途径。我们现在转向这种多维论证指派的方法。

2. 多维的论证状态指派

在直接讨论多维论证指派之前，我们需要先引述多数语义下论证外延所具备的两个基本属性——无冲突性 (conflict-free) 和可相容性 (admissible)。

直觉上，当我们在给定的论辩框架上按照某一标准（即某一论辩）筛选论证，构成论证集（即符合该语义下的论证外延）时，我们首先希望所构成的论证集各元素间应当是无冲突；其次，我们希望可以这个论证集可以保护到其自身的成员，也即其自身的每个论证都是相对该论证集是可接受的，从而使得我们能够为每个被我们接受的论证提供充足的理由。这些直觉上的意愿被刻画如下：

定义 10.8 论证集 $\Delta \subseteq Arg$ 是无冲突的，当且仅当，$\neg \exists A, B \in \Delta : A \to B$；论证集 $\Delta \subseteq Arg$ 是可相容的，当且仅当 Δ 是无冲突的且 $\Delta \subseteq F(\Delta)$。

显然，空集是可相容的，同时，由于基底语义的论证外延是辩护函数 F 的最小不动点，因此，基底语义的论证外延也具有可相容性。当然，我们也可以将无冲突性和可相容性作为我们选择论证的一个标准，将它们视为一种论辩语义，从而可以得到符合这些语义的论证外延，也即获得符合这些语义标准的论证集。

定义 10.9 论证集 $\Delta \subseteq Arg$ 是无冲突语义的论证外延，当且仅当，$\neg \exists A, B \in \Delta : A \to B$；论证集 $\Delta \subseteq Arg$ 是可相容语义[①] 的论证外延，当且仅当，Δ 是无冲突的且 $\Delta \subseteq F(\Delta)$。

例 10.4 考虑图 10.9 所示的一个简单论辩框架 AF_5。

$$A \longrightarrow B \longrightarrow C \rightleftarrows D$$

图 10.9 论辩框架 AF_5

在基底语义下，该框架的论证外延只有一个论证集 $\{A\}$，但在可相容语义下，集合 $\{D\}$、$\{A, C\}$ 和 $\{A, D\}$ 也都是该框架的论证外延。对于每个论证地位状态的指派已不再具有唯一性是导致两种语义下论证外延不同的原因。在可相容语义下，论证 C 和 D 以相互排斥的方式被分别指派到相应的论证集中。

不过，尽管在可相容语义下，三个集合 $\{D\}$、$\{A, C\}$ 和 $\{A, D\}$ 都是该框架的可相容论证外延，但直观上，因为 $\{D\} \subseteq \{A, D\}$，明显地，我们会认为集合 $\{D\}$ 是多余的。导致此类问题的出现，主要原因在于：可相容语义的标准是要求一个人能够为接受和拒绝的某个论证给出理由，但让一个人可以自由地对任何论证放弃判断选择的权利。因此，为避免此类问题的发生，我们可以借助另一个多维指派的论辩——完全 (complete) 语义。该语义捕捉到"我们不希望一个人（或智能体）在筛选论证中随意放弃评判对某一论证地位的权利"的想法，也即"我

---

① 后文中，可相容语义简记为 Adm。

10.3 抽象论辩框架

们希望'如果一个人（或智能体）放弃对某论证是被接受还是被拒绝的意见，那么他就应该没有足够的理由接受这个论证（意味着该论证的攻击者并不都是不合理的论证）'，也没有足够的理由拒绝这个论证（意味着该论证的攻击者都不是合理正当的论证）"的想法。

定义 10.10 论证集 $\Delta \subseteq Arg$ 是完全语义[①]的论证外延，当且仅当，Δ 是无冲突的，并且 $\Delta = F(\Delta)$。

这样，例 10.4 论辩框架中的完全外延有两个，分别是 $\{A,C\}$ 和 $\{A,D\}$。

值得注意的是，如果我们将完全语义标准看作一个人（或智能体）在抽象论辩框架下从冲突论证中进行筛选的合理立场，那么，基底语义标准就是一个人（或智能体）能采取的"最基础"或称"最严格"的立场，因为基底语义让我们只接受那些无法避免去接受的论证，只拒绝那些我们无法避免去拒绝的论证，并且尽可能地弃权。因此，基底语义是一种最具质疑性的语义标准。当然，我们也会自然地提出问题：完全语义的论证外延是否是最大化的可相容语义外延，即完全语义是否是满足可相容性且最具包容性的语义标准？答案是否定的。

让我们再次考虑例 10.3 中的论辩框架 AF_4，依定义 10.9 和定义 10.10，除 $\{A,D\}$ 和 $\{B,D\}$ 是此框架上的完全语义外延外，$\varnothing$ 也是 AF_4 的完全语义外延（因为在此框架上，$\varnothing = F(\varnothing)$）。

最大化可相容语义的论证外延是由优先 (preferred) 语义完成实现的：

定义 10.11 $\Delta \subseteq Arg$ 是优先语义[②]的论证外延，当且仅当，Δ 是最大化的可相容论证集。

例如，在"家吵屋闭"一例对应的论辩框架中，论证集 $\{A,D\}$ 和 $\{A,F\}$ 都是优先语义的论证外延。

截至目前，我们已经获得了在筛选论证（或指派论证地位）中两类分别最具质疑性和最具包容性的论辩标准，然而，实际论证推理中，有时需要我们坚持一种"非黑即白"清晰而有力的立场：无论是选择或拒绝一个论证，我们都必须提供充足的理由。这种立场可以通过一类"尖锐性"的语义标准——稳定 (stable) 语义得以实现。

定义 10.12 论证集 $\Delta \subseteq Arg$ 是稳定语义[③]的论证外延，当且仅当，Δ 是无冲突且 $\forall A \notin \Delta : \Delta \to A$。

由此定义，我们可以不难验证：在例 10.3 论辩框架 AF_4 中，论证集 $\{A,D\}$ 和 $\{B,D\}$ 既是此框架上的优先语义外延，也是它的稳定外延；在"家吵屋闭"一例对应的论辩框架中，论证集 $\{A,D\}$ 和 $\{A,F\}$ 也是稳定语义的论证外延。不过，

[①] 后文中，完全语义简记为 Com。
[②] 后文中，优先语义简记为 Pre。
[③] 后文中，稳定语义简记为 Sta。

请注意，尽管稳定语义外延与优先外延很多情况下是一致的，但这并不意味着两者语义是等同的。

例 10.5　考虑图 10.10 所示的一个简单论辩框架 AF_6。

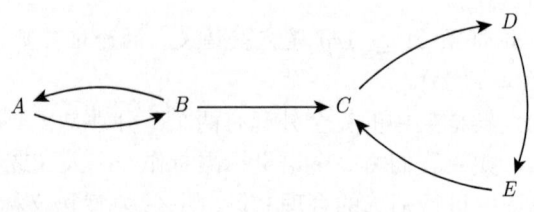

图 10.10　论辩框架 AF_6

根据前述定义，在此论辩框架下，集合 $\{A\}$ 和集合 $\{B,D\}$ 都是优先语义的论证外延，而该框架的稳定语义外延只有集合 $\{B,D\}$。

除了以上包含可相容语义在内的四种论辩语义已成为当前形式论证领域研究的经典语义，根据应用研究需要，学者还提出了诸如半稳定 (semi-stable) 语义[232,233]、理想 (ideal) 语义[234]、阶段 (stage) 语义[233] 及 CF2 语义[235] 等，有兴趣的读者可参阅这些文献，我们不再详述。

现在让我们考虑下面一个问题：多维论证状态指派的方法是如何避免论辩框架中模棱两可情形发生的？

在多维论证状态指派下，合理正当的、被推翻的及可辩护的论证的定义如下：

定义 10.13　相对于语义 S (S 代表 Pre 或 Sta 等四种语义)[①]，

论证 A 是合理正当的，当且仅当，A 属于语义 S 下所有论证外延；

论证 A 是被推翻的，当且仅当，A 不属于语义 S 下任何一个论证外延；

论证 A 是可辩护的，当且仅当，A 属于语义 S 下的某些论证外延但非全部外延；

这样，在例 10.3 中的论辩框架 AF_4（图 10.8），该框架中稳定和优先语义的论证外延均为：集合 $\{A,D\}$ 和集合 $\{B,D\}$，因为论证 A 和论证 B 是可辩护的，C 则是被推翻的论证。这个结果与前述我们所得到的直观分析结果完全一致。因此，我们看到，对于论证地位的评估，重要的不是是否考虑一个或多个可能的状态指派，而是在这些指派下如何最终评估论证。而这种评估是由"合理正当"和"可辩护"两个条件来刻画，进而避免模棱两可性论证的出现。

3. 论辩语义关系比较

下面我们给出已在文献 [64] 中被证明的上述语义间关系的一些结果。

定理 10.2　任意给定一个论辩框架 $AF = \langle Arg, \rightarrow \rangle$，

[①] 尽管可相容和完全语义也是多维指派形式的语义标准，但由于空集都是这两种语义下的一个论证外延，因此，不再适用于区分不同类型的论证。

10.3 抽象论辩框架

- 每个稳定语义的论证外延一定是优先语义的论证外延，但反之不成立。
- 基底语义下的论证外延包含在所有优先语义外延的交集中。
- 如果一个抽象的论辩框架没有产生无限攻击路径: $A_1, \cdots, A_n$，使得每个 A_{i+1} 攻击 A_i，那么，这个论辩框架恰好有一个稳定语义外延，且这个论证外延也是基底语义和优先语义的论证外延。

来自于文献 [230] 的图 10.11 更为直观地揭示出各类语义之间的关系（箭头表示集合间的包含关系，图示中未被本书讨论的语义，读者可参见前面的引述文献）。

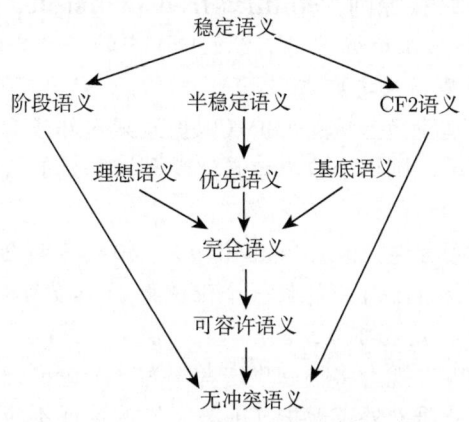

图 10.11　各类语义外延的关系图表

4. 论辩语义的性质

正如在前文所阐释的，在给定的抽象论辩框架中，不同的论辩依赖我们筛选论证的直觉感受。我们可以通过不同的论辩特性表达或刻画这些直观感受。因此，系统地比较和评估这些不同语义对于我们在实际论证推理中如何选择适用的论辩具有重要的研究意义，文献 [236] 和 [237] 在这一分支领域的研究中做出了积极的探索。后文聚合框架性质保留。因此，接下来我们将回顾并讨论抽象论辩语义的一般属性。[①]

论辩的评估应该只依赖论辩框架的拓扑结构（即论点之间的攻击关系）是抽象论辩理论中的一个基本观点，而与被抽象略去的底层语言无任何相关性。这种语言上的独立性原则对应了下面的事实，即同构的论辩框架产生相同的语义结果：

定义 10.14　给定两个论辩框架 $AF_1 = \langle Arg_1, \rightarrow_1 \rangle$ 和 $AF_2 = \langle Arg_2, \rightarrow_2 \rangle$，如果存在一个双射 $f: Arg_1 \rightarrow Arg_2$，使得 $A \rightarrow_1 B$ 必有 $f(A) \rightarrow_2 f(B)$，反之亦成立，则称 AF_1 和 AF_2 是同构，记为：$AF_1 \cong_f AF_2$。

[①] 本小节内容主要参阅文献 [230]。

便于后文说明，我们用 $\mathcal{E}_S(AF)$ 表示在给定论辩框架 AF 中，相对于某论辩 S 的论证外延构成的集族。

定义 10.15（**语言独立性原则，the language independence principle**）对任意给定两个同构的论辩框架 $AF_1 = \langle Arg_1, \to_1 \rangle, AF_2 = \langle Arg_2, \to_2 \rangle : AF_1 \cong_f AF_2$，如果在论辩 S 下，都有 $\mathcal{E}_S(AF_2) = \{f'(\Delta) \mid \Delta \in \mathcal{E}_S(AF_1)\}$，其中，$f'(\Delta) = \{B \in Arg_2 \mid \exists A \in \Delta, B = f(A)\}$，则称 S 满足语言独立性原则，反之亦成立。

语言独立性原则是抽象论辩语义的核心，当前学界内提出的所有论辩都满足这一原则。而另一个被所有现有论辩都满足的属性是无冲突原则。

定义 10.16（**无冲突原则，conflict-free principle**）任意给定论辩框架 $AF = \langle Arg_1, \to \rangle$，如果在论辩 S 下，$\mathcal{E}_S(AF)$ 中的任一个论证集都是无冲突的，则称 S 满足无冲突原则，反之亦成立。

直觉上，语义外延应当担负起辩护（保护）其内部成员的责任，即若存在外部论证攻击其内部成员，则这个攻击者必然受到该外延的攻击。明显地，这对应了语义的可相容性。

定义 10.17（**可相容性，admissibility**）任意给定论辩框架 $AF = \langle Arg_1, \to \rangle$，如果在论辩 S 下，$\mathcal{E}_S(AF)$ 中的任一个论证集 Δ 都是可相容的，即 $\Delta \subseteq F(\Delta)$，则称 S 满足可相容性，反之亦成立。①

如果我们将可相容性视为将防御攻击者作为一个论证归属到某语义外延的必要条件：一个没有被此语义外延保护（或辩护）的论证不应属于该语义外延，那么，"防御攻击者视为论证归属到此语义外延的充分条件：一个由某语义外延所保护（或辩护）的论证应该属于该语义外延本身"则对应了另一个语义属性——复原性。

定义 10.18（**复原性，reinstatement**）任意给定论辩框架 $AF = \langle Arg_1, \to \rangle$，若在论辩 S 下，$\forall \Delta \mathcal{E}_S(AF)$，都有 $F(\Delta) \subseteq \Delta$，则称 S 满足复原性，反之亦成立。

回顾前述关于四种语义的定义，我们不难发现，这四种语义都具有复原性。

定义 10.19（**I-极大性，I-maximal**）外延族 $\mathcal{E}$ 是 I-极大性当且仅当 $\forall \Delta_1, \Delta_2 \in \mathcal{E}$，若 $\Delta_1 \subseteq \Delta_2$ 则 $\Delta_1 = \Delta_2$。如果在论辩 S 下，任意给定论辩框架 AF 的外延集族 $\mathcal{E}_S(AF)$ 是 I-maximal，则称此论辩 S 满足 I-极大性，反之亦真。

定义 10.20（**可弃权性，allowing abstention**）任意给定论辩框架 $AF = \langle Arg_1, \to \rangle$，外延族 $\mathcal{E}$ 具有二难弃权性指的是：$\forall A \in Arg$，$\exists \Delta_1, \Delta_2 \in \mathcal{E}$，使得 $A \in \Delta_1$ 且 $A \in \overline{\Delta_2}$，则必存在 $\Delta_3 \in \mathcal{E}$，使得 $A \notin (\Delta_3 \cup \overline{\Delta_3})$。如果在论辩 S 下，

---

① 文献 [64] 提出的基底语义、完全语义、优先语义和稳定语义都满足无冲突性和可相容性，因此，尽管无冲突性或可相容性也可作为一类论辩进行考察分析，但是研究者通常会将这两种语义视为论辩性质，而前述四种语义作为经典的论辩（后文中，我们所指的论辩即是这四种经典语义）。不过，一旦研究者提出或考察的论辩不再具有可相容性（如文献 [235] 提出 CF2 语义）时，可相容性将被作为一类论辩引入到研究工作中。注意，无冲突性作为一种基本的论辩性质，应当被所有论辩所具备。

10.3 抽象论辩框架

任意给定论辩框架 AF 的外延集族 $\mathcal{E}_S(AF)$ 具有二难弃权性，则称此论辩 S 满足可弃权性，反之亦真。

可相容性和复原性与语义外延的防御（辩护）性有关，这里定义的 I-极大性和可弃权性则关注的是语义外延间的子包含关系。一般地，对于一个给定论辩框架，依据某论辩计算而得的外延多数不止一个（除基底语义外），当这些外延存在真包含关系时，明显地那些被真包含在其他外延中的外延不会对我们评估论证状态产生任何影响，因而，如果语义满足 I-极大性，则该语义下的论证外延将不会出现外延间的子包含关系，也即该语义下的每个外延都会影响最终论证评估的结果。依照四种经典语义定义，只有完全语义不具有此性质。同时，当给定的论辩框架存在二难性冲突论证时，在完全语义下我们可以选择放弃对这类二难冲突的论证做出选择，如图 10.6 所示的论辩框架 AF_2，空集是该框架下完全语义的一个外延。因此，完全语义是四种经典语义中唯一满足可弃权性的语义。

上述语义性质可以被视为基于单个论辩框架视角展开的讨论，是一类关于论辩框架理论的静态化研究。而当我们进一步考虑对多个论辩框架进行聚合处理的动态化分析时，如在多主体系统中，当来自不同主体的一组论辩系统合并时，各论辩系统的论证和攻击关系都将产生相应的变化，那么，如何考察、评估合并后论辩框架中的每个论证（这一方向的研究如后文第 11 章），下面的防撞性、无干扰性则将成为这一研究方向上极具意义的语义性质。

定义 10.21 两个论辩框架 $AF_1 = \langle Arg_1, \rightarrow_1 \rangle, AF_2 = \langle Arg_2, \rightarrow_2 \rangle$ 是不交的，当且仅当，$Arg_1 \bigcap Arg_2 = \varnothing$，并用 $AF_1 \uplus AF_2 = \langle Arg_1 \bigcup Arg_2, \rightarrow_1 \bigcup \rightarrow_2 \rangle$ 表示两个不交的论辩框架的并。

如果一个论辩框架 $AF*$ 能够决定任何一个以不交并方式包含其在内的论辩框架的语义结果，我们称该框架 $AF*$ 存在"污染"(contaminating)。

定义 10.22 给定某论辩 S，如果对于每个与论辩框架 $AF*$ 具有不交关系的框架 AF，都有 $\mathcal{E}_S(AF* \uplus AF) = \mathcal{E}_S(AF*)$，则称相对于语义 S，论辩框架 $AF*$ 是有污染的框架。

明显地，当需要将多个论辩框架合并起来进行考察时，有污染存在的框架强烈违背了我们关于"不交的框架间不应相互影响"的直觉，因此，我们希望被合并后的论辩框架的语义具有防撞性。

定义 10.23（防撞性，crash resistance） 如果相对于语义 S，框架 AF 中不存在有污染的子框架，则称语义 S 具有防撞性。

进一步，我们可验证：在任何带有自我攻击论辩框架中都不存在稳定语义外延，因此，稳定语义不满足防撞性，使得语义结果为空（注意，不存在某语义外延与该语义论证外延为空集的不同），但其余三种经典语义均具有防撞性。

正如文献 [230] 指出：防撞性只是排除了不交子图之间最"残酷"的干涉形

式，但子框架间的这类不交形式，并不是直观上各个框架间完全孤立的形式，它们只是论证集间没有公共部分，但论证间依然可以存在攻击关系，因而，防撞性并不能阻止这些论证集间以不太激烈 (但仍违反直觉) 的方式相互影响。如果我们需要描述合并后的框架中各个子框架间是完全孤立，使得它们的语义结果具有独立性，那么，下面关于框架孤立的概念和语义的无干扰性可以满足这个要求。

定义 10.24 给定论辩框架 $AF = \langle Arg_1, \rightarrow \rangle$，论证集 $\Delta \subseteq Arg$ 在 AF 中是孤立的，当且仅当，$\rightarrow \cap ((\Delta \times (Arg \setminus \Delta)) \cup ((Arg \setminus \Delta) \times \Delta)) = \varnothing$。

简言之，如果一个论证集不攻击其外部的论证，也不被外部论证所攻击，那么它就是孤立的。

定义 10.25（无干扰性, non interference） 给定任意论辩框架 $AF = \langle Arg_1, \rightarrow \rangle$，$\Delta$ 是其上任一个孤立的论证集，若相对于论辩 S，都有：$A\mathcal{E}_S(AF, \Delta) = \mathcal{E}_S(AF \downarrow_\Delta)$，相对于语义 S，框架 AF 中不存在有污染的子框架，则称语义 S 具有无干扰性。其中 $A\mathcal{E}_S(AF, \Delta) = \{(\Delta' \cap \Delta) \mid \Delta' \in A\mathcal{E}_S(AF)\}$，$AF \downarrow_\Delta$ 是框架 AF 被限制到子论证集 Δ 及其相应攻击关系的论辩框架，即 $AF \downarrow_\Delta = \langle \Delta, \rightarrow \cap (\Delta \times \Delta) \rangle$。

同样，由于当带有自我攻击式论证集是孤立的，那么，将这样论证集并入到其他论辩框架中，将依然会导致在合并后的论辩框架中，其稳定语义外延不存在，因此，稳定语义不具有无干扰性。另外，无干扰性强于防撞性，从而，我们不难推知，其他三种语义满足无干扰性。

表 10.1 说明四种经典论辩与上述性质间的满足关系，相应的性质被满足用 $\sqrt{}$ 表示，否则用 × 表示。

表 10.1 语义性质图表

	基底语义	完全语义	稳定语义	优先语义
可相容性	√	√	√	√
复原性	√	√	√	√
I-极大性	√	×	√	√
可弃权性	×	√	×	×
防撞性	√	√	×	√
无干扰性	√	√	×	√

10.4 结 论

本章我们通过实例分析向读者揭示出形式论辩系统的基本思想和要素，由此展开对于 Dung 抽象论辩理论的阐述。该理论假设一组由二元排序关系（攻击）的论点，然后定义几种"语义"，也就是说，所有论证的子集应当满足的属性是合理的或可防御的。值得注意的是，这种论辩不同于标准一阶逻辑的语义，它不是基于真的概念：因为论辩系统形式化的是可废止性推理，不关心命题的真值，而

10.4 结　论

是接受命题为真的正当性。特别是，如果有一个命题被证明是合理的，那么就有理由接受这个命题为真。

如前所述，文献 [64] 提出的完全抽象方法是研究可废止论证的一个重大创新，以一般方式捕获了论证可接受性的本质核心，为研究各种论辩系统提供了一个优雅的总体框架。此外，由于文献 [64] 通过证明人工智能和逻辑程序设计中的非单调推理只是一种论证形式，这使得抽象论辩理论可以成为研究人工智能、哲学和逻辑程序设计中不同的知识表示和推理方法的基础平台。

不过，由于该论辩框架的完全抽象性，略去了框架中每个论证的内部结构和攻击关系的性质，使得抽象论辩理论与现实世界中的论证之间仍有一道需要跨越的鸿沟，从而留给特定系统的开发人员许多有待开发的理论。特别地，研究者和开发人员必须定义一个论证的内部结构、论证冲突的方式及攻击关系的起源。第 11 章我们所要讨论的、具有结构化论证的框架理论，就是实现抽象论辩用于实践推理的一个成功典范理论。

第 11 章 结构化的抽象论辩框架

11.1 引　言

　　文献 [64] 提出的抽象论辩框架与论辩语义为形式论证系统提供了一种论证评估的方法，然而，正如 10.4 节所指出的，抽象论辩理论与现实世界中的论证或论辩之间横亘着许多有待解决的问题，例如：在对现实论证进行形式刻画时，论证的内部结构如何表示，论证之间的支持关系如何处理？论证之间的冲突关系如何产生，有哪几种冲突方式？此外，如何根据论证和论证之间的冲突关系，确定其中有效的攻击，并得到一个可用于论证评估的抽象论辩框架？

　　结构化论证系统试图回答上述问题，并在抽象论证与现实论证之间架起桥梁。目前较有代表性的结构化论证形式体系包括 Prakken 等提出的 $ASPIC^+$ 框架[227,238]、Dung 等提出的基于假设的论证框架（ABA 框架）[239,240]、García 等提出的可废止逻辑编程系统（$DeLP$ 系统）[241,242]，以及 Besnard 等提出的基于经典逻辑的论证系统[243-245]等。

　　本章内容主要对 $ASPIC^+$ 框架进行介绍。

11.2　$ASPIC^+$ 框架的基本设定

　　$ASPIC^+$ 框架的命名源于欧盟科研项目"集成组件论证服务平台"（argumentation service platform with integrated components）[246,247]，并且在该项目的研究过程中形成了雏形，其基本思路如下。

　　首先，根据一种用于知识表示的底层逻辑语言，已知信息可以表示为一个公式集，称为知识库。以知识库中的元素为构造论证的初始前提，通过规则联结，可以生成论证。其次，对论证之间的冲突关系及偏好关系进行识别，得到最终可成立的攻击关系集合。根据论证集合和攻击关系的集合，就可以得到 Dung 式的抽象论辩框架，从而可以基于论辩语义进行论证评估，得到可同时接受的论证的集合（也称为外延）。最后，根据可接受论证的集合，获得相关结论的集合。

　　通过上述过程，形式论辩系统可以完成一个从具体论证出发，进入抽象论证评估，并最后回到具体的论证及其结论输出的程序。

　　在 ASPIC 项目完成之后，Modgil 和 Prakken 在项目成果的基础上继续进行了一些细化和扩展，并将他们所给出的结构化论证系统命名为 $ASPIC^+$ 框架。

11.2　ASPIC⁺ 框架的基本设定

下面我们主要参考文献 [227]、[238]、[228]，具体介绍 ASPIC⁺ 框架中的一些基本概念。

基于上述设定，ASPIC⁺ 框架不指定底层逻辑语言，但对所使用的语言给出一定的要求。一个逻辑语言 $\mathcal{L}$ 的基本要求是满足在否定符 "¬"，即矛盾关系（contradiction）下闭合。也就是说，若有一个元素 φ 在 $\mathcal{L}$ 中，那么一定有与之相应的 $\neg \varphi$ 在 $\mathcal{L}$ 中。另外，参照文献 [227] 和 [238]，上述矛盾关系可以延伸为反对关系（contrariness），用符号 "‾" 表示，这一设定借鉴了 ABA 框架中的做法[239]。Prakken 认为，这样可以使得 ASPIC⁺ 框架能够刻画一种不对称的攻击关系[227]。

其次，在推理规则方面，ASPIC⁺ 框架中将推理规则集 $\mathcal{R}$ 中的规则区分为两种，即硬性规则（strict rules）和可废止规则（defeasible rules）。前者表示确定性的推理关系，后者表示可废止的推理关系。由于可废止规则可能受到一些论证的攻击，因此 ASPIC⁺ 框架中规定给每条可废止规则指派一个唯一的名称。这个方法主要借鉴了 Pollock 在文献 [248] 中的做法，即用 "$n(r)$" 表示一条可废止规则 r 可应用。

由此，ASPIC⁺ 框架下的一个论证系统可定义如下。

定义 11.1（论证系统）　论证系统 AS 是一个四元组 $AS = (\mathcal{L}, ^-, \mathcal{R}, n)$，其中

- $\mathcal{L}$ 是一种逻辑语言。
- $^-$ 是一个从 $\mathcal{L}$ 到 $2^{\mathcal{L}}$ 的函数，使得
  (1) φ 是 ψ 的反对，如果 $\varphi \in \overline{\psi}$，但 $\psi \notin \overline{\varphi}$;
  (2) φ 是 ψ 的矛盾，如果 $\varphi \in \overline{\psi}$，且 $\psi \in \overline{\varphi}$;①
  (3) 对于 $\mathcal{L}$ 中的任意元素 φ，至少存在一个与之对应的矛盾元素。②
- 规则集 $\mathcal{R} = \mathcal{R}_s \cup \mathcal{R}_d$ 且 $\mathcal{R}_s \cap \mathcal{R}_d = \varnothing$，其中 $\mathcal{R}_s$ 是硬性规则集，其推理形式为 $\varphi_1, \cdots, \varphi_n \rightarrow \varphi$；$\mathcal{R}_d$ 是可废止规则集，其推理形式为 $\varphi_1, \cdots, \varphi_n \Rightarrow \varphi$（$\varphi_i, \varphi$ 都是 $\mathcal{L}$ 中的元素）。
- n 是可废止规则的一个命名函数，给每条可废止规则指派一个唯一的名称，使得 $n : \mathcal{R}_d \rightarrow \mathcal{L}$。

知识库 $\mathcal{K}$ 中的元素是论证构造的前提。ASPIC⁺ 框架中将前提分为公理性前提（axioms premises）和普通前提（ordinary premises）。公理性前提是确定性的知识，不能受到攻击（指在论证中不能作为被攻击点）；普通前提则是不确定性的知识，可以受到攻击。由此，一个论证系统的知识库可以定义如下。

定义 11.2（知识库）　给定一个论证系统 $AS = (\mathcal{L}, ^-, \mathcal{R}, n)$，$\mathcal{K} \subseteq \mathcal{L}$ 是该

---

① 这种情况通常可记为 $\psi = -\varphi$。
② 另外，经典的否定关系可以视为：$\neg\varphi \in \overline{\varphi}$，且 $\varphi \in \overline{\neg\varphi}$[227]。

论证系统的知识库，使得 $\mathcal{K} = \mathcal{K}_n \cup \mathcal{K}_p$ 且 $\mathcal{K}_n \cap \mathcal{K}_p = \varnothing$，其中 $\mathcal{K}_n$ 是公理性前提集，$\mathcal{K}_p$ 是普通前提集。一个论证系统 AS 及其知识库 $\mathcal{K}$ 可以合称为一个论证理论（AT）。

基于一个论证理论，可以开始构造论证。参照文献 [238]，下文用 $Prem(A)$ 表示构成一个论证 A 的前提集，$Conc(A)$ 表示论证 A 的结论集，$Sub(A)$ 表示论证 A 的子论证集，$DefRules(A)$ 表示构建论证 A 所使用的可废止规则集，$TopRule(A)$ 表示构建论证 A 所使用的最后一条规则，基于 $ASPIC^+$ 框架构造的论证可定义如下。

定义 11.3（论证） 给定一个论证系统 $AS = (\mathcal{L}, ^-, \mathcal{R}, n)$ 及知识库 $\mathcal{K} \subseteq \mathcal{L}$，基于该论证理论的一个论证 A 具有以下几种形式之一：

(1) φ，如果 $\varphi \in \mathcal{K}$ 且 $Prem(A) = \{\varphi\}$，$Conc(A) = \varphi$，$Sub(A) = \{\varphi\}$，$DefRules(A) = \varnothing$，$TopRule(A) =$ 未定义；

(2) $A_1, \cdots, A_n \to \psi$，如果 $A_1, \cdots, A_n$ 是论证，使得 $\mathcal{R}_s$ 中存在一条硬性规则 $Conc(A_1), \cdots, Conc(A_n) \to \psi$，且 $Prem(A) = Prem(A_1) \cup \cdots \cup Prem(A_n)$，$Conc(A) = \psi$，$Sub(A) = Sub(A_1) \cup \cdots \cup Sub(A_n) \cup \{A\}$，$DefRules(A) = DefRules(A_1) \cup \cdots \cup DefRules(A_n)$，$TopRule(A) = Conc(A_1) \cdots Conc(A_n) \to \psi$；

(3) $A_1, \cdots, A_n \Rightarrow \psi$，如果 $A_1, \cdots, A_n$ 是论证，使得 $\mathcal{R}_d$ 中存在一条可废止规则 $Conc(A_1), \cdots, Conc(A_n) \Rightarrow \psi$，且 $Prem(A) = Prem(A_1) \cup \cdots \cup Prem(A_n)$，$Conc(A) = \psi$，$Sub(A) = Sub(A_1) \cup \cdots \cup Sub(A_n) \cup \{A\}$，$DefRules(A) = DefRules(A_1) \cup \cdots \cup DefRules(A_n) \cup \{Conc(A_1), \cdots, Conc(A_n) \Rightarrow \psi\}$，$TopRule(A) = Conc(A_1) \cdots Conc(A_n) \Rightarrow \psi$。

根据论证的定义，可以确定一个论证系统中论证的集合。下一个关键问题就是确定论证之间的冲突关系，以及如何决定哪些冲突关系属于"成功的"攻击。下文基于 $ASPIC^+$ 相关文献中的惯例，将论证之间的冲突关系称为"攻击"（attack），将那些基于偏好被保留下来的、成功的攻击称为"击败"（defeat）[①]。在基于 $ASPIC^+$ 框架的论证系统中，击败关系的集合构成 Dung 式抽象论辩框架中的攻击关系集合。

$ASPIC^+$ 框架中给出了三种类型的攻击关系，分别为反驳、底切及破坏，可分别定义如下。

定义 11.4（攻击关系） 给定一个论证理论 $AT = (AS, \mathcal{K})$，A, B 是基于该理论构造的论证。论证 A 攻击论证 B，当且仅当 A 反驳、底切或破坏 B，其中：

- A 底切 B 于论证 B'，当且仅当 $B' \in Sub(B)$，使得 $TopRule(B') = r$ 且

[①] 注意汉语字面意义上的"击败"通常是不对称的，但这里当我们说论证 A 击败论证 B 时，并不意味着论证 B 不会同时击败论证 A，只有"严格地击败"才是单向的。

11.2 ASPIC$^+$ 框架的基本设定

$r \in \mathcal{R}_d$, $Conc(A) = \overline{n(r)}$①;

- A 反驳 B 于论证 B'，当且仅当 $B' \in Sub(B)$，使得 B' 的形式为 "$B''_1, \cdots, B''_n \Rightarrow \varphi$"，且 $Conc(A) \in \overline{\varphi}$。当且仅当 $Conc(A)$ 是 φ 的反对时，称论证 A 反对-反驳（contrary-rebut）论证 B；
- A 破坏 B 于论证 B'，当且仅当 $B' = \varphi$，使得 $\varphi \in Prem(B) \cap \mathcal{K}_p$，且 $Conc(A) \in \overline{\varphi}$。当且仅当 $Conc(A)$ 是 φ 的反对时，称论证 A 反对-破坏（contrary-undermine）论证 B。

可以看到，上述定义回答了论证之间有哪些冲突类型。在 ASPIC$^+$ 框架下，论证间的攻击是否成功取决于普通前提集和可废止规则集中的优先关系。根据优先关系，可以"提升"出论证之间的偏好（preferences）关系，记为 $\preceq$。$\preceq$ 可以视为论证集上的一个预序，由此：

$A \preceq B$，当且仅当论证 B 至少和论证 A 一样优先；
$A \prec B$，当且仅当 $A \preceq B$ 且 $B \not\preceq A$；
$A \approx B$，当且仅当 $A \preceq B$ 且 $B \preceq A$。

定义 11.4 中所给出的攻击关系又可以分为"偏好独立的"（preference independent）和"偏好依赖的"（preference dependent）两种类型，偏好依赖的攻击是否成为击败关系依据 $\preceq$ 来判定，定义如下。

定义 11.5（击败关系） 设论证 A 攻击论证 B 于论证 $B' \in Sub(B)$。如果 A 底切、反对-反驳，或反对-破坏 B 于 B'，那么可称 A 偏好独立地攻击 B 于 B'，否则，称 A 偏好依赖地攻击 B 于 B'。那么 A 击败 B，当且仅当：

(1) A 偏好独立地攻击 B 于 B'；或者
(2) A 偏好依赖攻击 B 于 B'，并且 $A \not\prec B'$。

我们说 A 严格地击败（strictly defeat）B，当且仅当 A 击败 B，而 B 不可击败 A。

根据对普通前提集 $\mathcal{K}_p$ 和可废止规则集 $\mathcal{R}_d$ 中元素的优先关系进行排序，首先我们需要在集合意义上比较优先关系。ASPIC$^+$ 框架中使用了"民主"（democratic）和"精英"（elitist）两种比较方法。参考文献 [238]，本章采用 $\trianglelefteq_s$（$s = Eli$ 或 Dem）表示集合之间的优先关系，$\trianglelefteq_{Eli}$ 和 $\trianglelefteq_{Dem}$ 分别表示精英的和民主的优先关系，这两种方法可定义如下。

定义 11.6（集合之间的优先关系） 设 $\varGamma$ 和 $\varGamma'$ 是两个有穷集合，集合之间的优先关系 $\trianglelefteq_s$ 如下：

(1) 如果 $\varGamma = \varnothing$，那么 $\varGamma \not\trianglelefteq_s \varGamma'$；
(2) 如果 $\varGamma' = \varnothing$ 且 $\varGamma \neq \varnothing$，那么 $\varGamma \trianglelefteq_s \varGamma'$；或者

---

① $\overline{n(r)}$ 表示否定一条可废止规则 r 可应用。

(3) 假定 $\leqslant$ 是 $\Gamma \cup \Gamma'$ 上的预序关系，如果 $s = Eli$，那么 $\Gamma \trianglelefteq_{Eli} \Gamma'$，若 $\exists x \in \Gamma$，使得 $\forall y \in \Gamma'$，$x \leqslant y$；或者

(4) 假定 $\leqslant$ 是 $\Gamma \cup \Gamma'$ 上的预序关系，如果 $s = Dem$，那么 $\Gamma \trianglelefteq_{Dem} \Gamma'$，若 $\forall x \in \Gamma$，$\exists y \in \Gamma'$，使得 $x \leqslant y$。

当且仅当 $\Gamma \trianglelefteq_s \Gamma'$ 且 $\Gamma' \not\trianglelefteq_s \Gamma$ 时，$\Gamma \triangleleft_s \Gamma'$。

在民主和精英方法的基础上，论证间的偏好关系又可以基于两个原则获得，分别是"最弱链原则"(weakest link principle) 和"最后链原则"(last link principle)。最弱链原则考虑的是结构化论证系统中的论证所包含的所有不确定因素，最后链原则考虑的则是这些论证中最末尾的不确定因素。用 $Prem_p$ 表示一个论证的普通前提集，下文分别给出了两种原则的定义。

定义 11.7（最弱链原则） 设有 A、B 两个论证，$s \in \{Eli, Dem\}$。根据最弱链原则，论证 $A \preceq B$，当且仅当存在下述三种情况之一：

(1) 若 $DefRules(A) \cup DefRules(B) = \varnothing$[①]，那么 $Prem_p(A) \trianglelefteq_s Prem_p(B)$；

(2) 若 $Prem(A) \cup Prem(B) \subseteq \mathcal{K}_n$[②]，那么 $DefRules(A) \trianglelefteq_s DefRules(B)$；

(3) $Prem_p(A) \trianglelefteq_s Prem_p(B)$ 且 $DefRules(A) \trianglelefteq_s DefRules(B)$。

要定义最后链原则，首先需要给出关于"最后链"的定义。

定义 11.8（最后链） 设 A 是一个论证，$LastDefRules(A)$ 表示 A 的最后链集合，那么：

- $LastDefRules(A) = \varnothing$，当且仅当 $DefRules(A) = \varnothing$；
- 如果 A 的形式为 $A = A_1, \cdots, A_n \Rightarrow \psi$[③]，则
  $LastDefRules(A) = \{Conc(A_1), \cdots, Conc(A_n) \Rightarrow \psi\}$；否则
  $LastDefRules(A) = LastDefRules(A_1) \cup \cdots \cup LastDefRules(A_n)$。

定义 11.9（最后链原则） 设有 A、B 两个论证，$s \in \{Eli, Dem\}$。根据最后链原则，论证 $A \preceq B$，当且仅当

(1) $LastDefRules(A) \trianglelefteq_s LastDefRules(B)$；或者

(2) $LastDefRules(A) = \varnothing$，$LastDefRules(B) = \varnothing$，且 $Prem_p(A) \trianglelefteq_s Prem_p(B)$。

至此，我们可以定义一个结构化论证框架。

定义 11.10（结构化论证框架） 设 $AT = (AS, \mathcal{K})$ 是一个论证理论，那么

(1) 一个基于 AT 的结构化论证框架 SAF 可表示为三元组 $(\mathcal{A}, \mathcal{C}, \preceq)$，其中 $\mathcal{A}$ 是基于 AT 所构建的所有论证的集合；设论证 $A, B \in \mathcal{A}$，$(A, B) \in \mathcal{C}$ 当且仅当 A 攻击 B；$\preceq$ 是 $\mathcal{A}$ 上的一个排序。

[①] 即论证 A、B 中都不包含可废止规则，也可以称 A、B 都是硬性的（strict）论证[238]。

[②] 即论证 A、B 中都只包含公理性前提，也可以称 A、B 都是可靠的（firm）论证[238]。

[③] 参考定义 11.3，$A_1, \cdots, A_n$ 是 A 的子论证。

(2) 令 $\Delta = (\mathcal{A}, \mathcal{C}, \preceq)$ 是一个结构化论证框架，$\mathcal{D} \subseteq \mathcal{A} \times \mathcal{A}$ 是根据定义 11.5 所得的击败关系的集合。由此，与 Δ 相应的抽象论辩框架 AF 可记为 $AF_\Delta = \langle \mathcal{A}, \mathcal{D} \rangle$。

基于一个抽象论辩框架 AF_Δ，我们就可以根据论辩语义进行论证评估，得出哪些论证是可接受/可辩护的，相关的具体内容已在第 10 章进行了详细的介绍。

11.3 理性公设

根据 $ASPIC^+$ 框架的设计思路，在完成论证评估过程后，可以得到可接受的论证外延，并由此得到可接受的结论集合。为了确保论证系统所得到的结论是合乎理性的，$ASPIC^+$ 框架中还对其各个组件的性质提出了一些要求，其中的细节不再赘述，读者可查阅文献 [238] 以作参考。

在文献 [237] 中，ASPIC 项目的参与者 Caminada 等提出了几条性质，称为理性公设（rationality postulates），并指出这是一个基于规则的论证系统所应该满足的几条基本性质。理性公设主要包括四条，分别为：子论证封闭性（subargument closure）、硬性规则封闭性（closure under strict rules）、直接一致性（direct consistency）和间接一致性（indirect consistency）。为了对这几条理性公设进行介绍，我们先将关于一致性的概念定义如下。

定义 11.11（**直接一致性和间接一致性**） 给定一个论证系统 $AS = (\mathcal{L}, ^-, \mathcal{R}, n)$，对于任意 $P \subseteq \mathcal{L}$：

- P 的硬性规则闭包记为 $Cl_{\mathcal{R}_s}(P)$，它是满足下述条件的最小集合：
  - 若存在 $\varphi_1, \cdots, \varphi_n \in P$ 且 $\varphi_1, \cdots, \varphi_n \to \psi \in \mathcal{R}_s$（$\varphi_i, \varphi$ 都是 $\mathcal{L}$ 中的元素），那么 $\psi \in Cl_{\mathcal{R}_s}(P)$。
- P 满足：
  - （1）直接一致性，当且仅当 $\not\exists \varphi, \psi \in P$，使得 $\varphi \in \overline{\psi}$；
  - （2）间接一致性，当且仅当 $Cl_{\mathcal{R}_s}(P)$ 是直接一致的。

我们用 E 表示论证系统在论证评估之后所得到的一个外延，$Concs(E)$ 表示由 E 得到的结论集合，文献 [237] 所提出的理性公设要求 E 和 $Concs(E)$ 应满足下述四条基本性质：

子论证封闭性 对于论证系统中的任意论证 A，如果 A 在外延 E 中，那么其子论证也都在外延 E 中；

硬性规则封闭性 对于 E 中的所有论证，基于这些论证的结论和论证系统中的硬性规则而构建的所有论证都包含在 E 中；

直接一致性 $Concs(E)$ 是直接一致的；

间接一致性 $Concs(E)$ 是间接一致的。

对论证系统提出这些性质上的要求，主要是为了避免其产生反直觉的结论。例如，A 和 B 两人之间进行了如下关于"John 是否是罪犯"的辩论：

A："John 是一个罪犯。"

B："John 被陷害了，他是无罪的，所以他不是罪犯。"

我们用 $criminal(John), framed(John), innocent(John), \neg criminal(John)$ 分别表示"John 是罪犯"，"John 被陷害"，"John 是无罪的"，和"John 不是罪犯"，可以得到一个论证理论 $AT = (\mathcal{L}, ^-, \mathcal{R}, n, \mathcal{K})$，其中 $\mathcal{L} = \{criminal(John), framed(John), innocent(John), \neg criminal(John)\}$，而"John 是无罪的所以不是罪犯"可以视为一条硬性规则，那么硬性规则集 $\mathcal{R}_s = \{innocent(John) \to \neg criminal(John)\}$。由此可以构造如下几个论证：

$A_1 : criminal(John)$ $\qquad\qquad B_1 : framed(John)$

$B_2 : B_1 \to innocent(John)$ $\qquad B_3 : B_2 \to \neg criminal(John)$

基于相应的论证理论，满足子论证封闭性，要求得到的外延中若包含论证 B_3，则必须包含其子论证 B_1 和 B_2；满足硬性规则封闭性，要求外延中若包含论证 B_2，那么也必须包含通过 B_2 的结论和硬性规则构成的论证 B_3。此外，显然 $criminal(John) \in \overline{\neg criminal(John)}$ 且 $\neg criminal(John) \in \overline{criminal(John)}$。因此，满足直接一致性要求最后得到的结论集合中不能同时出现 $criminal(John)$ 和 $\neg criminal(John)$，而满足间接一致性要求最后得到的结论集合中也不能同时出现 $criminal(John)$ 和 $innocent(John)$，因为后者可以通过硬性规则推出 $\neg criminal(John)$ [或者说 $\neg criminal(John)$ 属于包含 $innocent(John)$ 的结论集的硬性规则闭包]。从实际意义上来看，同时得出"John 是无罪的"和"John 是罪犯"这两个结论也是违背直觉的。

在关于论证系统攻击关系的定义 11.4 中，只有最末的推理规则是可废止规则的论证，其结论才可以受到反驳。这种反驳关系的设定被称为"限制性反驳"(restricted rebutting)。一方面，这样设定是因为硬性规则代表着一种确定性推理，基于"前提真则结论真"的这一直觉，不支持反驳硬性规则的结论；另一方面，这是为了保证论证系统的结论集不违反间接一致性[228]。那么，当出现结论与一条硬性规则的结论相矛盾/反对的论证时，一种常见解决方案是使论证系统中的硬性规则集在逆否（transposition）或对置（contraposition）条件下闭合，定义如下。

定义 11.12（逆否/对置） 给定一个论证系统 $AS = (\mathcal{L}, ^-, \mathcal{R}, n)$，使得

(1) AS 在逆否条件下闭合，当且仅当如果存在规则 $\varphi_1, \cdots, \varphi_n \to \psi \in \mathcal{R}_s$，那么对任意 $i = 1, \cdots, n$，都有其逆否规则 $\varphi_1, \cdots, \varphi_{i-1}, -\psi, \varphi_{i+1}, \cdots, \varphi_n \to -\varphi_i \in \mathcal{R}_s$；

(2) AS 在对置条件下闭合，当且仅当对所有集合 $P \subseteq \mathcal{L}$，$\varphi \in P$，$\psi \in \mathcal{L}$，如果 $P \vdash \psi$[①]，那么 $P \setminus \{\varphi\} \cup \{-\psi\} \vdash -\varphi$。

11.4 $ASPIC^+$ 框架的特点及一些变体/扩展

最后，我们简要总结 $ASPIC^+$ 框架的一些特点。

$ASPIC^+$ 框架主要基于两条设计理念：① 可以根据优先关系，判定论证之间的冲突是否能够成为击败关系；② 论证基于硬性规则和可废止规则两种推理规则进行构建。前者的前提真可以保证结论真，后者的前提真则只能对结论真提供一种推定性的支持。$ASPIC^+$ 框架因此可以称为一种基于规则的论证形式体系。

另外，$ASPIC^+$ 本身是一个"框架"，它不指定逻辑语言，只给出对逻辑语言及其他各个组成部分的要求，因此可以根据具体的需要对其进行实例化的扩展，从而构建所需的论证理论。

在类似的基本设定下，也有许多研究者提出了一些相关的结构化论证框架，例如，Caminada 在文献 [249] 中提出了一个简化版框架，命名为 $ASPIC^-$ 框架，吴伊宁等在文献 [250] 中构建了一个基于经典逻辑的类似论证框架，称为 $ASPIC^{lite}$ 框架，Heyninck 等在文献 [251] 中定义了一种新的攻击关系，并提出了 $ASPIC^{\ominus}$ 框架。

11.5 广式早茶说理"家吵屋闭"案例的刻画

基于 $ASPIC^+$ 框架，下文分别刻画了本书第一篇中运用广义论证理论所分析的广式早茶说理案例，以及第二篇中运用论辩挖掘方法结合图尔明模型所分析的法庭判例摘要文本。

本书第 2 章及文献 [26] 在广式早茶交际的情境下，分析了 XL 和 CE 两位茶客之间的争辩说理。争辩的起因是茶客 XL 抱怨自己的妻子无理取闹，而茶客 CE 试图通过"家和万事兴，家衰口不停"的思想劝说 XL 迁就妻子。参考这一案例，其中的论证结构和攻击关系如图 11.1 所示。

根据图 11.1 及定义 11.4 和定义 11.5，在"家吵屋闭"这一案例中，茶客 XL 所提出的论证 A 与茶客 CE 所提出的论证 B 互相反驳，根据语境，假设这两个论证之间的偏好相等，那么它们互相击败；但是，CE 的论证随后被 XL 提出的论证 D 底切于子论证 C_2，并被 XL 提出的另一论证 F 反对-反驳于子论证 E。由此 CE 所提出的论证 B 及其子论证 C、E 被击败[②]，并且没有其他论证为它们辩护；而 XL 所提出

[①] $\vdash$ 表示基于硬性规则推出。
[②] 但子论证 C_1、E_1、E_2 未受到攻击，因此最后是可接受的。

的论证 A 得到论证 D 和 F 的辩护,这些论证可接受。因而最后,与前文所分析的结果相同,茶客 XL 赢得了这场辩论。基于文献 [64] 中所给出的几种基本论辩语义[①],该案例中可接受的论证外延为 $\{A, D, F, A_1, A_2, A_3, C_1, D_1, D_2, E_1, E_2, F_1, F_2\}$。

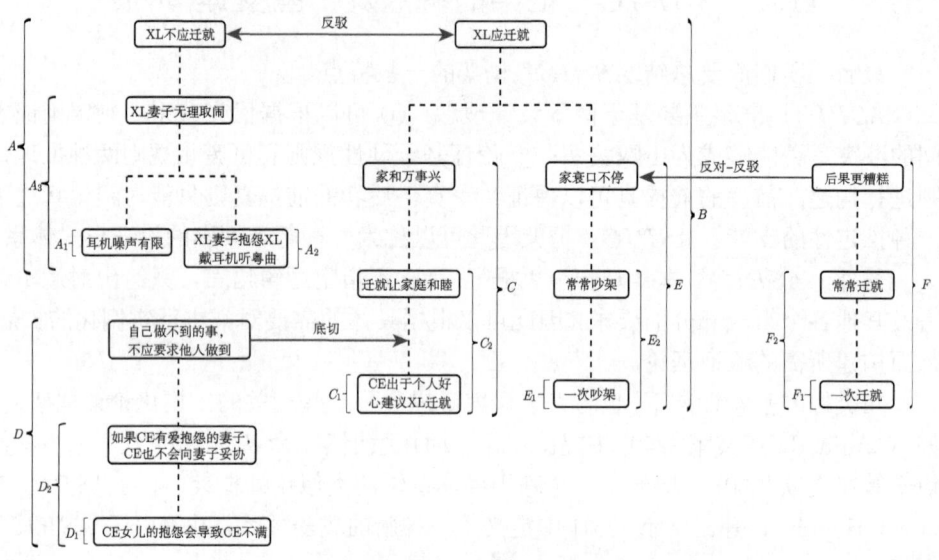

图 11.1　"家吵屋闭"案例的结构化论证分析

根据这些论证的结论,可以得出这次争辩中最后可接受的结论是:"XL 妻子抱怨 XL 戴耳机听粤曲""耳机噪声有限""XL 妻子无理取闹";"CE 出于个人好心建议 XL 迁就""CE 女儿的抱怨会导致 CE 不满""如果 CE 有爱抱怨的妻子,CE 也不会向妻子妥协""自己做不到的事,不应要求他人做到";"一次吵架"(就会导致)"常常吵架","一次迁就"(就会导致)"常常迁就","(迁就)后果更糟糕","XL 不应迁就"。

从上述案例的刻画可以看出,以形式论证系统处理自然语言论证/论辩,所得到的结论与基于广义论证理论分析的结果一致。同时需注意的是,自然语言论证建模的合理性必须立足于具体语境,并对论证的结构进行合理分析。此外,也不能忽视目前的形式论证系统丢失许多重要语用信息的问题。由于与自然语言论证之间存在这种隔阂,现有的形式论证系统在实际应用上依然存在许多障碍。这是目前形式论证系统所存在的主要问题之一,也是我们在设计更自然、更合理且能够更好地捕捉人类论证/论辩过程的论证系统的道路上所必须解决的问题之一。

[①] 在该案例所得到的抽象论辩框架中,完全/优先/稳定/基语义这几个基本语义下所得到的外延相同。

11.6 法庭判例摘要文本的刻画

本书第二篇选取了法律文本中的一种常见形式，即"判例摘要"，采用图尔明模型，通过机器学习的方法对论辩的元素进行识别和提取。通过论辩挖掘，我们能够提取出摘要文本中的论辩元素及它们之间的关系。下面我们采用机器学习模型对一则语料库文本（Citation. 22 Ill.131 S. Ct. 483, 178 L. Ed.2d 283 (2010) [2010 BL 240590]）所提取的内容进行了分析。和上文不同的是，这里论辩元素和关系均是机器学习模型的结果。

在该案例中，被告 Elliot 被判违反美国《诈骗影响和腐败组织法案》（简称《RICO 法案》）。基于该法案的诉讼要求举证参与者同意实施多项上游犯罪。被告对此提出了上诉，理由是：审判中的证据表明，案件中存在多项不同的密谋，而非一项共谋。由此，主要的争论点（issue）在于：在 RICO 类案件的定罪中，是否要求每个阴谋犯罪的参与者都同意实施被诉的共谋中所计划的每一项实质性犯罪？

最终，法庭的判决结果（holding）对此表示否定，相关陈述的译文如下：

"否。要判定被诉 RICO 案件中的阴谋罪成立，仅需证明被告的阴谋参与者同意通过实施两项或多项上游犯罪，以实现发展犯罪企业的目的。每个被告人不必都参与密谋并实施犯罪企业所犯下的每一种罪行。反之，要裁定一项共谋，必然有证据表明在总体目标上所形成的共识。本案中的证据表明，每位被告在过去的几年中都为了促进犯罪企业的发展而实施了多次敲诈行为，从中可以毫无疑问地推断出此种共识的存在。"（最后的两个不属于关于判决的主要论证的句子在此省略）

援引第二篇中针对上述文本的标注，可以对其中的语句作出如下归类：

主张（claim）：否。

正当理由（warrant）：要判定被诉 RICO 案件中的阴谋罪成立，仅需证明被告的阴谋参与者同意通过实施两项或多项上游犯罪，以实现发展犯罪企业的目的。

正当理由：每个被告人不必都参与密谋并实施犯罪企业所犯下的每一种罪行。

正当理由：反之，要裁定一项共谋，必然有证据表明在总体目标上所形成的共识。

予料（datum）：本案中的证据表明，每位被告在过去的几年中都为了促进犯罪企业的发展而实施了多次敲诈行为，从中可以毫无疑问地推断出此种共识的存在。

根据语料，被告上诉的理由和判决结果的陈述中分别提及了一些相关证据作为推理依据，从论辩挖掘模型中我们无从知晓本案审理过程中具体给出了哪些证据，因此，这里在刻画时分别以"相关证据 X"和"相关证据 Y"指代辩方和检方所依据的证据集。

基于 $ASPIC^+$ 框架，上述案例可以刻画为如图 11.2 所示的结构化论证及攻击关系。其中，关于初始判决的论证记为 A，被告上诉的论证记为 B（其子论证分别记为 B_1 和 B_2），关于判决结果的论证记为 C，"予料"所构成的论证记为 D（其子论证分别记为 D_1 和 D_2），"正当理由"所构成的论证分别记为 W_1，W_2 和 W_3[①]。

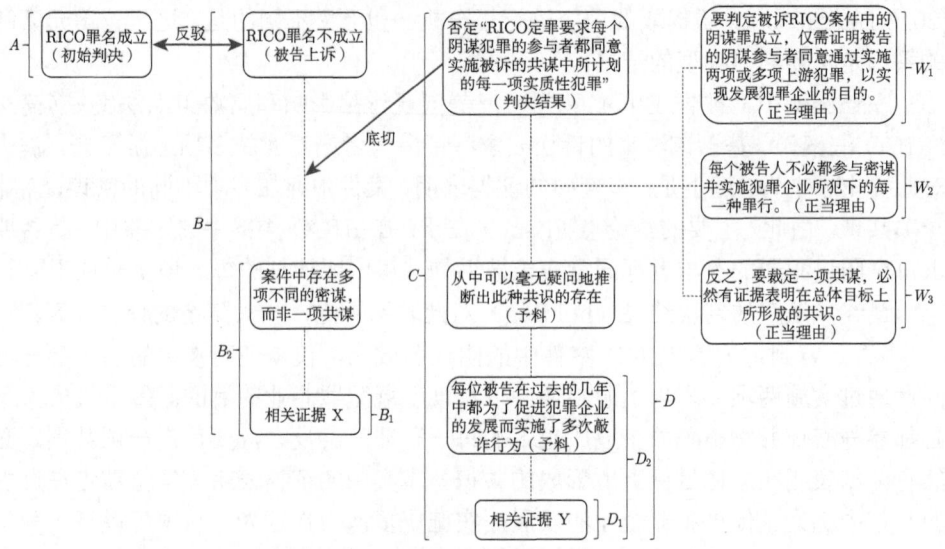

图 11.2　法庭判例的结构化论证分析

根据语境，我们假设论证 A,B 之间的偏好关系为 $A \approx B$，因此 A,B 之间的互相攻击都属于击败关系；而论证 C 对论证 B 的攻击是偏好独立的，因此也属于击败关系（参见定义 11.5）。从而，基于论证之间的攻击关系和几种基本论辩语义[②]，图 11.2 所示的结构化论证框架中可接受的论证集合为 $\{A, B_1, B_2, C, D, D_1, D_2, W_1, W_2, W_3\}$。相应的结论分别为：（根据）"相关证据 X"，"案件中存在多项不同的密谋，而非一项共谋"；（根据）"相关证据 Y"，"每位被告在过去的几年中都为了促进犯罪企业的发展而实施了多次敲诈行为"（予料），"从中可以毫无疑问地推断出此种共识的存在"（予料）；"要判定被诉 RICO 案件中的阴谋罪成立，仅需证明被告的阴谋参与者同意通过实施两项或多项上游犯罪，以实现发展犯罪企业的目的"（正当理由），"每个被告人不必都参与密谋并实施犯罪企业所犯下

---

① 由于 $ASPIC^+$ 框架未细致到关于"正当关系"成分的刻画，此处依据图尔明模型的基本理念，暂且将"正当关系"也处理为一种子论证。

② 完全/优先/稳定/基语义下所得到的外延相同。

的每一种罪行"（正当理由），"反之，要裁定一项共谋，必然有证据表明在总体目标上所形成的共识"（正当理由）；"否定'RICO 定罪要求每个阴谋犯罪的参与者都同意实施被诉的共谋中所计划的每一项实质性犯罪'"（判决结果），"RICO 罪名成立"（维持初始判决）。

根据可接受论证的结论集，容易看出，此案的最终判决结果表明《RICO 法案》可允许美国政府将不同的阴谋犯罪参与者合并到对一项共谋的诉讼中进行审判。

11.7 其他结构化论证形式体系简述——ABA 与 $DeLP$

本节将简要介绍其他两种较有代表性的结构化论证理论，分别为基于假设的论证框架（ABA 框架）和可废止逻辑编程系统（$DeLP$ 系统）。

11.7.1 ABA 框架

ABA 框架主要由 Bondarenko 和 Dung 等提出[239,240]。与 $ASPIC^+$ 类似，ABA 的设计主要是作为一种框架，可以支持基于多种不同的形式理论对其进行实例化。

作为刻画不确定性推理的手段，$ASPIC^+$ 框架可以看作一种基于规则的论证形式体系，其推理中的不确定性主要通过规则上的可废止性表达。而在 ABA 框架中，不确定性基于前提中的假设（assumptions）来表达，在规则上则不做区分。本节用 Ass 表示假设集，一个 ABA 框架可定义如下。

定义 11.13（ABA 框架） 一个 ABA 框架是一个四元组 $(\mathcal{L}, \mathcal{R}, Ass, ^-)$，其中

- $\mathcal{L}$ 是一种语言，$\mathcal{R}$ 是一组规则的集合，$(\mathcal{L}, \mathcal{R})$ 构成一个演绎系统；
- $Ass \subseteq \mathcal{L}$ 是一个非空集合，其中的元素称为假设；
- $^-$ 是从 Ass 到 $\mathcal{L}$ 的一个映射，$\overline{\varphi}$ 表示 φ 的反对。

ABA 框架中的论证与 $ASPIC^+$ 框架中类似，可以呈一种"树"状结构表示，其结论是树根，作为父节点；假设是树叶，作为子节点。节点之间以推理规则链接。因此，ABA 框架中的论证可定义如下。

定义 11.14（ABA 论证） 给定一个 ABA 框架 $(\mathcal{L}, \mathcal{R}, Ass, ^-)$，其中的论证是一个树状结构，其结论为 $c \in \mathcal{L}$，由假设集 $S \subseteq Ass$ 支持（记为 $S \vdash c$），树状结构的叶节点以 $\mathcal{L}$ 中的元素，或者符号 τ 标记①，使得

- 根节点标记为 c；
- 对于每一个节点 N
- 如果 N 是叶节点，那么 N 以一个假设，或是符号 τ 标记；

---

① τ 表示前提为空的情况。

- 如果 N 不是叶节点，那么就将 N 标记为 l_N，且存在一条推理规则 $l_N \leftarrow b_1, \cdots, b_m (m \geqslant 0)$[①]，使得：

  (1) 要么 $m = 0$ 且 N 的子节点标记为 τ；

  (2) 要么 $m > 0$ 且 N 有 m 个子节点，分别标记为 $b_1, \cdots, b_m$；

- S 是所有标记在叶节点上的假设的集合。

在 ABA 框架下，所有可废止的情况都通过假设表示。其推理规则可以看作带有假设的硬性规则，所有对论证的攻击也都指向规则中的假设，可以定义如下。

定义 11.15（ABA 攻击关系） 给定一个 ABA 框架 $(\mathcal{L}, \mathcal{R}, Ass, ^-)$，其中

- 一个论证 $S_1 \vdash c_1$ 攻击一个假设 $\varphi \in Ass$，当且仅当 $c_1 \in \overline{\varphi}$；
- 一个论证 $S_1 \vdash c_1$ 攻击另一论证 $S_2 \vdash c_2$，当且仅当论证 $S_1 \vdash c_1$ 攻击 S_2 中的一个假设。

文献 [227] 指出，ABA 框架可以作为 $ASPIC^+$ 框架下的一个特例。ABA 框架中的攻击关系类似 $ASPIC^+$ 框架中针对论证前提的破坏（undermining）。此外，ABA 框架倾向于保持其简洁性，因而并不针对偏好关系做具体的定义，而是使带偏好的推理形式能够编码在其框架下[252]。

在论证评估方面，ABA 框架可以采用与抽象论辩系统中的语义求解方式相对应的"争辩树"（dispute tree）方法。这是一种表现"赢策略"（winning strategy）的方法，即论证的其中一方（称为"正方"proponent）如何赢过另一方（称为"反方"opponent）。一棵争辩树以树状结构展现辩论的"正反"两方互相给出论证、攻击对方论证的交互过程。每个论证作为一个节点，正反方依次在子节点上给出论证。如果一个正方提出初始论证，并且能够对反方提出的每一个反对论证都给出回击，那么正方就可以赢得该争辩[240]。在 ABA 框架下，可接受论证的集合相当于一个赢得争辩的论证的集合。关于其语义的定义沿用了 Dung 在文献 [64] 中给出的论辩语义。ABA 框架还支持基于假设的语义——可接受的假设集与可接受的论证集的语义一一对应。

同时，ABA 框架中还提出了"争辩推导"（dispute derivation）的方法。该方法使争辩中的正反方可以互相攻击对方尚未完全明确给出的潜在论证。由于一些论证可能基于相同的假设，所以已经被攻击的假设将被保存在数据集中，以免重复计算。例如，正方所使用的假设被保存在可防御假设（defence assumptions）集合中，反方使用的假设则保存在"元凶"（culprits）集合中[240]。根据这两个数据集，我们已知一些假设是可接受的，另一些则不然。所以，基于不可接受的假设的潜在论证就不必再延展为完整的树状结构了。这样的做法可以节约计算过程，同时也符合人类论辩的心理模式。

---

① ABA 框架中常采用逆向方式表示推理。

11.7.2 *DeLP* 系统

DeLP 系统由 García、Simari 等提出[241,242,253]，是一种结合了逻辑编程理论和可废止论证机制的论证系统。*DeLP* 与 *ASPIC*$^+$ 框架一样，是一种基于规则的论证系统，推理中的不确定性主要通过可废止规则的应用来实现。

DeLP 系统的语言由三个不相交的子集组成，分别为：事实集、硬性规则集，以及可废止规则集。这三个概念可分别描述如下：

事实 事实是确定性的信息，表示为"文字"（literal）。一个事实要么是一个原子信息 A，要么是一个原子信息的否定 $\sim A$（符号"$\sim$"被用于表示一种强否定）。

硬性规则 硬性规则是一个有序对，可标记为"$Head \leftarrow Body$"，其中 $Head$ 是一个文字，$Body$ 是由文字组成的有穷非空集合；其形式可以记为 $L_0 \leftarrow L_1, \cdots, L_n (n > 0)$，$L_0$ 是头部（Head），$\{L_1, \cdots, L_n\}$ 是身体（Body）。

可废止规则 相应地，可废止规则也是一个有序对，可标记为"$Head \Leftarrow Body$"，$Head$ 是一个文字，$Body$ 是由文字组成的有限非空集合；其形式可以记为 $L_0 \Leftarrow L_1, \cdots, L_n (n > 0)$，$L_0$ 是头部，$\{L_1, \cdots, L_n\}$ 是身体。

身体为空的可废止规则可以称为一个假定（presumption）。根据逻辑编程中的习惯，一些规则可能包含变量，可以称为型式规则（schematic rules），其中的变量用大写字母表示，以作区分。

根据信息是否可废止，一个可废止逻辑编程系统可以记为一个二元组 (Π, Δ)，其中 Π 表示事实和硬性规则，Δ 表示可废止规则。给定一个 (Π, Δ)，文字 Q 具有一个从 (Π, Δ) 而来的可废止推导（defeasible derivation）[记为 $(\Pi, \Delta) \Vdash Q$]，如果 Q 由一组有穷文字序列组成，$L_1, L_2, \cdots, L_n = Q$，并且：要么 L_i 是 Π 中的事实，要么 (Π, Δ) 中存在一条硬性或可废止规则，使得 L_i 是其头部，$B_1, B_2, \cdots, B_k$ 是其身体，且身体中的每个文字都是出现在 L_i 之前的一个元素 $L_j (j < i)$。如果一个推导中未使用可废止规则，则可以称其为一个硬性推导（strict derivation）。

为了决定哪些文字是可接受的，需要进行论证的构造和评估。根据文献[253]，*DeLP* 系统中的一个论证结构可表示为 $\langle \mathcal{A}, H \rangle$，其中 H 是文字，$\mathcal{A}$ 是可废止规则集。在 *DeLP* 系统中，有时也称 $\mathcal{A}$ 为一个支持结论 H 的论证，H 则是由 $\mathcal{A}$ 提供支持的一个陈述。*DeLP* 系统中的一个论证可以定义如下：

定义 11.16（*DeLP* 论证） 给定文字 H 和 (Π, Δ)，$\mathcal{A} \subseteq \Delta$，那么 $\langle \mathcal{A}, H \rangle$ 是一个论证结构，如果：

（1）存在一个从 $(\Pi, \mathcal{A})$ 到 H 的可废止推导；
（2）$(\Pi, \mathcal{A})$ 不会推导出矛盾；
（3）$\mathcal{A}$ 是满足上述条件的最小集合。

$DeLP$ 系统的推理机制主要在于构建论证并对是否接受某个特定论证进行对话分析。在此过程之前，需要先区分一个论证的子论证和对立论证（counter-arguments）。

给定 (Π, Δ)，一个论证 $\langle \mathcal{B}, I \rangle$ 是 $\langle \mathcal{A}, H \rangle$ 的子论证（后者称为前者的超论证），若 $\mathcal{B} \subseteq \mathcal{A}$；一个论证 $\langle \mathcal{C}, J \rangle$ 是 $\langle \mathcal{A}, H \rangle$ 关于文字 I 的对立论证，如果存在 $\langle \mathcal{A}, H \rangle$ 的一个子论证 $\langle \mathcal{B}, I \rangle$，使得 I 与 J 冲突（disagree），即 $\Pi \cup \{I, J\}$ 可能硬性推导出矛盾。也可以说，$\langle \mathcal{C}, J \rangle$ 攻击 $\langle \mathcal{A}, H \rangle$，文字 I 是对立点，$\langle \mathcal{B}, I \rangle$ 是冲突子论证。

如果 $DeLP$ 中的一个论证能击败所有反对它的论证，那么它就可以被视为对某断言的担保（warrant）。一个文字 H 是被担保的，如果在考虑对话过程中它的所有反对论证以后，至少存在一个论证 $\langle \mathcal{A}, H \rangle$ 支持它。这涉及攻击关系是否成功，$DeLP$ 系统中同样将成功的攻击称为击败（defeat），并将实施成功的攻击的论证分为"正当击败者"（proper defeater）和"阻碍击败者"（blocking defeater）。一个攻击是否成功，将基于偏好关系"$\succ$"进行判断。$DeLP$ 系统中的攻击关系可定义如下。

定义 11.17（$DeLP$ 攻击） 设论证 $\langle \mathcal{C}, J \rangle$ 攻击论证 $\langle \mathcal{A}, H \rangle$ 于对立点 I，且 $\langle \mathcal{B}, I \rangle$ 是冲突子论证。如果 $\langle \mathcal{C}, J \rangle \succ \langle \mathcal{A}, H \rangle$，那么 $\langle \mathcal{C}, J \rangle$ 是 $\langle \mathcal{A}, H \rangle$ 的一个正当击败者；如果 $\langle \mathcal{C}, J \rangle \not\succ \langle \mathcal{A}, H \rangle$ 且 $\langle \mathcal{A}, H \rangle \not\succ \langle \mathcal{C}, J \rangle$，那么 $\langle \mathcal{C}, J \rangle$ 与 $\langle \mathcal{A}, H \rangle$ 之间不存在偏好关系，$\langle \mathcal{C}, J \rangle$ 是 $\langle \mathcal{A}, H \rangle$ 的一个阻碍击败者。只要 $\langle \mathcal{C}, J \rangle$ 是 $\langle \mathcal{A}, H \rangle$ 的一个正当击败者或阻碍击败者，就可以称 $\langle \mathcal{C}, J \rangle$ 是 $\langle \mathcal{A}, H \rangle$ 的一个击败者。

一个被击败的论证，有可能因为其他论证对其击败者的击败而被复原，由此形成一个论证序列，可以称为一个"论证链"（argumentation line）。在一个论证链 $\Lambda = [\langle \mathcal{A}_1, H_1 \rangle, \langle \mathcal{A}_2, H_2 \rangle, \cdots, \langle \mathcal{A}_n, H_n \rangle]$ 中，任意 $\langle \mathcal{A}_i, H_i \rangle (i > 1)$ 都是 $\langle \mathcal{A}_{(i-1)}, H_{(i-1)} \rangle$ 的击败者。为了防止出现无限循环的不理想论证链，一个可接受的论证链需要满足一些性质上的要求，例如：长度有穷、不允许论证重复出现、所有支持论证或干扰论证各自之间均无冲突，以及相邻的两个论证不能同为阻碍击败者等。

由于一个论证可能存在多个击败者，因此可能形成多条论证链，呈现出一种树形结构，可以称其为一个"辩证树"（dialectical tree）。辩证树的每个节点都标记为论证，待评价的初始论证在树根部，论证链中的论证在节点处，据此可以判定初始论证是否被击败。

定义 11.18（$DeLP$ 辩证树） 设 $T_{\langle \mathcal{A}_1, H_1 \rangle}$ 是论证 $\langle \mathcal{A}_1, H_1 \rangle$ 的辩证树：
(1) 树根节点标记为 $\langle \mathcal{A}_1, H_1 \rangle$；
(2) 设 N 是一个非树根节点，标记为 $\langle \mathcal{A}_n, H_n \rangle$，$[\langle \mathcal{A}_1, H_1 \rangle, \cdots, \langle \mathcal{A}_n, H_n \rangle]$ 是从树根到 N 的标记序列；$\{\langle \mathcal{B}_1, I_1 \rangle, \cdots, \langle \mathcal{B}_k, I_k \rangle\}$ 是 $\langle \mathcal{A}_n, H_n \rangle$ 的所有击败者的集合，对于每个击败者 $\langle \mathcal{B}_i, I_i \rangle$ $(1 < i < k)$，若使得论证链 $\Lambda' = [\langle \mathcal{A}_1, H_1 \rangle, \cdots, \langle \mathcal{A}_n, H_n \rangle, \langle \mathcal{B}_i, I_i \rangle]$ 可接受，那么 N 的子节点 N_i 标记为 $\langle \mathcal{B}_k,$

$I_k\rangle$；如果 $\langle \mathcal{A}_n, H_n \rangle$ 没有击败者，或者不存在一个 $\langle \mathcal{B}_i, I_i \rangle$ 使得 Λ' 可接受，那么 N 就是一个叶节点。

为了计算辩证树的树根论证是否被击败，$DeLP$ 系统中可以对每个节点进行加标，方法为：① 每个叶节点都可以标记为 "U"；② 一个中间节点被标记为 "D"，当且仅当至少一个它的子节点被标记为 "U"；否则，就将其标记为 "U"。由此，一个树根节点被标记为 "U"，仅当其所有子节点都被标记为 "D"，也就是说，攻击初始论证的所有击败者都被其他论证击败了。

如果一个论证 $\langle \mathcal{A}, H \rangle$ 被标记为 "U"，那么就可以说文字 H 是被 $\langle \mathcal{A} \rangle$ 担保的。

定义 11.19（$DeLP$ 担保） 给定一个 (Π, Δ) 和一组文字 H，$\langle \mathcal{A}, H \rangle$ 是一个论证，$T^*_{\langle \mathcal{A}, H \rangle}$ 是其被标记的辩证树，$T^*_{\langle \mathcal{A}, H \rangle}$ 担保了文字 H，或者说文字 H 是基于 (Π, Δ) 被担保的，当且仅当 $T^*_{\langle \mathcal{A}, H \rangle}$ 的树根节点被标记为 U。

关于一个文字是否被一个论证担保，$DeLP$ 系统采用了一种询问和回答机制，对询问的回答有四种可能：

（1）回答为 YES，如果询问的文字 H 被论证 $\langle \mathcal{A}, H \rangle$ 担保；

（2）回答为 NO，如果询问的文字 H 的矛盾被论证 $\langle \mathcal{A}, H \rangle$ 担保；

（3）回答为 UNDECIDED，如果询问的文字 H 和它的矛盾，以及 H 的经典否定都无法被论证 $\langle \mathcal{A}, H \rangle$ 担保；

（4）回答为 UNKNOW，如果 $\langle \mathcal{A}, H \rangle$ 中未提及 H [253]。

11.8 结 论

文献 [64] 所提出的抽象论辩框架及其论证评估方法，已成为当前人工智能领域中的研究热点，但正如 11.1 节所述，该形式化论证理论与现实世界中的论证或论辩之间尚存在一道需要跨越的沟壑。因此，基于前两篇中范例分析和挖掘的结果，我们通过例示分析，阐释了具有内部结构的形式论证理论。这里，无论是本章重点介绍的 $ASPIC^+$ 框架，还是 ABA 框架，或者 $DeLP$ 系统，都试图在这道沟壑之上架起桥梁。在这些论辩理论中，论证是由前提、结论及前提到结论的推衍关系等要素构成的，这使得论证间的攻击依据其攻击对象的不同可被细分为破坏、底切和反驳等不同的攻击关系，进而使得这类具有结构的论证理论成为实践推理的有力工具。第 13 章正是基于结构化的论辩框架 $ASPIC^+$，并借鉴第一篇中关于论辩语境要素的观点，建构了具有带有语境、规范集的论证系统——一种拓展化的结构化论证理论。

第 12 章　基于抽象论辩框架的坚实可接受性*

12.1　引　　言

正如本篇前述指出，形式论辩是研究论辩的重要途径，Dung[64] 提出的抽象论辩理论是研究论辩的一种形式化方法，二十几年以来得到了广泛的研究。在抽象论辩理论中，一个论辩框架是一个有向图（directed graph），每一个节点（node）代表一个论证（argument），所有的边（edge）构成一个二元的攻击关系。论证框架的核心概念之一是可接受性。给定一个论辩框架，一个论证 X 相对于论证集 Δ 是可接受的（或者说 Δ 辩护 X），如果 X 被论证 Y 的攻击，则 Δ 中存在一个论证 Z 使得 Z 攻击 Y。然而，如何区分一个论证被辩护的强度？也就是说，如果一个论证比另一个论证更有说服力，我们如何区分它们？

区分论证的强度是抽象论辩的一个重要研究主题，Grossi 和 Modgil [255] 提出了一种新的分级语义。这种语义扩展了文献 [64] 中论证的可接受性和无冲突性概念，并且可以根据攻击者和辩护者的数量决定论证的强度进而能够根据强度对论证进行排序。任意给定一个论辩框架，在分级语义下，一个论证 X 相对于一个论证集 Δ 在强度 mn 下是可接受的（或者说 Δ mn-辩护 X），当且仅当，X 最多有 $m-1$ 个攻击者没有被至少 n 个 Δ 中的论证攻击，其中 m 和 n 是两个固定的正整数。从分级辩护的定义可以得到，X 最多有 0 个攻击者没有被至少 1 个 Δ 中的论证攻击，当且仅当，X 在强度 11 下被 Δ 辩护。因此，强度 11 下的分级辩护就等同于 Dung 的可接受性。但是，无论是 Dung 的可接受性还是 Grossi 和 Modgil 的可接受性，都无法保证所有 X 的辩护者都被 Δ 包含。让我们考虑以下的例子。

例 12.1　给定如图 12.1所示的一个论辩框架 AF。在 AF 中，根据 Dung 的可接受性定义，论证 A 和 F 都被论证集 Δ 辩护。A 和 F 都是最多有 0 个攻击者没有被至少 2 个 Δ 中的论证攻击。因此，根据 Grossi 和 Modgil 的分级可接受性定义，Δ 辩护 F 的强度与 Δ 辩护 A 的强度相同。但换个角度来看，由于 A 的辩护者完全被 Δ 包含而 F 的辩护者并没有完全被 Δ 包含，因此我们认为 A 从 Δ 中得到的防守强度比 F 从 Δ 中得到的防守强度要高。

---

* 本章内容由作者摘选自教育部人文社会科学重点研究基地重大项目"基于符号化学习的推理系统研究"（项目号 18JJD720005）系列成果（文献 [254]）。

12.1 引言

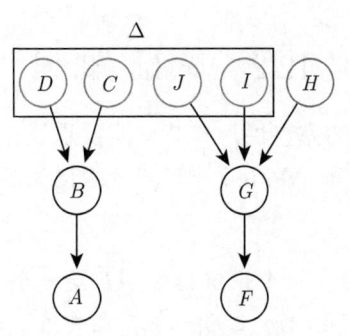

图 12.1　例 12.1 使用到的 AF

本章我们将提出"坚实可接受性"概念。给定一个论证框架，我们说一个论证 X 相对于一个论证集 Δ 是坚实可接受的（或者说 Δ 坚实地辩护 X），当且仅当，对于任何一个论证 Y，如果 Y 攻击 X，则 Δ 中存在一个攻击 Y 的论证 Z，并且 Δ 包含 Y 的所有攻击者。我们从图 12.1中可以看出，Δ 坚实地辩护 A 却没有坚实地辩护 F。因此，坚实可接受性能够区分一些 Dung 的可接受性与 Grossi 和 Modgil 的接受性无法区分的论证。坚实可接受性不会丢失 Dung 的可接受性，也就是说，我们可以保证如果一个论证集坚实地辩护一个论证，则在 Dung 的语义下这个论证集必然也辩护这个论证。

陈伟伟[256] 定义了另外一种可接受性，他称之为 concrete -可接受性。一个论证 X 相对于一个论证集 Δ 是 concretly-可接受的，当且仅当，对于 X 的任何攻击者 Y，任何 Y 的辩护者 Z 都在被 Δ 包含。但是，这种可接受性与坚实可接受性的区别在于，concrete-接受性并不要求辩护者的存在，只不过如果 X 有辩护者，辩护者就一定在 Δ 中。而坚实可接受性则要求辩护者的存在。

另外，我们给出了坚实可接受性的描述函数（也称坚实辩护函数）并研究了函数的性质。我们一般称论证集为外延。在坚实可接受性的基础上，我们定义了一些关于外延性质的语义，包括坚实可相容外延、坚实完全外延、坚实偏好外延、坚实稳定外延及坚实基外延，并且还研究了这些外延之间的关系。不仅如此，我们还将 Grossi 和 Modgil 的分级语义、Dung 的语义与我们的语义作了比较。

本章余下内容的结构如下。在 12.2 节中，我们给出了相关背景知识。在 12.3 节中，我们提出了坚实可接受性及它的描述函数，并研究了函数的性质，另外，通过例子说明了坚实可接受性是如何刻画 Grossi 和 Modgil 的分级语义无法刻画的论证框架特征的。在 12.4 节中，我们定义了一些基于坚实可接受性的坚实外延，给出了这些外延的性质和外延之间的联系。不仅如此，我们比较了 Dung 的一些外延和我们定义的外延。12.5 节介绍了相关的文献。12.6 节对本章做了总结并指出了未来工作的方向。

12.2 基础知识

为保证本章研究工作的完整性，本节将简要重述 Dung[64] 的抽象论辩理论的基础概念，并介绍 Grossi 和 Modgil [255] 的分级语义基础概念。

12.2.1 抽象论辩

定义 12.1（论辩框架） 一个论辩框架 AF 是一个二元组 $\langle Arg, \rightarrowtail \rangle$，其中 Arg 是一个有限的论证集，$\rightarrowtail$ 是 Arg 上的一个二元关系。

任取一个论辩框架 $\langle Arg, \rightarrowtail \rangle$。对于任何一个论证集 $\Delta \subseteq Arg$，我们称 Δ 为 AF 的外延。对于任何两个论证 $X, Y \in Arg$，$X \rightarrowtail Y$ 指的是 $(X,Y) \in \rightarrowtail$。我们也称 X 攻击 Y（或者 X 是 Y 的攻击者），如果 $(X,Y) \in \rightarrowtail$。对于任何一个论证 $X \in Arg$，$\overline{X}$ 指的是 X 的攻击者构成的集合，也就是，$\overline{X} = \{Y \in Arg \mid Y \rightarrowtail X\}$。一个论证 $X \in Arg$ 是一个源论证如果 $\overline{X} = \varnothing$。对于任何一个论证集 $\Delta \subseteq Arg$ 及任何一个论证 $X \in Arg$，$\Delta \rightarrowtail X$ 指的是存在一个论证 $Y \in \Delta$ 使得 $Y \rightarrowtail X$。一个论证 $X \in Arg$ 对于一个论证集 $\Delta \subseteq Arg$ 是可接受的（也称 Δ 辩护 X），当且仅当，对于任何一个论证 $Y \in Arg$，如果 $Y \rightarrowtail X$ 则 $\Delta \rightarrowtail Y$。一个论证 $Z \in Arg$ 是一个论证 $X \in Arg$ 的辩护者，如果存在一个论证 $Z \in Arg$ 使得 $Z \rightarrowtail Y$ 且 $Y \rightarrowtail X$。

定义 12.2（接受性） 任意给定一个论辩框架 $AF = \langle Arg, \rightarrowtail \rangle$。一个论证 $X \in Arg$ 对于一个论证集 $\Delta \subseteq Arg$（也称 Δ 辩护 X），当且仅当，对于任何一个论证 $Y \in Arg$，如果 $Y \rightarrowtail X$ 那么 $\Delta \rightarrowtail Y$。

定义 12.3（辩护函数） 任意给定一个论辩框架 $AF = \langle Arg, \rightarrowtail \rangle$。$AF$ 的辩护函数 $d^{AF}: 2^{Arg} \longrightarrow 2^{Arg}$ 的定义如下，对于任何 $\Delta \subseteq Arg$，

$$d^{AF}(\Delta) = \left\{ X \in Arg \mid \forall Y \in Arg \big((Y \rightarrowtail X) \rightarrow (\Delta \rightarrowtail Y) \big) \right\} \tag{12.1}$$

$d^{AF}(\Delta)$ 指的是由论证集 Δ 辩护的论证构成的集合。当不会引起误解的时候，我们一般省略 d^{AF} 的上标。

引理 12.1 任意给定一个论辩框架 $AF = \langle Arg, \rightarrowtail \rangle$。对于任何一个论证集 $\Delta \subseteq Arg$ 及任何一个论证 $X \in Arg$，$X \in d(\Delta)$ 当且仅当 X 对于 Δ 是可接受的。

定义 12.4（中立函数） 任意给定一个论辩框架 $AF = \langle Arg, \rightarrowtail \rangle$。$AF$ 的中立函数 $n^{AF}: 2^{Arg} \longrightarrow 2^{Arg}$ 定义如下，对于任何 $\Delta \subseteq Arg$，

$$n^{AF}(\Delta) = \left\{ X \in Arg \mid \nexists Y \in Arg \big((Y \rightarrowtail X) \land (Y \in \Delta) \big) \right\} \tag{12.2}$$

任给一个论证集 Δ，$n^{AF}(\Delta)$ 指的是由所有没有攻击者在 Δ 中的论证构成的集合。当不会引起误解的时候，我们一般省略 n^{AF} 的上标。

定义 12.5　任意给定一个论辩框架 $AF = \langle Arg, \rightarrowtail \rangle$。对于任何一个论证集 $\Delta \subseteq Arg$,
(1) Δ 是 AF 的一个无冲突外延当且仅当 $\Delta \subseteq n(\Delta)$。
(2) Δ 是 AF 的一个可相容外延当且仅当 $\Delta \subseteq n(\Delta)$ 并且 $\Delta \subseteq d(\Delta)$。
(3) Δ 是 AF 的一个完全外延当且仅当 $\Delta \subseteq n(\Delta)$ 并且 $\Delta = d(\Delta)$。
(4) Δ 是 AF 的一个偏好外延当且仅当 Δ 是 AF 的一个（关于集合包含的）极大的可相容外延。
(5) Δ 是 AF 的一个稳定外延当且仅 $\Delta \subseteq n(\Delta)$ 并且 $\Delta = n(\Delta)$。
(6) Δ 是 AF 的一个基外延当且仅当 Δ 是辩护函数 d^{AF} 的（关于集合包含的）最小的不动点。

定理 12.1　任意给定一个论辩框架 $AF = \langle Arg, \rightarrowtail \rangle$。对于任何一个论证集 $\Delta \subseteq Arg$,
(1) 如果 Δ 是 AF 的一个稳定外延，则 Δ 是 AF 的一个偏好外延，反之则不然。
(2) 如果 Δ 是 AF 的一个偏好外延，则 Δ 是 AF 的一个完全外延，反之则不然。
(3) AF 的基外延是 AF 的最小完全外延。

定理 12.2　任意给定一个论辩框架 $AF = \langle Arg, \rightarrowtail \rangle$。对于任何一个论证集 $\Delta \subseteq Arg$,如果 Δ 是 AF 的一个可相容外延，则存在 AF 的一个偏好外延 Γ 使得 $\Delta \subseteq \Gamma$。

12.2.2　分级可接受性

在这一部分中，我们回顾 Grossi 和 Modgil [255] 提出的分级可接受性和分级辩护函数，这些都是对 Dung 语义的扩展。

定义 12.6（分级可接受性）　任意给定一个论辩框架 $AF = \langle Arg, \rightarrowtail \rangle$。任取两个正整数 m 和 n。一个论证 $X \in Arg$ 对于一个论证集 $\Delta \subseteq Arg$ 在强度 mn 下是可接受的（也称 Δ 在强度 mn 下辩护 X），当且仅当 X 最多有 $m-1$ 个攻击者没有被 n 个 Δ 中的论证攻击。

定义 12.7（分级辩护函数）　任意给定一个论辩框架 $AF = \langle Arg, \rightarrowtail \rangle$。任取两个正整数 m 和 n。AF 的分级辩护函数 $d_m^{AF}: 2^{Arg} \longrightarrow 2^{Arg}$ 的定义如下,对于任何任何一个论证集 $\Delta \subseteq Arg$,

$$d_{\underset{n}{m}}^{AF}(\Delta) = \{X \in Arg: |\{Y \in \overline{X}: |\{Z \in \overline{Y} \cap \Delta\}| < n\}| < m\} \tag{12.3}$$

$d_{\underset{n}{m}}^{AF}(\Delta)$ 指的是由论证集 Δ 在强度 mn 下辩护的论证构成的集合。当不会引起误解的时候，我们一般省略 $d_{\underset{n}{m}}^{AF}$ 的上标。

引理 12.2 任意给定一个论辩框架 $AF=\langle Arg, \rightarrowtail \rangle$。对于任何一个论证集 $\Delta \subseteq Arg$ 以及任何一个论证 $X \in Arg$,$X \in d_n^m(\Delta)$ 当且仅当 X 相对于 Δ 在强度 mn 下是可接受的。

当 $m=n=1$ 的时候,这种分级可接受性就相当于 Dung 的可接受性。

命题 12.1 任意给定一个论辩框架 $AF=\langle Arg, \rightarrowtail \rangle$,任取两个正整数 m 和 n。对于任何一个论证集 $\Delta \subseteq Arg$,以下两条都成立:

(1) $d(\Delta) = d_1^1(\Delta)$。

(2) $d_n^m(\Delta) \subseteq d_n^{m+1}(\Delta)$。

12.3 坚实可接受性

下面,我们提出坚实可接受性概念。这种可接受性可被认为是 Dung 的可接受性的强化版本,并且能够刻画 Grossi 和 Modgil 分级语义无法刻画的论证框架的特征。另外,我们研究了坚实可接受性的性质,比较了坚实可接受性和 Dung 的可接受性。

定义 12.8(坚实可接受性) 任意给定一个论辩框架 $AF=\langle Arg, \rightarrowtail \rangle$。一个论证 $X \in Arg$ 对于一个论证集 $\Delta \subseteq Arg$ 是坚实可接受的(也称 Δ 坚实地辩护 X),当且仅当,对于任何论一个论证 $Y \in Arg$,如果 Y 攻击 X,则 (i) $|\overline{Y}| \geqslant 1$,并且 (ii) $\overline{Y} \subseteq \Delta$,其中 $\overline{Y}$ 指的是由 Y 的攻击者构成的集合。

定义 12.8 说的是如果一个论证 X 对于一个论证集 Δ 是可接受的,当且仅当,对于任何一个论证 Y,如果 $Y \rightarrowtail X$,则 (i)$\Delta \rightarrowtail Y$,并且 (ii)Y 的所有攻击者被 Δ 包含。

我们通过图 12.2 中论辩框架来说明图中的论证 X 对于图中的论证集 Δ 是坚实可接受的,其中 $k = |\overline{X}|$ 且对于 1 到 k 之间的整数 i,$|\overline{Y_i}| \geqslant 1$ 和 $\overline{Y_i} \subseteq \Delta$ 成立。我们可以从图中看出,X 的攻击者 Y_i 不是源论证并且所有 Y_i 的攻击者都在 Δ 中。因此,Δ 坚实地辩护 X。需要注意的是,Δ 除了包含 $\overline{Y_i}$ 中的论证以外,可能包含其他的论证。

定义 12.9(坚实辩护函数) 任意给定一个论辩框架 $AF=\langle Arg, \rightarrowtail \rangle$。$AF$ 的坚实辩护函数 $d_\mathcal{S}^{AF}: 2^{Arg} \longrightarrow 2^{Arg}$ 定义如下,对于任何一个论证集 $\Delta \subseteq Arg$,

$$d_\mathcal{S}^{AF}(\Delta) = \{X \in Arg \mid \forall Y \in Arg: Y \rightarrowtail X \rightarrow (|\overline{Y}| \geqslant 1 \wedge \overline{Y} \subseteq \Delta)\} \quad (12.4)$$

其中 $\overline{Y}$ 指的是由 Y 的攻击者构成的集合。①

---

① 这个定义又可以写为以下形式:
$d_\mathcal{S}(\Delta) = \{X \in Arg \mid \forall Y \in Arg[Y \rightarrowtail X \rightarrow [\exists Z_1 \in Arg(Z_1 \rightarrowtail Y) \wedge \forall Z_2 \in Arg(Z_2 \rightarrowtail Y \rightarrow Z_2 \in \Delta)]]\}$

12.3 坚实可接受性

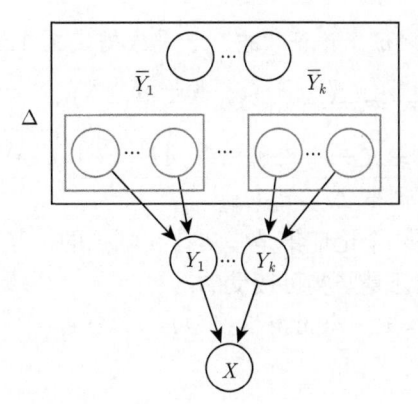

图 12.2 一个说明坚实可接受性的 AF

当不会引起误解的时候，我们一般省略 $d_\mathcal{S}^{AF}$ 的上标。

引理 12.3 任意给定一个论辩框架 $AF = \langle Arg, \rightarrow \rangle$。对于任何一个论证 $X \in Arg$ 及任何一个论证集 $\Delta \subseteq Arg$，$X \in d_\mathcal{S}(\Delta)$ 当且仅当 X 对于 Δ 是坚实可接受的。

接下来的例子说明了坚实可接受性是如何区分一些无法被 Grossi 和 Modgil 的分级可接受性区分的论证。

例 12.2 让我们考虑图 12.1 中论辩框架 AF。根据 Grossi 和 Modgil 的分级可接受性，$A \in d_{\frac{1}{2}}(\Delta)$ 且 $F \in d_{\frac{1}{2}}(\Delta)$。我们认为 A 和 F 是不能被这种分级可接受性区分的，因为无论怎么修改 m 和 n 的值，A 和 F 都是同时在强度 mn 下可接受或者不可接受的。然而根据坚实可接受性，$A \in d_\mathcal{S}(\Delta)$ 但是 $F \notin d_\mathcal{S}(\Delta)$。因此，$A$ 和 F 被区分开来了。

以下的命题说明了在任意给定的一个论辩框架中，在一些条件下，如果一个论证 X 对于 Δ 是坚实可接受的，那么 X 对于 Δ 在强度 mn 下是可接受的。

命题 12.2 任意给定一个论辩框架 $AF = \langle Arg, \rightarrow \rangle$ 及一个论证集 $\Delta \subseteq Arg$。任取两个正整数 m 和 n。对于任何一个论证 $X \in Arg$，如果以下两个条件都成立，
(1) $X \in d_\mathcal{S}(\Delta)$，并且
(2) 对于任何一个论证 $Y \in Arg$，如果 $Y \in Arg$ 攻击 X 则 $|\overline{Y}| \geq n$，
则 $X \in d_{\frac{m}{n}}(\Delta)$。

证明 任取两个论证 $X \in Arg$ 和 $Y \in Arg$，假设 (i) $X \in d_\mathcal{S}(\Delta)$ 和 (ii) 如果 $Y \in Arg$ 攻击 X 则 $|\overline{Y}| \geq n$。于是根据引理 12.3 有，X 对于 Δ 是坚实可接受的。因此根据定义 12.8 有，如果 $Y \rightarrow X$ 则 $|\overline{Y}| \subseteq \Delta$。再根据第二个假设有，如果 $Y \in Arg$ 攻击 X，则 Δ 中至少有 n 个论证攻击 Y。因此，X 最多有 0 个攻

击者没有被 Δ 中的至少 n 个论证攻击。于是根据定义 12.6 有 $X \in d_{\frac{1}{n}}(\Delta)$。再根据命题 12.1 有 $d_{\frac{1}{n}}(\Delta) \subseteq d_{\frac{m}{n}}(\Delta)$。所以, $X \in d_{\frac{m}{n}}(\Delta)$。

定义 12.10　任意给定一个论辩框架 $AF = \langle Arg, \rightarrow \rangle$。一个论证集 $\Delta \subseteq Arg$ 是坚实自我辩护的当且仅当 $\Delta \subseteq d_{\mathcal{S}}(\Delta)$。

定义 12.10 说的是一个论证集是坚实自我辩护的, 当且仅当, 这个论证集中的任何论证对于这个论证是坚实可接受的。

定理 12.3　任意给定一个论辩框架 $AF = \langle Arg, \rightarrow \rangle$。坚实辩护函数 d^{AF}（对于集合包含）是单调的。

证明　任取一个论证 $X \in Arg$ 和一个论证集 $\Delta \subseteq Arg$。假设 $X \in Arg$ 对于 Δ 是坚实可接受的。那么从定义 12.8 可得, X 对于 Δ 的任何一个超集也是坚实可接受的。

命题 12.3　任意给定一个论辩框架 $AF = \langle Arg, \rightarrow \rangle$。对于任何一个论证集 $\Delta \subseteq Arg$, $d_{\mathcal{S}}(\Delta) \subseteq d(\Delta)$ 成立。

证明　任取一个论证 $X \in Arg$ 及一个论证集 $\Delta \subseteq Arg$。假设一个论证 $X \in d_{\mathcal{S}}(\Delta)$, 那么根据定义 12.8 和引理 12.3 有, 对于任何一个论证 $Y \in \Delta$, 如果 $Y \rightarrow X$ 则 $\Delta \rightarrow Y$。因此从定义 12.2 有, X 对于 Δ 是可接受的。于是根据引理 12.1 可知, $X \in d(\Delta)$。

命题 12.3 建立了 Dung 的可接受性和坚实可接受性之间的联系。也就是, 在任意给定的一个论辩框架中, 如果一个论证 X 对于一个论证集 Δ 是坚实可接受的, 那么 X 对于 Δ 是坚实可接受的。但是反过来不成立。下面的例子说明了这一点。

例 12.3　考虑图 12.3a 中的论证框架 AF_1 和论证集 $\Delta = \{A, C\}$。那么就有, A 对于 Δ 是可接受的。然而, 从图 12.3a 中可以看出, B（它攻击 A 并且攻击自己）的攻击者没有完全被 Δ 包含。因此, A 对于 Δ 不是坚实可接受的。

12.4　坚实语义

接下来我们将基于坚实可接受性和无冲突性刻画坚实外延。从以下意义上来说, 这些坚实外延可以看作 Dung 外延的增强版本, 也就是, 对于任何一个被定义的坚实外延, 都存在一个对应的 Dung 的外延（指定义 12.5 中的外延）使得这个 Dung 的外延是坚实外延的超集。另外, 我们给出坚实外延之间的联系, 并且把坚实外延与 Dung 的外延作对比。

12.4 坚实语义

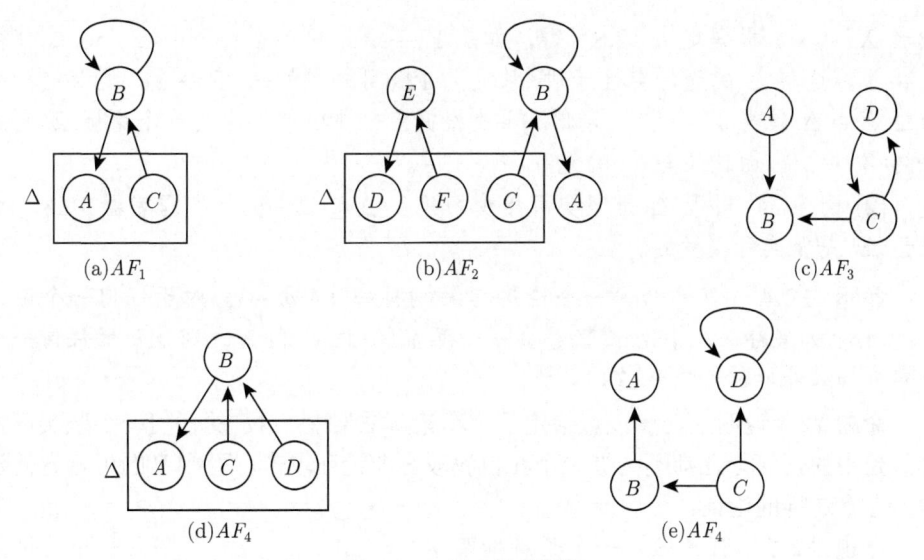

图 12.3　五个论辩框架

12.4.1 坚实可相容外延

首先，我们定义满足以下两个条件的论证集，① Δ 没有内部冲突，以及② Δ 包含每一个被坚实辩护的论证。

定义 12.11（坚实可相容外延） 任意给定一个论辩框架 $AF = \langle Arg, \rightarrow \rangle$。一个论证集 $\Delta \subseteq Arg$ 对于一个可相容外延，当且仅当，① Δ 是一个无冲突外延，并且② Δ 是一个坚实自我辩护的外延。

引理 12.4 任意给定一个论辩框架 $AF = \langle Arg, \rightarrow \rangle$。对于任何一个论证集 $\Delta \subseteq Arg$，Δ 是一个坚实可相容外延，当且仅当，$\Delta \subseteq n(\Delta)$ 且 $\Delta \subseteq d_\mathcal{S}(\Delta)$。

可以看出，从定义 12.11 很容易得到引理 12.4。下面的引理是对 Dung[64] 的基本定理（fundamental lemma）的扩展。

引理 12.5（坚实基本引理） 任意给定一个论辩框架 $AF = \langle Arg, \rightarrow \rangle$，任取一个坚实可相容外延 $\Delta \subseteq Arg$，任取两个被 Δ 坚实辩护的论证 $X, X' \in Arg$，则

(1) $\Delta' = \Delta \cup \{X\}$ 是 AF 的一个坚实可相容外延，并且

(2) X' 对于 Δ' 是坚实可接受的。

证明 (1) 因为 X 对于 Δ 是坚实可接受的并且 $\Delta \subseteq \Delta'$，因此根据定理 12.3 有，X 对于 Δ 是坚实可接受的。为了证明 Δ' 是 AF 的一个坚实可相容外延，我们只需要再证明 Δ' 是 AF 一个无冲突外延即可。由于 Δ 是 AF 的一个坚实可相容外延，因此从定义 12.11 有，Δ 是 AF 的一个坚实自我辩护外延。为了得到矛盾，假设 Δ' 不是一个无冲突外延。那么就存在一个论证 $Y \in \Delta$ 使得 $Y \rightarrow X$

或者 $X \rightarrow Y$。根据定义 12.8 可得，如果 $Y \rightarrow X$，则存在一个论证 $Z \in \Delta$ 使得 $Z \rightarrow Y$。这与 Δ 的无冲突性矛盾；从定义 12.8 可知，如果 $X \rightarrow Y$，则存在一个论证 $Z \in \Delta$ 使得 $Z \rightarrow X$。因此，再次根据定义 12.8 有，存在一个论证 $Z' \in \Delta$ 使得 $Z' \rightarrow Z$。而这又与 Δ 的无冲突性矛盾。

(2) 因为 X' 对于 Δ 是坚实可接受的并且 $\Delta \subseteq \Delta'$，因此根据定理 12.3，X' 对于 Δ' 是坚实可接受的。

命题 12.4 任意给定一个论辩框架 $AF = \langle Arg, \rightarrow \rangle$。对于任何一个论证 $X \in Arg$，如果存在一个论证 $Y \in Arg$ 使得 Y 攻击 Y 和 X，则 AF 的任何一个坚实可相容外延都不包含 X。

命题 12.4 说明了，在任意给定的一个论辩框架中，AF 的任何一个坚实可相容外延中的任何论证都不会被一个在自我攻击的论证攻击。而 AF 的可相容外延可以包含这样的论证。

命题 12.5 任意给定一个论辩框架 $AF = \langle Arg, \rightarrow \rangle$。对于任何一个论证集 $\Delta \subseteq Arg$，如何 Δ 是 AF 一个坚实可相容外延，则 Δ 是 AF 的一个可相容外延。

证明 任取一个论证集 $\Delta \subseteq Arg$。假设 $\Delta \subseteq Arg\ AF$ 一个坚实可相容外延。那么根据引理 12.4 有，$\Delta \subseteq n(\Delta)$ 且 $\Delta \subseteq d_\mathcal{S}(\Delta)$。另外，我们可以从命题 12.3 得到 $d_\mathcal{S}(\Delta) \subseteq d(\Delta)$。因此，我们就有 $\Delta \subseteq d(\Delta)$。所以根据定义 12.2 可知，$\Delta$ 是 AF 的一个可相容外延。

从命题 12.5 容易得出，在任意给定的一个论辩框架 AF 中，对于 AF 的任何一个坚实可相容外延 Δ，存在一个 AF 的可相容外延的使得这个可相容外延是 Δ 的超集。接下来的例子说明了命题 12.5 的逆命题不成立。

例 12.4 考虑图 12.3a 中论辩框架 AF_1 和一个论证集 $\Delta = \{A, C\}$。那么就有，Δ 是 AF_1 的一个可相容外延。然而，可从图 12.3a 中看出，B 不仅攻击自己而且攻击 A。因此从命题 12.4 可知，AF_1 的任何一个坚实可相容外延都不包含 A。所以 Δ 不是 AF_1 的一个坚实可相容外延。

接下来的命题给出了可相容外延和坚实可相容外延之间的联系。也就是，在任意给定的一个论辩框架 AF 中，在某些条件下，一个论证集 Δ 辩护的论证构成的论证集就等同于 Δ 坚实辩护的论证构成的论证集。

命题 12.6 任意给定一个论辩框架 $AF = \langle Arg, \rightarrow \rangle$。对于任何一个论证集 $\Delta \subseteq Arg$，如果 $d(\Delta) = d_\mathcal{S}(\Delta)$，则 Δ 是 AF 的一个可相容外延当且仅当 Δ 是 AF 的一个坚实可相容外延。

证明 任取一个论证集 $\Delta \subseteq Arg$，假设 $d(\Delta) = d_\mathcal{S}(\Delta)$。① 假设 Δ 是 AF 的一个可相容外延。那么根据定义 12.5(2) 可知，$\Delta \subseteq n(\Delta)$ 且 $\Delta \subseteq d(\Delta)$。因此就有，$\Delta \subseteq d_\mathcal{S}(\Delta)$。然后引理 12.4 可知，$\Delta$ 是 AF 的一个坚实可相容外延。② 假设 Δ

是 AF 的一个坚实可相容外延。那么从引理 12.4 就有，$\Delta \subseteq n(\Delta)$ 且 $\Delta \subseteq d_{\mathcal{S}}(\Delta)$。于是就有，$\Delta \subseteq d(\Delta)$。所以由定义 12.5(2) 可知，$\Delta$ 是 AF 的一个可相容外延。

12.4.2 坚实完全外延

在坚实可相容性的基础上，我们定义坚实完全外延的概念，也就是，在任意给定的一个论辩框架中，一个论证集如果是一个坚实可相容的外延，而且被这个论证集坚实辩护的论证都在这个论证集里，那它就是一个坚实完全外延。

定义 12.12（**坚实完全外延**） 任意给定一个论辩框架 $AF = \langle Arg, \rightarrowtail \rangle$。$\Delta \subseteq Arg$ 是一个坚实完全外延，当且仅当，① Δ 是一个坚实可相容集，并且② 任何一个对于 Δ 是坚实可接受的论证都被包含在 Δ 中。

引理 12.6 任意给定一个论辩框架 $AF = \langle Arg, \rightarrowtail \rangle$。对于任何一个论证集 $\Delta \subseteq Arg$，Δ 是 AF 的一个坚实完全外延当且仅当 $\Delta \subseteq n(\Delta)$ 并且 $\Delta = d_{\mathcal{S}}(\Delta)$。

证明 任取一个论证集 $\Delta \subseteq Arg$。假设 Δ 是 AF 一个坚实完全外延。于是根据定义 12.12 有，Δ 是 AF 的一个坚实可相容外延。因此根据引理 12.4 可得到 $\Delta \subseteq n(\Delta)$ 并且 $\Delta \subseteq d_{\mathcal{S}}(\Delta)$。再次根据定义 12.12 有，任何一个对于 Δ 是坚实可接受的论证都被 Δ 包含。于是我们得到 $d_{\mathcal{S}}(\Delta) \subseteq \Delta$。所以 $\Delta = d_{\mathcal{S}}(\Delta)$。为了证明另外一个方向也成立，假设 $\Delta \subseteq n(\Delta)$ 并且 $\Delta = d_{\mathcal{S}}(\Delta)$。那么根据可相容外延的定义就有，$\Delta$ 是 AF 的一个坚实可相容外延，并且由于假设了 $\Delta = d_{\mathcal{S}}(\Delta)$，因此任何一个对于 Δ 是坚实可接受的论证都被包含在 Δ 中。所以根据定义 12.12 可得到，Δ 是 AF 的一个坚实完全外延。

在任何一个论辩框架 AF 中，我们已经证明了 AF 的任何一个坚实可相容外延必定是一个 AF 的可相容外延。但我们是否能说 AF 的任何一个坚实完全外延必定是一个 AF 的完全外延？答案是否定的（参阅例 12.8）。不过在当给定了一个条件之后，一个坚实完全外延必定是 AF 的一个完全外延。另外，AF 的坚实完全外延的存在蕴含了 AF 的完全外延的存在。

定理 12.4 任意给定一个论辩框架 $AF = \langle Arg, \rightarrowtail \rangle$。对于任何一个论证集 $\Delta \subseteq Arg$，
（1）如果 Δ 是 AF 的一个完全且坚实自我辩护的外延，则 Δ 是 AF 的一个坚实完全外延。
（2）如果 Δ 是 AF 的一个坚实完全外延，则存在 AF 的一个完全外延 Γ 使得 $\Delta \subseteq \Gamma$。

证明 任取一个论证集 $\Delta \subseteq Arg$。① 假设 Δ 是 AF 的一个坚实完全外延。那么根据定义 12.12 有，Δ 是 AF 的一个坚实可相容外延。因此根据命题 12.5 可得，Δ 是 AF 的一个可相容外延。所以根据定理 12.2 有，存在 AF 的一个偏好外延使得 $\Delta \subseteq \Gamma$。另外从定理 12.1 有，AF 的一个偏好外延是 AF 的一个完全外延。

因此，存在 AF 的一个完全外延 Γ 使得 $\Delta \subseteq \Gamma$。

② 假设 Δ 是 AF 的一个完全且坚实自我辩护外延。那么根据定义 12.10 就可以得到 $\Delta \subseteq d_{\mathcal{S}}(\Delta)$。另外从完全外延的定义（在定义 12.5 中）可知 $\Delta \subseteq n(\Delta)$ 并且 $\Delta = d(\Delta)$。于是马上得到 $\Delta = d_{\mathcal{S}}(\Delta)$。我们从命题 12.3 能得到 $d_{\mathcal{S}}(\Delta) \subseteq d(\Delta)$。所以 $\Delta = d_{\mathcal{S}}(\Delta)$。最后根据引理 12.6 得出结论说 Δ 是 AF 的一个坚实完全外延。

定义 12.13（坚实偏好外延） 任意给定一个论辩框架 $AF = \langle Arg, \rightarrowtail \rangle$。一个论证集 $\Delta \subseteq Arg$ 是 AF 的一个偏好外延当且仅当 Δ 是 AF 的一个（关于集合包含的）极大坚实可相容外延。

定理 12.5 任意给定一个论辩框架 $AF = \langle Arg, \rightarrowtail \rangle$。对于任何一个论证集 $\Delta \subseteq Arg$，如果 Δ 是 AF 的一个坚实偏好外延，则 Δ 是 AF 的一个坚实完全外延。

证明 任取一个论证集 $\Delta \subseteq Arg$。假设 Δ 是 AF 的一个坚实偏好外延。那么从定义 12.13 可知 Δ 是 AF 的一个无冲突外延。从无冲突性的定义可知 $\Delta \subseteq n(\Delta)$。因此我们只需要证明 $\Delta = d_{\mathcal{S}}(\Delta)$。根据定义 12.13 和引理 12.4 可得 $\Delta \subseteq d_{\mathcal{S}}(\Delta)$。为了证明 $d_{\mathcal{S}}(\Delta) \subseteq \Delta$，假设一个论证 $X \in d_{\mathcal{S}}(\Delta)$。则根据引理 12.3 有，$X$ 对于 Δ 是坚实可接受的。于是根据引理 12.5 有，$\Delta \cup \{X\}$ 是 AF 的一个坚实可相容外延。为了得到矛盾，假设 $X \notin \Delta$。但这与 Δ 的极大性矛盾。因此 $X \in \Delta$。所以我们就有 $\Delta = d_{\mathcal{S}}(\Delta)$。最后根据引理 12.6 有，$\Delta$ 是 AF 的一个坚实完全外延。

定理 12.5 建立了坚实完全外延和坚实偏好外延之间的联系。我们用下来的例子来说明这条定理的逆命题无法成立。也就是，在任何一个论辩框架中 AF 中，AF 的坚实完全外延不一定是 AF 的坚实偏好外延。

例 12.5 让我们考虑图 12.3c 的论辩框架 AF_3 及两个论证集 $\Delta = \{A\}$ 及 $\Gamma = \{A, C\}$。那么 Δ 是 AF 的一个坚实完全外延。然而我们可以看出 Γ 是 AF 的一个坚实可相容外延且 $\Delta \subset \Gamma$。换句话说，Δ 不是 AF 的一个极大坚实可相容外延。因此，Δ 不是 AF 的一个坚实完全外延。

以下的命题说明了坚实完全外延和坚实偏好外延之间的关系，也就是，在任何一个论辩框架中 AF 中，AF 的一个偏好坚实完全外延一定是 AF 一个坚实完全外延。

命题 12.7 任意给定一个论辩框架 $AF = \langle Arg, \rightarrowtail \rangle$。对于任何一个论证集 $\Delta \subseteq Arg$，

(1) 如果 Δ 是 AF 的一个偏好外延且 $d(\Delta) = d_{\mathcal{S}}(\Delta)$，则 Δ 是 AF 的一个完全偏好外延。

(2) 如果 Δ 是 AF 的一个坚实偏好外延，则存在 AF 的一个偏好外延是 Γ 使得 $\Delta \subseteq \Gamma$。

证明 任取一个论证集 $\Delta \subseteq Arg$。① 假设 Δ 是 AF 的一个偏好外延且

12.4 坚实语义

$d(\Delta) = d_\mathcal{S}(\Delta)$。那么根据偏好外延的定义有，$\Delta$ 是 AF 的一个可相容外延，并且不存在 AF 的一个可相容外延 Γ 使得 $\Delta \subset \Gamma$。因此根据命题 12.6 有，Δ 是 AF 的一个可相容外延并且不存在 AF 的一个坚实可相容外延 Γ 使得 $\Delta \subset \Gamma$。也就是说，根据定义 12.13，Δ 是 AF 的一个极大坚实可相容外延。

② 假设 Δ 是 AF 的一个坚实偏好外延。那么根据定义 12.13，Δ 是 AF 的一个坚实可相容外延。因此根据命题 12.5，Δ 是 AF 的一个可相容外延。最后根据定理 12.2，存在 AF 的一个偏好外延 Γ 使得 $\Delta \subseteq \Gamma$。

12.4.3 坚实稳定外延

不需要借助坚实可相容的定义，而是只需要根据攻击的定义，我们就可以定义坚实稳定外延。

定义 12.14（坚实稳定外延） 任意给定一个论辩框架 $AF = \langle Arg, \rightarrow \rangle$。一个论证集 $\Delta \subseteq Arg$ 是 AF 的一个坚实稳定外延当且仅当 **(i)** Δ 的 AF 一个无冲突外延，并且 **(ii)** 对于任何一个论证 $X \notin \Delta$，$\Delta \rightarrow X$ 且 Δ 包含 X 的所有攻击者。

引理 12.7 任意给定一个论辩框架 $AF = \langle Arg, \rightarrow \rangle$。对于任何一个论证集 $\Delta \subseteq Arg$，如果 Δ 是 AF 的一个坚实稳定外延，则 Δ 是 AF 的一个坚实可相容外延。

证明 任取一个论证集 $\Delta \subseteq Arg$。假设 Δ 是一个坚实稳定外延。则据定义 12.14，Δ 是 AF 的一个无冲突外延。为了证明 Δ 是 AF 的一个坚实自我辩护外延，假设一个论证 $X \in \Delta$。假设一个论证 $Y \in Arg$ 攻击 X。那么就有，$Y \notin \Delta$。因此根据定义 12.14 可知，$\Delta \rightarrow Y$ 并且所有 Y 的攻击者都被 Δ 包含。根据定义 12.8 有，X 对于 Δ 坚实可接受的。根据引理 12.3 马上可得到 $X \in d_\mathcal{S}(\Delta)$。因此 $X \subseteq d_\mathcal{S}(\Delta)$。最后根据定义 12.11 可得到 Δ 是 AF 的一个坚实可相容外延。

命题 12.8 任意给定一个论辩框架 $AF = \langle Arg, \rightarrow \rangle$。对于任何一个论证集 $\Delta \subseteq Arg$，如果 Δ 是 AF 的一个坚实完全外延，则 $Arg \setminus \Delta$ 是 AF 的一个无冲突外延。

证明 任取一个论证集 $\Delta \subseteq Arg$。假设 Δ 是 AF 的一个坚实稳定外延。为了得到矛盾，假设 $Arg \setminus \Delta$ 不是 AF 的一个无冲突外延。那么就存在两个论证 $A \in Arg \setminus \Delta$ 和 $B \in Arg \setminus \Delta$ 使得 $A \rightarrow B$ 或者 $B \rightarrow A$。但这与从定义 12.14 的得到结论矛盾，这个结论是，A 和 B 的所有攻击者都被 Δ 包含。因此，$Arg \setminus \Delta$ 是 AF 一个的无冲突外延。

下面的定理将坚实偏好外延与坚实稳定外延联系起来。也就是，在任何论辩框架 AF 中，AF 的任何一个坚实稳定外延一定是 AF 的一个坚实偏好外延。

定理 12.6 任意给定一个论辩框架 $AF = \langle Arg, \rightarrow \rangle$。对于任何一个论证集 $\Delta \subseteq Arg$，如果 Δ 是 AF 的一个坚实稳定外延，则 Δ 是 AF 的一个坚实偏好外延。

证明　任取一个论证集 $\Delta \subseteq Arg$。假设 Δ 是 AF 的一个坚实稳定外延。则根据引理 12.7 有，Δ 是 AF 的一个坚实可相容外延。我们需要证明 Δ 的极大性。为了得到矛盾，假设存在 AF 的一个坚实可相容外延 Γ 使得 $\Delta \subset \Gamma$。那么就存在一个论证 X 使得 $X \in \Gamma$ 且 $X \notin \Delta$。于是就存在一个论证 $Y \in \Delta$ 使得 $Y \rightharpoonup X$。而这与 Γ 的无冲突性矛盾。因此 Δ 是 AF 的一个极大坚实可相容外延。最后根据定义 12.13 有，Δ 是 AF 的一个坚实偏好外延。

下面的例子说明了定理 12.6 的逆命题不成立，也就是，在任何一个论辩框架中 AF 中，AF 的偏好外延不一定是 AF 的坚实稳定外延。

例 12.6　考虑图 12.3e 中的论辩框架 AF_5 和一个论证集 $\Delta = \{A, C\}$。则 Δ 是 AF 的一个完全偏好外延。然而，从图 12.3e 中可看出，$D \notin \Delta$ 且 $\Delta \not\rightharpoonup D$。但是 D 的攻击者没有完全被 Δ 包含。因此 Δ 不是 AF 的一个坚实稳定外延。

命题 12.9　任意给定一个论辩框架 $AF = \langle Arg, \rightharpoonup \rangle$。对于任何一个论证集 $\Delta \subseteq Arg$，如果 Δ 是 AF 的一个坚实稳定外延，则 Δ 是 AF 的一个稳定外延。

证明　任取一个论证集 $\Delta \subseteq Arg$。假设 Δ 是一个 AF 的一个坚实稳定外延。则根据定义 12.14 可知，Δ 是 AF 的一个无冲突外延，并且对于任何一个论证 $X \notin \Delta$ 有，$\Delta \rightharpoonup X$。因此由无冲突的定义得到 $\Delta \subseteq n(\Delta)$。为了证明 $n(\Delta) \subseteq \Delta$，假设 $X' \in n(\Delta)$。那么根据定义 12.4，Δ 中没有 X' 的任何攻击者。为了得到矛盾，假设 $X' \notin \Delta$。那么我们就有 $\Delta \rightharpoonup X'$。这与 Δ 不包含 X' 的任何攻击者相矛盾。因此 $X' \in \Delta$。故 $n(\Delta) \subseteq \Delta$。所以 $\Delta = n(\Delta)$。最后根据稳定外延的定义可知，Δ 是 AF 的一个稳定外延。

命题 12.9 蕴含了对于 AF 的任何一个坚实稳定外延，存在 AF 的一个稳定外延 Γ 使得 $\Delta \subseteq \Gamma$。为了更好地理解这个命题，我们考虑图 12.3d 中的论辩框架 AF_4 和一个论证集 $\Delta = \{A, C, D\}$。容易看出 Δ 是 AF_4 的一个稳定外延，也是 AF_4 的一个坚实稳定外延。但是，在图 12.3a 的论辩框架 AF_1 中，论证集 $\Delta = \{A, C\}$ 是 AF_1 的一个稳定外延但不是 AF_1 的一个坚实稳定外延。

12.4.4　坚实基外延

接下来我们用坚实辩护函数来定义坚实基外延。坚实基外延拥有（关于集合包含的）最小性。

定义 12.15（坚实基外延）　任意给定一个论辩框架 $AF = \langle Arg, \rightharpoonup \rangle$。一个论证集 $\Delta \subseteq Arg$ 是 AF 的一个坚实当且仅当 Δ 是坚实辩护函数 d_S^{AF} 的最小不动点。

由于 Arg 是有限集，那么在任何一个论辩框中，这个框架的坚实基可以外延从空集开始通过重复运算坚实辩护函数得到。因此就有以下的定理和命题。

定理 12.7 任意给定一个论辩框架 $AF = \langle Arg, \rightarrowtail \rangle$。对于任何一个论证集 $\Delta \subseteq Arg$，Δ 是 AF 的一个坚实基外延当且仅当 Δ 是 AF 的最小坚实完全外延。

命题 12.10 任意给定一个论辩框架 $AF = \langle Arg, \rightarrowtail \rangle$。对于任何一个论证集 $\Delta \subseteq Arg$，

（1）如果 Δ 是 AF 的一个坚实基外延，则 Δ 是 AF 的基外延的子集。

（2）如果 Δ 是 AF 的一个基外延同时也是 AF 的坚实自我辩护外延，则 Δ 是 AF 的坚实基外延。

12.4.5 示例

我们给出两个例子来进一步说明 Dung 的外延和坚实外延的不同。第一个例子（例 12.7）说明了在任何一个论辩框架 AF 中，如果一个论证集 Δ 是 AF 一个完全（偏好，稳定或者基）外延，则 Δ 不一定是 AF 的一个坚实完全（坚实偏好，坚实稳定或者坚实基）外延。

例 12.7 让我们考虑图 12.3a 中的论辩框架 AF_1 及一个论证集 $\Delta = \{A, C\}$。那么 Δ 是 AF 的一个完全、偏好且稳定的基外延。然而，我们可以从图 12.3a 中看到，A 不能包含在 AF 任何一个坚实可相容外延中，因为 B 攻击自己和 A。因此，Δ 既不是一个坚实完全、坚实偏好或者坚实稳定的外延，也是不是坚实基外延。

第二个例子（例 12.8）说明了在任何一个论辩框架 AF 中，如果一个论证集是 AF 的一个坚实完全（坚实偏好或者坚实基）外延，则 Δ 不一定是 AF 的一个完全（偏好或者基）外延。

例 12.8 考虑图 12.3b 中的论辩框架 AF_2 和一个论证集 $\Delta = \{C, D, F\}$。那么 Δ 是 AF 的一个完全且偏好的基外延。但是，从图 12.3b 中可看出，Δ 辩护 A 而 A 不被 Δ 包含。因此 Δ 既不是 AF 的一个完全、偏好且稳定的外延，也不是 AF 的一个基外延。

12.5 相关工作

就像坚实辩护的概念一样，Baroni 和 Giacomin [236] 同样也提出了 Dung 的加强版辩护概念，被称作强辩护。在任何一个论辩框架 $AF = \langle Arg, \rightarrowtail \rangle$ 中，一个论证 $X \in Arg$ 被一个论证集 $\Delta \subseteq Arg$ 强辩护（记作 $sd(X, \Delta)$）当且仅当对于任何一个论证 $Y \in Arg$，如果 Y 攻击 X，则存在一个论证 $Z \in \Delta$ 使得 Z 攻击 X 且 $Z \neq X$，继而 $sd(Z, \Delta \setminus \{X\})$。另外，基于强辩护的概念，Caminada 和 Dunne [257] 研究强可相容外延及其性集语。虽然坚实辩护概念和强辩护概念都是对 Dung 的辩护概念的增强，但增强的方式和我们的不一样。

Coste-Marquis 等[258]提出了一种在 Dung 的论辩框架之上加上限制的框架。这样的限制是可以用一个经典命题逻辑公式来刻画，这些公式的原子命题就是一个论证。但是据我们所知，仅仅加上单一的命题逻辑公式来刻画我们定义的所有外延是行不通的，而且我们的语义是更具体的，一些具体性质无法在他们框架下得出，比如，命题 12.4 是无法被这样的框架刻画的。

对论证区分和排序近些年也得到了更多的关注（如文献 [259]、[260]、[261]）。Jakobovits 和 Vermeir[262]区分了三种论证状态，也就是接受、拒绝及未决，并且给每一个论证指定一个状态。Wu 和 Caminada[263]基于 labelling 给出了六种论证的状态，也就是强接受、弱接受、强拒绝、弱拒绝、未决底线及决定底线。Besnard 和 Hunter[243]则在经典命题逻辑的基础上定义了被称为分类器（categoriser）的函数。在他们的方法中，每个论证可能有无限个值，也就是有无限种状态。Amgoud 和 Ben-Naim[264]扩展了 categoriser 函数，并用借助攻击与辩护路径定义了 local 和 global 两种赋值方法。另外，他们首次提出了论证的分级（gradulity）可接受性的概念。Amgoud 和 Ben-Naim[265]利用攻击者的数量，根据论证的可接受性强度从强到弱进行了排序。Bonzon 等[266]给出了众多排序语义的比较。Amgoud 等[267]强调了排序不能只考虑数量，也应该考虑辩护的质量。

12.6 结　　论

本章我们在抽象论辩框架的基础上提出了坚实辩护的概念，也就是，在任何一个论辩框架中，一个论证 X 被论证集 Δ 辩护当且仅当对于任何一个论证 Y，如果 Y 攻击 X，那么 Δ 中就存在一个论证 Z 攻击 Y，并且 Y 的所有攻击者都被 Δ 包含。借助无冲突的概念，我们还定义了坚实可相容外延、坚实完全外延、坚实偏好外延、坚实稳定外延及坚实基外延。这些外延都是 Dung 的外延增强版本，每一种坚实外延的存在都蕴含了对应的 Dung 外延的存在。另外，我们研究了每一种坚实外延的性质及这些外延之间的关系，比较了坚实语义、分级语义和 Dung 的语义。

从坚实辩护的定义可以看出，如果一个论证 X 要被一个论证集坚实辩护，那么 Δ 中不仅要有这个论证的辩护者存在，而且所有的辩护者都要被 Δ 包含，也就是 Δ 包含了这个论证百分之百的攻击者。但是，如果我们只要求外延包含 50% 或者 60% 的辩护者，是否也能够如坚实可接受性一样被一阶逻辑语言刻画。据我们所知，答案是否定的。只有二阶或者更高阶的逻辑才能刻画比例的概念。因此，在未来的工作中，我们将尝试用二阶逻辑来刻画论证比例的概念，并且根据比例对论证的接受性强度作区分，进而对论证进行排序。

另外，在对于第一篇提出的广义论证理论是自下而上地研究某个文化群体的

12.6 结　　论

说理方式的思考中，我们认为，在分析提取候选论证规则和策略及最后验证规则的时候，可以依据坚实语义来构建有向图，从而更好地了解特定群体的说理方式。最后，我们可以结合社会选择理论来研究坚实语义的保留问题，用配额（quota）函数来研究某种论证集的性质（一个论证集的性质可以理解为某一类外延构成的集合）能否保留，比如，Chen 和 Endriss [268] 证明了没有任何一个配额函数能够保留 Dung 的可相容外延、完全外延。我们可以研究是否有配额函数能保留坚实外延的性质，在这个过程中也许能够得到一些正面的结果。

第 13 章 基于语境、规范和价值的论证系统

13.1 引　　言

论辩可以看作一个由几方意见不统一而引起，经由语言博弈，最终消解分歧、达成一致意见的过程。现实世界中的论辩必定发生在特定的社会文化背景之下，并依据相应背景下的各类习俗、社会规范和价值体系而进行。本章援引明世宗嘉靖时期"大礼议"之争的史实为例[①]。

例 13.1 "大礼议"之争

明朝中后期，由于明武宗无嗣而暴毙，时任内阁首辅的杨廷和与太后商议，根据朱元璋所撰《皇明祖训》中所载的"兄终弟及"原则，将皇位传给了武宗的堂弟朱厚熜，是为嘉靖皇帝。嘉靖接任帝位以后，在对已逝的生父兴献王和在世的生母蒋氏的尊号问题上，与以杨廷和为首的一众朝臣产生了分歧。杨廷和等人认为，嘉靖帝应当参照传统的宗法制度，改称伯父明孝宗为"皇考"，并称生父生母为"皇叔考"、"皇叔母"，相当于从此作为明孝宗的子嗣。由此，以杨廷和为代表的大臣们被称为"继嗣派"。对嘉靖而言，改变自己的生身父母是难以接受的，他与较少数的大臣张璁等人认为，应当以孝道传统为先，为已逝的生父追加皇帝尊号，并称自己的生父为"皇考"。嘉靖帝一方与继嗣派相争不下，互不相让三年之久，史称"大礼议"。其间嘉靖帝为了能以皇太后之礼迎接生母入京，在与继嗣派的对抗中以辞皇帝位相胁迫，继嗣派终于让步妥协。最后，杨廷和致仕归乡，嘉靖帝在"大礼议"之争中获得胜利，为生父追加了皇帝的尊号。（据《明史纪事本末·卷五十》）

根据例 13.1，继嗣派的观点主要依据这样一条规范：根据传统典籍，为了符合宗法，不应为嘉靖生父母追加皇帝和皇太后尊号。这条规范是在"遵循传统文化"这一语境下，基于"宗法"价值至上的观点而提出的。嘉靖与张璁等人的观点同样是在"遵循传统文化"的语境基础上提出的，但他们依据不同的传统典籍，得到了另一条规范，即根据传统典籍，为了推崇孝道，应该推尊生父母（为生父母追加皇帝和皇太后尊号）。在同一语境下得出不同的结论，原因在于

[①] 这里对该案例的引用主要是为了向读者说明我们所提出的基于语境的论证系统背后的设计理念，并对相关理论的应用做出例示。因此，为简明起见，本章对一些细节做了概括处理，例如，在辩论过程中，各方所提出的论证具体涉及了哪些传统典籍，以及其中的哪些相关论述。另外，本书也包含基于广义论证理论对"大礼议"之争的细致分析，参见第 3 章（相关论文的法文版发表于期刊，可参见文献 [44]）。

13.1 引言

在嘉靖的立场上，相比"宗法"，他更看重的是秉持传统文化中的"孝道"这一价值[①]。因此，在例 13.1 中我们可以观察到，嘉靖帝一方在与继嗣派的论辩过程中，首先互相说理，结果双方坚持着各自的价值取舍，辩论僵持不下。然而，嘉靖帝通过胁迫退位，迫使继嗣派转换了语境，在维护"皇权"的价值优先于维护"宗法"的价值的情况下，继嗣派不得不对他们的规范系统和价值的优先排序进行调整。

根据鞠实儿在文献 [45] 中的论述，论证是"某一社会文化群体的成员，在语境下依据合乎其所属社会文化群体规范的规则生成语篇行动序列；其目标是形成具有约束力的一致结论"。结合例 13.1 可以看出，在特定的社会文化背景之下，论辩的语境并非一成不变，而是随着论辩过程的推进，根据论辩参与者的目的而发生转换。语境的转换可能伴随着整个规范系统的动态变化，也即带来规范的增加或删减。而规范的提出又往往基于某些社会价值，在引入新价值的情况下，论辩参与者对于价值优先关系的整体排序也可能发生变化。最终，不同持方的论辩参与者根据自己在相应语境下的价值排序，可能形成共识性的结论，这是结束论辩、消解分歧的关键。

然而，语境作为语用论辩研究中的一个重要背景因素，并未被大多数现有的形式论证系统纳入主要的系统设定之中。文献 [269]–[271] 分别基于 ABA 框架和 $DeLP$ 系统，考虑了语境因素，但未涉及价值和多主体偏好。一些基于规范和价值的形式系统，如文献 [272]–[276] 中，虽然包含语境概念，但是也未关注语境在论辩过程中的动态性特点。总体而言，现有的很多形式论证系统较侧重于发展形式论证作为非单调推理工具的方面，并不注重论证系统与自然语言论辩过程的契合。本章试图从自然语言论证/论辩刻画的角度出发，分析论辩过程中多方参与者的价值排序差异，以及最后各个不同的持方如何消除分歧，达成一致。

有鉴于此，我们在前文所介绍的结构化论证系统 $ASPIC^+$ 的基础上，构建了一个带有语境、规范集合的论证系统。为了获得不同的语境和规范集合之间的偏好关系，本章还为这两个概念关联了相应的价值，以及价值之间的优先级。此外，为完整体现论辩从协商、分歧到达成共识的基本过程，我们根据参与论证的不同持方，定义了抽象论证子框架和共识语义两个概念。由于前文中已经介绍了抽象论辩系统及 $ASPIC^+$ 框架的相关概念，下文将省略对于预备知识的介绍，在 13.2 节直接开始对系统构建及相关的思路进行介绍，给出必要的定义，并在 13.3 节进行总结。如果需要了解相关的预备知识，读者可以查阅前文相关章节，或者参阅文献 [64]、[238]、[228] 等。

[①] 本章对论辩案例的分析主要关注文本记录所呈现的样貌，对于历史情境中人物的更多实际想法，我们无意作深入的探究和揣测。

13.2 系统构建

由于在论辩过程中语境有可能发生转换，我们认为，一个语境首先是基于某种社会价值而提出的，对于论辩参与者而言，是否从一个语境切换到另一语境，可以通过相关社会价值之间的优先关系而决定。因此，本章规定每一个语境本身至少关联着一个具体的价值。此外，论辩过程中的每个语境之中，应当至少包含该语境下的一系列社会规范，这些规范同样是基于某些社会价值而提出的，据此，我们规定每条规范也至少关联一个价值。在每个语境下，论辩的参与者都有对所有相关价值的一套优先关系排序，其中如有不同的持方，则他们各有一套关于价值的排序。不同的价值排序可能导致不同参与者在一个论证理论中获得不一致的结论。

根据上述理念，我们设定一个语境由一个代表该语境的特定名字、一组规范的集合、一组相应的价值的集合，以及关于价值的不同优先排序的集合组成。此外，在相关论证理论中，语境按出现的次序呈现为一个序列。下文分别用"C"表示语境，"N"表示规范的集合，"V"表示价值的集合，"P"表示论辩参与者对集合 V 中价值的优先关系不同排序的集合，下标的数字表示该语境及相关集合的依次编号。由此，我们将一个语境定义如下。

定义 13.1（语境） 设 $C_i = \langle \alpha(v_\beta), N_i, V_i, P_i \rangle$ 是一个语境（$i = 1, 2, 3, \cdots, n$ 是语境的顺序编号），其中

- α 标记特定语境的名称（区别于分类和编号意义上的名称），β 标记与该语境相关的价值的名称，v_β 表示与 α 相关的 β 价值，每个语境至少与一个价值相关联；

- $N_i = \{n_1(v_p), n_2(v_q), n_3(v_r), \cdots, n_k(v_x)\}$ 是规范的集合，其中 n_j（$j = 1, 2, 3, \cdots, k$）是规范，"$v_p, v_q, v_r, \cdots, v_x$"表示分别与各条规范相对应的价值，每个规范都与至少一个价值相匹配；规范的形式为：$\varphi_1, \cdots, \varphi_n \xrightarrow{v_u} / \overset{v_u}{\Rightarrow} \varphi$（$\xrightarrow{v_u}, \overset{v_u}{\Rightarrow}$ 分别表示基于价值 u 的硬性（确定性）推出关系和可废止（不确定性）推出关系[①]；φ_i, φ 都是论证理论所使用的逻辑语言中的元素）；此外，若 $i > 1$，那么使得 $N_{i-1} \subseteq N_i$；

- $V_i = \{v_\beta, v_p, v_q, v_r, \cdots, v_x\}$ 是语境 C_i 中所有相关价值的集合；

- $P_i = \{\gtrsim_1, \gtrsim_2, \cdots, \gtrsim_n\}$ 是语境 C_i 下价值排序的集合，其中 "$\gtrsim_1, \gtrsim_2, \cdots, \gtrsim_n$" （$n \geqslant 1$）[②] 是关于 V_i 中所有元素的 n 组预序关系 $\gtrsim$，使得：
  - $v_n \gtrsim v_m$，当且仅当 v_n 至少与 v_m 一样优先；
  - $v_n > v_m$，当且仅当 $v_n \gtrsim v_m$ 且并非 $v_m \gtrsim v_n$；

[①] 关于硬性规则和可废止规则的定义请参见前文关于 $ASPIC^+$ 的介绍。
[②] n 一般等于参与相关语境下论辩的不同价值排序持方数量。

13.2 系统构建

$-v_n \approx v_m$,当且仅当 $v_n \gtrsim v_m$ 且 $v_m \gtrsim v_n$。

根据这一定义,一个语境 C_i 下的规范集合是该语境中新加入的规范(如果有)的集合和此前已有的规范集合的并集,或者说,一个规范集合总是包含此前已提出的所有规范。这样可以使得在语境发生切换的情况下,不会丢失根据此前已有的规范所构造的论证,以及与规范相关的价值。同样地,对于价值集合 V_i,若 $i > 1$,那么 $V_{i-1} \subseteq V_i$。

在例 13.1 中,以嘉靖帝威胁退位前后为语境转换点,可以划分出两个主要的语境。根据语境的定义,以第一个语境为例,继嗣派与嘉靖一方[①]都以传统文化为立足点。两派基于"宗法"和"孝道"两种传统文化价值,分别提出了两条规则。下文用"t"表示"传统文化"(这既是一个语境的名称,也是一条价值的名称),"d"表示"(参照)传统典籍","h"表示"为嘉靖的生父母上(皇帝和皇太后)尊号","v_z"表示"宗法"价值,"v_x"表示"孝道"价值,$\gtrsim_1$ 和 $\gtrsim_2$ 分别代表继嗣派和嘉靖派的价值排序,这一语境可刻画如下。

例 13.2("大礼议":语境 1) $C_1 = \langle t(v_t), N_1, V_1, P_1 \rangle$,其中:
$N_1 = \{n_1(v_z), n_2(v_x)\}$,
$n_1(v_z) = t, d \overset{v_z}{\Longrightarrow} \neg h$, $n_2(v_x) = t, d \overset{v_x}{\Longrightarrow} h$
$V_1 = \{v_t, v_z, v_x\}$;
$P_1 = \{\gtrsim_1, \gtrsim_2\}$,
$\gtrsim_1$(继嗣派 1)$= v_t \gtrsim v_z > v_x$, $\gtrsim_2$(嘉靖派 1)$= v_t \gtrsim v_x > v_z$

对价值进行排序,为的是能够据此在论证系统中获得论证之间的偏好。参考 $ASPIC^+$,我们将一个基于语境、规范和价值的论证形式系统(根据本章的主要理念,下文将其简称为基于语境的论证系统)定义如下。

定义 13.2(基于语境的论证系统)   基于语境的论证系统 CAS 是一个五元组 $(\mathcal{L}, ^-, \mathcal{R}, \mathcal{C}, n)$,其中

- $\mathcal{L}$ 是一种逻辑语言;
- $^-$ 是一个从 $\mathcal{L}$ 到 $2^\mathcal{L}$ 的函数,使得
  (1) φ 是 ψ 的反对,如果 $\varphi \in \overline{\psi}$,但 $\psi \notin \overline{\varphi}$;
  (2) φ 是 ψ 的矛盾(可记为 $\psi = -\varphi$),如果 $\varphi \in \overline{\psi}$,且 $\psi \in \overline{\varphi}$;
  (3) 对于 $\mathcal{L}$ 中的任意元素 φ,至少存在一个与之对应的矛盾元素[②]。
- 规则集 $\mathcal{R} = \mathcal{R}_s \cup \mathcal{R}_d$ 且 $\mathcal{R}_s \cap \mathcal{R}_d = \emptyset$,其中 $\mathcal{R}_s$ 和 $\mathcal{R}_d$ 分别是硬性规则集和可废止规则集,推理形式为 $\varphi_1, \cdots, \varphi_n \overset{(v_u)}{\longrightarrow} / \overset{(v_u)}{\Longrightarrow} \varphi$($\varphi_i, \varphi$ 都是 $\mathcal{L}$ 中的元素);

[①] 简明起见,下文将以嘉靖和张璁等为代表的一方简称为"嘉靖派"。
[②] 经典否定关系可以看作 $\neg\varphi \in \overline{\varphi}$,且 $\varphi \in \overline{\neg\varphi}$。

- $\mathcal{C} = \{C_1, C_2, \cdots, C_n\}$ 是语境的集合，其中 $C_i = \langle \alpha(v_\beta), N_i, V_i, P_i \rangle$ ($i = 1, 2, 3, \cdots, n$)，使得
  - $\{x(v_y)|\langle x(v_y), N_i, V_i, P_i\rangle \in \mathcal{C}\} \subseteq \mathcal{L}$，并且对于 $\forall \alpha(v_\beta) \in \{x(v_y)|\langle x(v_y), N_i, V_i, P_i\rangle \in \mathcal{C}\}$，如果 $\exists \alpha'(v_{\beta'}) \in \{x(v_y)|\langle x(v_y), N_i, V_i, P_i\rangle \in \mathcal{C}\}$，且 $\alpha \neq \alpha'$，那么 $\alpha(v_\beta) \in \overline{\alpha'(v_{\beta'})}$ 且 $\alpha'(v_{\beta'}) \in \overline{\alpha(v_\beta)}$；
  - $N_i \subseteq \mathcal{R}_s \cup \mathcal{R}_d$；
  - $V_i \subseteq \mathcal{L}$；
- n 是一个命名函数，用于给每条可废止规则指派一个唯一的名称，使得 $n: \mathcal{R}_d \to \mathcal{L}$。

关于知识库、论证理论、论证与攻击关系的定义，可参照前文介绍 $ASPIC^+$ 框架时给出的定义 11.2—定义 11.4，此处不再重复介绍。需要说明的是，每个表示语境具体名称的元素都在论证系统的知识库 $\mathcal{K}$ 当中，且都属于普通前提。上述对语境集合 $\mathcal{C}$ 的定义还表明，在一个论辩过程中，可能包含不同的具体语境，但不同的语境之间相互冲突，也即每个论辩参与者每次只选择其中的一个语境，并基于该语境下的论证、冲突关系和偏好进行论证评估。由于语境具备相应的价值，可以按照相关参与者对价值的优先关系排序，选择当前论辩中对该参与者而言最重要的语境。此外，我们在定义 13.1 中规定了每一个语境和每一条规范都与至少一个价值相匹配，同时，有一些价值也可能重复出现。

在基于 $ASPIC^+$ 的论证系统中，可根据论证的普通前提和可废止规则之间的优先关系，"提升"论证间的偏好关系，据此判断一个论证到另一个论证的攻击是否成功（参见定义 11.5）。本章所提出的包含语境、规范和价值的论证系统旨在通过对规范和语境所对应的价值进行排序，获得可废止规则集和普通前提集中的优先关系，定义如下。

定义 13.3（优先关系） 给定一个基于语境的论证系统 $CAS = (\mathcal{L}, ^-, \mathcal{R}, \mathcal{C}, n)$，设 $C_i = \langle \alpha(v_\beta), N_i, V_i, P_i \rangle$ ($i = 1, 2, 3, \cdots, n$) 是其中的一个语境，根据关于 V_i 中元素的一个优先排序 $\gtrsim \in P_i$，可以得到不确定性的元素之间与之相应的如下优先关系：

- $n_a(v_p), n_b(v_q) \in N_i$，$\geqslant$ 是 N_i 上的一个预序，使得
  - $n_a(v_p) \geqslant n_b(v_q)$，当且仅当 $n_a(v_p) \in \mathcal{R}_s$，或者 $v_p \gtrsim v_q$；
  - $n_a(v_p) > n_b(v_q)$，当且仅当 $n_b(v_q) \notin \mathcal{R}_s$ 且 $v_p > v_q$；
  - $n_a(v_p) \approx n_b(v_q)$，当且仅当 $v_p \approx v_q$；
- $g(v_p), h(v_q) \in \{x(v_y)|\langle x(v_y), N_i, V_i, P_i\rangle \in \mathcal{C}\}$，$\geqslant$ 是集合 $\{x(v_y)|\langle x(v_y), N_i, V_i, P_i\rangle \in \mathcal{C}\}$ 上的一个预序，使得
  - $g(v_p) \geqslant h(v_q)$，当且仅当 $g(v_p) \in \mathcal{K}_n$，或者 $v_p \gtrsim v_q$；
  - $g(v_p) > h(v_q)$，当且仅当 $h(v_q) \notin \mathcal{K}_n$ 且 $v_p > v_q$；

13.2 系统构建

$-g(v_p) \approx h(v_q)$,当且仅当 $v_p \approx v_q$。

延续例 13.2,在"大礼议"事件的语境 1 之下,继嗣派和嘉靖派所构造的论证结构分别如图 13.1a、b 所示。

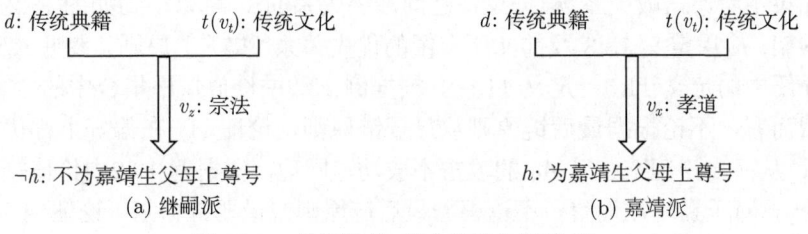

图 13.1 论证结构("大礼议"语境 1)

根据定义 13.3,我们将基于语境的论证系统中的一个抽象论辩框架定义如下。

定义 13.4(基于语境的抽象论辩框架) 一个基于语境的论证理论(CAT)是由基于语境的论证系统 CAS 和知识库 $\mathcal{K}$ 所构成的二元组,表示为 $CAT = (CAS, \mathcal{K})$,那么

(1) 根据 CAT 和论证间冲突关系,一个基于语境 $C_i = \langle \varphi(v_\psi), N_i, V_i, P_i \rangle$ 的结构化论证框架可表示为 $SAF_{C_i} = \langle \mathcal{A}_i, \mathcal{I}_i, \mathcal{P}_i \rangle$,其中:

- $\mathcal{A}_i$ 是一组由知识库 $\mathcal{K}$ 开始、基于 CAS 和 C_i 而构造的论证的集合;
- $\mathcal{I}_i$ 是 $\mathcal{A}_i$ 中论证之间冲突关系的集合,$(A, B) \in \mathcal{I}_i$,当且仅当基于 CAS 和 C_i,论证 A 攻击论证 B;
- $\mathcal{P}_i = \{\succsim_1, \succsim_2, \cdots, \succsim_n\}$,其中 $\succsim_j$ 是 $\mathcal{A}_i$ 上的预序关系,根据定义 13.3,由 $P_i = \{\gtrsim_1, \gtrsim_2, \cdots, \gtrsim_n\}$ 中的相应价值排序 $\gtrsim_j (1 \leqslant j \leqslant n)$ 对应提升而来。

(2) 给定一个基于语境 C_i 的结构化论证框架 $\langle \mathcal{A}_i, \mathcal{I}_i, \mathcal{P}_i \rangle$,根据 $\mathcal{I}_i$、$\mathcal{P}_i$ 以及关于论证之间击败关系的定义[①],论证之间的击败关系集合表示为 $\mathcal{D}_i = \{D_1, D_2, \cdots, D_n\}$,由此可得语境 C_i 下的抽象论辩框架集 $\mathcal{F}_{C_i} = \langle \mathcal{A}_i, \mathcal{D}_i \rangle$;其中包含 n 个与 $D_1, D_2, \cdots, D_n$ 相对应的抽象论证子框架 $F_{C_{i-j}} = \langle \mathcal{A}_i, D_j \rangle$ $(1 \leqslant j \leqslant n)$。

根据定义 13.4,在每个语境下持不同价值排序的各个参与者都将获得至少一个在该语境下(基于论证间冲突关系的)论证框架的子框架。换言之,若一个语境下存在 n 种不同的价值排序,那么该语境下至少存在 n 个子框架。

根据 $ASPIC^+$ 框架和本章对基于语境的论证系统的定义,由案例可以获得如例 13.3 中所示的论证。其中,为了便于区分,我们在例子中用 A_0 表示由一个语境的具体名称单独构成的论证。

---
① 参阅前文关于 $ASPIC^+$ 介绍中的定义 11.5。

例 13.3　延续例 13.2

$A_0 : t(v_t)$　　　　　　　　　　　$A_1 : d$

$A_2 : A_0, A_1 \overset{v_z}{\Longrightarrow} \neg h$　　　　　　$A_3 : A_0, A_1 \overset{v_x}{\Longrightarrow} h$

如果不考虑击败关系，根据论证之间冲突关系的 $\mathcal{I}$，可以得到如图 13.2 所示的论证框架。应用定义 13.3 及前文所介绍的优先关系"提升"原则（参见 $ASPIC^+$ 相关介绍中的定义 11.6—定义 11.9），根据例 13.2 中价值排序集合中的 $\succsim_1$，对于继嗣派而言，不论根据最后链原则或最弱链原则，论证 A_2 在偏好上都优先于论证 A_3，从而自论证 A_3 到 A_2 的攻击不成功；同理，根据例 13.2 中价值排序集合中的 $\succsim_2$，对于嘉靖派而言，不论根据最后链原则或最弱链原则，论证 A_3 在偏好上都优先于论证 A_2，从而自论证 A_2 到 A_3 的攻击不成功。由此可得的两个抽象论证 i 子框架分别如图 13.3 所示。在抽象论辩框架的图示中，为了一目了然，我们将论证的前提及推理规则中所带有的价值依次标注在每个论证的旁边。

图 13.2　论证框架（语境 1：冲突关系）

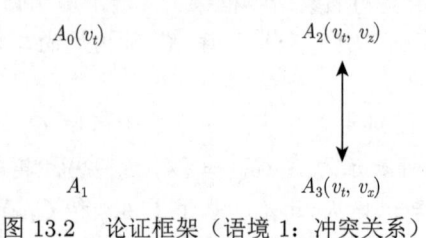

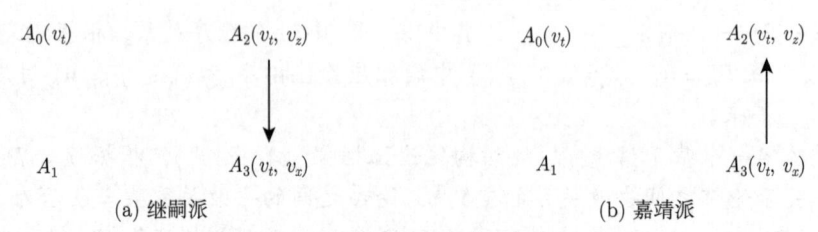

(a) 继嗣派　　　　　　　　　　　(b) 嘉靖派

图 13.3　论证框架（语境 1 子框架）

基于 Dung 式抽象论辩框架进行论证评估，重点在于找出在包含冲突的情境下，有哪几组论证的集合是对于一个理性推理者而言集体可接受的。每一个这样的集合可以称为一个外延，相应的选择标准可以称为论辩语义。根据图 13.3，继嗣派由左侧的论证框架可以得到优先外延[①] $\{A_0, A_1, A_2\}$；嘉靖派由右侧的论证框架可以得到优先外延 $\{A_0, A_1, A_3\}$。由此可见，在"大礼议"之争的语境 1 之下，由于继嗣派和嘉靖派对价值的优先排序不同，导致论证偏好不同，最后论证框架

[①] 优先外延即优先语义下的外延，可参见前文的介绍，或者文献 [277]。下述优先外延在此处同时也是基外延/完全外延/稳定外延等。

中的击败关系也不相同。因此，对于相互冲突的论证 A_3 和 A_4，论辩参与双方可接受的论证及相应的结论不同，无法达成一致意见。

依据广义论证理论，论辩是为了实现下述目标：在一定语境下，协调彼此的立场，对某一有争议的论点采取某种一致态度或有约束力的结论[45]。由于分歧难以消除，在例 13.1 中，嘉靖对继嗣派提出退位，迫使语境发生变化。显然，对于继嗣派的臣子们而言，相比维护宗法，维护皇权稳定更加重要，因此，主要语境已经从遵循"传统文化"转换成了"维护皇权"。同时，在维护皇权的前提下，与语境相应的价值及相关的优先排序也发生了变化——在皇权根基有可能被动摇的情况下，维护宗法和维护孝道之间孰轻孰重的关系不再那么明确和坚定了。另外，对于嘉靖而言，根据文本，他的主要目的并无改变，也即希望能够秉承孝道，而皇权似乎是可以为孝道让步的。因此，在"大礼议"之争的语境 2 之下，除了加入"维护皇权"的价值以外，嘉靖的价值排序与在情境 1 之中相比没有太大改变。

下面用 "abd" 表示"嘉靖帝退位"，用 "e" 表示"维护皇权"（既是语境的名称，也是价值的名称），"大礼议"案例中的情境 2 可刻画如下。

例 13.4　"大礼议"：语境 2

$C_2 = \langle e(v_e), N_2, V_2, P_2 \rangle$，其中：

$N_2 = \{n_1(v_z), n_2(v_x), n_3(v_x), n_4(v_e)\}$，

$n_1(v_z) = t, d \xRightarrow{v_z} \neg h, \quad n_2(v_x) = t, d \xRightarrow{v_x} h$

$n_3(v_x) = \neg h \xRightarrow{v_x} abd, \quad n_4(v_e) = e(v_e) \xRightarrow{v_e} \neg abd$

$V_2 = \{v_t, v_z, v_x, v_e\}$；

$P_2 = \{\gtrsim'_1, \gtrsim'_2\}$，

$\gtrsim'_1$（继嗣派 2）$= v_e > v_t \gtrsim v_z \gtrsim v_x, \quad \gtrsim'_2$（嘉靖派 2）$= v_t \gtrsim v_x \gtrsim v_e > v_z$

由此，在语境 2 之下，论证系统中可以获得如下论证：

$A_0 : t(v_t) \qquad\qquad A_1 : d \qquad\qquad\qquad A_2 : A_0, A_1 \xRightarrow{v_1} \neg h$

$A_3 : A_0, A_1 \xRightarrow{v_x} h \qquad A_4 : A_0, A_2 \xRightarrow{v_x} abd$

$B_0 : e(v_e) \qquad\qquad B_1 : B_0 \xRightarrow{v_e} \neg abd$

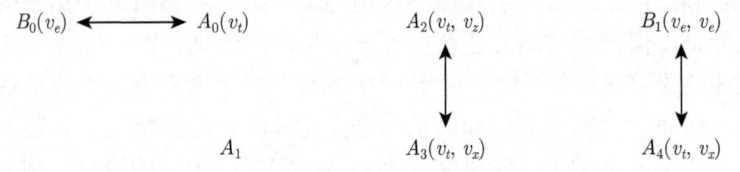

$B_0(v_e) \longleftrightarrow A_0(v_t) \qquad A_2(v_t, v_z) \qquad B_1(v_e, v_e)$

$\qquad\qquad\qquad\qquad\qquad\qquad \updownarrow \qquad\qquad\qquad \updownarrow$

$\qquad\qquad\qquad A_1 \qquad\qquad A_3(v_t, v_x) \qquad A_4(v_t, v_x)$

图 13.4　论证框架 2（语境 2：冲突关系）

根据例 13.4 中所给出的论证之间的冲突关系，可以获得如图 13.4 所示的抽象论辩框架。由例 13.4 中的价值排序 $\gtrsim_1$，不论根据最后链原则或最弱链原则，继

嗣派都可以得出论证 $B_0 \succ A_0, A_2 \succeq A_3, B_1 \succ A_4$。因此，继嗣派可获得图 13.4 所示论证框架的一个子图，如图 13.5 所示。同时，由例 13.4 中的价值排序 $\succsim_2$，不论根据最后链原则或最弱链原则，嘉靖派都可以得出论证 $A_0 \succeq B_0, A_3 \succ A_2$，$A_4 \succeq B_1$。因此，嘉靖派也可获得图 13.4 所示论证框架的一个子图，如图 13.6 所示。

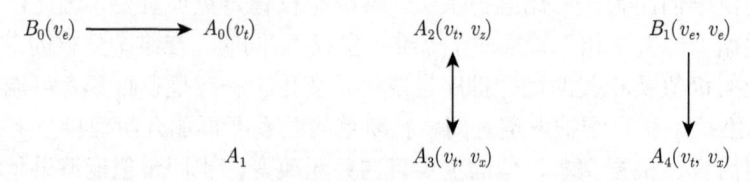

$B_0(v_e) \longrightarrow A_0(v_t) \qquad A_2(v_t, v_x) \qquad B_1(v_e, v_e)$

$\qquad\qquad\qquad\qquad\qquad\quad \updownarrow \qquad\qquad\quad \downarrow$

$\qquad\qquad\qquad A_1 \qquad\quad A_3(v_t, v_x) \qquad A_4(v_t, v_x)$

图 13.5　论证框架 3（语境 2 子框架一：继嗣派）

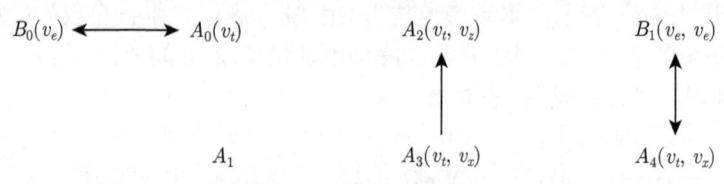

$B_0(v_e) \longleftrightarrow A_0(v_t) \qquad A_2(v_t, v_x) \qquad B_1(v_e, v_e)$

$\qquad\qquad\qquad\qquad\qquad\quad \updownarrow \qquad\qquad\quad \updownarrow$

$\qquad\qquad\qquad A_1 \qquad\quad A_3(v_t, v_x) \qquad A_4(v_t, v_x)$

图 13.6　论证框架 4（语境 2 子框架二：嘉靖派）

根据语境的定义，对于嘉靖派而言，根据图 13.6 所示论证框架，如果一个外延包含论证 A_0，则代表该外延是基于例 13.2 所示的语境 1 而得出的，论证 B_0、B_1 和 A_4 及相关的攻击关系可以省略[①]，其子框架等同于在语境 1 之下嘉靖派所获得的论证框架，即图 13.3b 所示的论证框架。

因此，根据图 13.5，继嗣派可得的优先外延有两个，分别为：

$\{B_0, B_1, A_1, A_2\}$, $\{B_0, B_1, A_1, A_3\}$；

根据图 13.3b 和图 13.6，嘉靖派可得的优先外延有三个，分别为：

$\{A_0, A_1, A_3\}$, $\{B_0, B_1, A_1, A_3\}$, $\{B_0, B_1, A_1, A_4\}$。

可以看到，由于对价值的排序不尽相同，继嗣派和嘉靖派仍然获得了一些不同的论证外延，但同时，两方还获得了一个相同的外延，即 $\{B_0, B_1, A_1, A_3\}$。

由上述结果可见，在语境 2 之下，"大礼议" 之争的双方似乎有了达成一致意见的可能。然而，目前并无已知的论辩语义能够表示此类情况。有鉴于此，下文在其他论辩语义的基础上（参见文献 [277]），定义一个新的概念，称为 "共识"。对这一概念的定义基于这样一个简单的直觉：在一个多方参与的论辩中，如果在某个语境下，存在一组可接受的论证，对于其中至少两个（秉持不同价值排序的）

[①] 直觉上可以认为，根据该参与者对价值的优先排序，语境 2 中新加入的论证和规范对他而言并不重要。

参与者持方来说都可接受，那么这一组论证可以视为在该语境下，上述几个参与者之间所达成的一个共识。

根据这一直觉，我们用 $\mathcal{E}_\mathcal{S}$ 表示一个论证框架在特定语义 $\mathcal{S}$ 下的外延的集合，基于论辩语义 $\mathcal{S}$ 的共识可以定义如下。

定义 13.5 $\mathcal{S}$-共识

给定一个基于语境的论证理论 $CAT = (CAS, \mathcal{K})$，$\mathcal{F}_{C_i} = \langle \mathcal{A}_i, \mathcal{D}_i \rangle$ 是基于其中一个语境 $C_i (1 \leqslant i \leqslant n)$ 的抽象论证框架集合，其中包含一系列抽象论证子框架 $F_{C_{i-1}}, F_{C_{i-2}}, \cdots, F_{C_{i-m}} \in \mathcal{F}_{C_i}$。设 $F_{C_{i-j}}, F_{C_{i-k}} \in \mathcal{F}_{C_i} (1 \leqslant i, j \leqslant m)$ 是该序列中的两个子框架，它们在语义 $\mathcal{S}$ 下可以获得的外延集合分别为 $\mathcal{E}_{\mathcal{S}i-j}$ 和 $\mathcal{E}_{\mathcal{S}i-k}$：

- 若 $\exists E_1, E_2$ 两个外延，使得 $E_1 \in \mathcal{E}_{\mathcal{S}i-j}$ 且 $E_2 \in \mathcal{E}_{\mathcal{S}i-k}$，如果 $E_1 \subseteq E_2$（或者 $E_2 \subseteq E_1$），就可以称 E_1（或者 E_2）为论辩参与方 j 和 k 之间一个 $\mathcal{S}$-共识。

根据上述定义，在集合包含意义上最大的 $\mathcal{S}$-共识可以代表论辩参与方 j 和 k 在语义 $\mathcal{S}$ 下能够获得的最大共识。

根据定义 13.5，$\{B_0, B_1, A_1, A_3\}$ 就是嘉靖派和继嗣派之间的一个最大优先-共识，与其相应的结论集合为 $\{e, \neg abd, d, h\}$，代表着"大礼议"之争的最后，嘉靖帝和继嗣派双方皆可接受的结论为：在"维护皇权"的语境下，"嘉靖帝不退位"，并根据"传统典籍"，"为嘉靖父母上（皇帝和皇太后）尊号"。

13.3 结 论

本章援引明代的"大礼议"之争为例，参考广义论证理论，基于结构化论证框架 $ASPIC^+$，定义了一个基于语境、规则和价值的形式论证系统。

我们所定义的"共识"概念，在直觉上与论辩语义中的理想语义（参见文献 [277]）有相似之处：根据后者而得的理想外延是一个论证框架所有优先外延的最大可相容子集。理想语义在同一论证框架下总是仅产生唯一的一个理想外延，并且常常与经典语义中最具怀疑态度的语义——基语义下得到的外延相同。我们认为，这样的态度在许多期待达成共识的情况下过于谨慎，而且可能无法得到我们在推理直觉上感到应当获得的最大共识。此外，论辩语义与相关外延都是基于特定的抽象论辩框架而言，而根据一个基于语境的论辩理论，在一个语境下往往可以获得多个抽象论辩子框架，因此，已有的论辩语义无法直接刻画参与者之间基于不同的论辩框架而达成的"共识"。由于本章所提出的共识概念是在其他已知语义的基础上定义的，因此，如果要表达推理者比较具有怀疑性的态度，可以选择相应的较具怀疑性的语义作为基础；同理，如果要表达推理者比较轻信的态度，也可以选择表达较为轻信态度的语义作为基础。

诚如 Caminada 曾指出的，现有的 $ASPIC^+$ 系统设置并未重视论辩过程中的不同主体参与和对话性特点,因此更适用于独白式的论证情境[249]。事实上,其他几种常见的结构化论证形式体系的情况也大抵如此。本章试图在 $ASPIC^+$ 框架的基础上,刻画自然语言论辩对话过程中的语境动态切换和基于对价值的不同排序获得的不同主体偏好,并在论辩参与者们的偏好有差异的情况下,得出他们之间的共识性结论。从而,本章提出的基于语境的论证系统相较现有论证形式体系,可以更多地体现出论辩过程中的对话性特点。此外,通过为语境关联相应的价值,并考虑论辩参与者在不同语境下的价值优先排序的变化,本章提出的论证系统还体现了语境转换在实际论辩中的作用。最后,在基于语境的论证系统中,论证偏好来源于在具体语境下,论辩参与者对与社会规范相关联的价值的优先排序。

参 考 文 献

[1] TOULMIN S E. The Uses of Argument[M]. Cambridge: Cambridge University Press, 2003.

[2] VAN EEMEREN F H, GROOTENDORST R. Speech Acts in Argumentative Discussions : A Theoretical Model for the Analysis of Discussions Directed Towards Solving Conflicts of Opinion[M]. Dordrecht-Cinnaminson: Foris Publications, 1984.

[3] VAN EEMEREN F H, GARSSEN B, KRABBE E C W, et al. Handbook of Argumentation Theory[M]. Dordrecht: Springer, 2014.

[4] 鞠实儿. 论逻辑的文化相对性——从民族志和历史学的观点看 [J]. 中国社会科学, 2010(1): 35-47.

[5] 鞠实儿, 贝智恩. 论地方性知识及其局部合理性 [J]. 科学技术哲学研究, 2020, 37(2):1-7.

[6] JU S. Cultural relativism and cultural conflict solution[C]//Invited Report in Department of Sociology. [S.l.]: University of Wisconsin-Madison, 2012.

[7] GABBAY D M, WOODS J. Handbook of the History of Logic: Greek, Indian and Arabic Logic: Volume 1[M]. Netherlands: Elsevier, 2004.

[8] 谢耘. 当代西方论证理论概观 [J]. 哲学动态, 2012(8): 102-108.

[9] SCHOLZ H. Concise History of Logic[M]. New York: Philosophical Library, 1961.

[10] 柏拉图. 柏拉图全集（第三卷）[M]. 王晓朝, 译. 北京: 人民出版社, 2003.

[11] 亚里士多德. 工具论 [M]. 李匡武, 译. 广州: 广东人民出版社, 1984.

[12] 莱布尼茨. 人类理智新论（下卷）[M]. 陈修斋, 译. 北京: 商务印书馆, 1982.

[13] HUANG Y. Pragmatics[M]. Oxford: Oxford University Press, 2007.

[14] VERSCHUEREN J. Understanding Pragmatics[M]. New York: Oxford University Press, 1999.

[15] WARDHAUGH R, FULLER J M. An Introduction to Sociolinguistics[M]. seventh edition. Oxford: Wiley Blackwell, 2015.

[16] DE BOT K, LOWIE W, VERSPOOR M. A dynamic systems theory approach to second language acquisition[J]. Bilingualism: Language and Cognition, 2007, 10(1): 7-21.

[17] WEINREICH U, LABOV W, HERZOG M I. Empirical foundations for a theory of language changes[M]//LEHMANN W P, MALKIEL Y. Directions for Historical Linguistics. Austin: University of Texas Press, 1968: 95-195.

[18] WITTGENSTEIN L. Philosophical Investigations[M]. Oxford: Blackwell, 1953.

[19] 鞠实儿, 张一杰. 中国古代算学史研究新途径——以刘徽割圆术本土化研究为例 [J]. 哲学与文化, 2017(6): 25-51.

[20] WEBER M. Economy and Society: A New Translation[M]. Translated by Tribe K. Cambridge, Massachusetts: Harvard University Press, 2019.

[21] 戴维·波普诺. 社会学 [M]. 李强, 等译. 北京: 中国人民大学出版社, 2008.

[22] 威廉·A. 哈维兰. 文化人类学 [M]. 瞿铁鹏, 等译. 上海: 上海社会科学出版社, 2006.

[23] 鞠实儿, 等. 融合与修正: 跨文化交流的逻辑与认知研究 [M]. 北京: 经济科学出版社, 2020.

[24] WITTGENSTEIN L. Remarks on the Foundations of Mathematics[M]. revised edition Cambridge: The MIT Press, 1978.

[25] 鞠实儿, 何杨. 基于广义论证的中国古代逻辑研究——以春秋赋诗论证为例 [J]. 哲学研究, 2014(1): 102-110.

[26] 麦劲恒. 广式早茶说理的功能结构分析——以"谝"为例 [J]. 逻辑学研究, 2019, 12(2): 86-97.

[27] JU S, WEN X F. An n-player semantic game for an $n+$ 1-valued logic[J]. Studia Logica, 2008, 90: 17-23.

[28] The procedure and structure of general argumentation[C]//International Symposium on Argument and Culture, 2022 Guangzhou. [S.l.: s.n.], 2022.

[29] 吴小花, 麦劲恒, 鞠实儿. 贵州丹寨"八寨苗"祭祀中的说理研究——以"请神"环节为例 [J]. 逻辑学研究, 2020, 13(1): 28-52.

[30] VAN MAANEN J. Tales of the Field: On Writing Ethnography[M]. second edition. Chicago: The University of Chicago Press, 2011.

[31] GARFINKEL H. Ethnomethodology's Program: Working Out Durkheim's Aphorism[M]. Maryland: Rowman and Littlefield Publishers, 2002.

[32] GUMPERZ J J. Discourse Strategies[M]. Cambridge: Cambridge University Press, 1982.

[33] 麦耘, 谭步云. 实用广州话分类词典 [M]. 广州: 世界图书出版公司广东有限公司, 2016.

[34] SACKS H. Note on methodology[C]//ATKINSON J M, HERITAGE J. Structure of Social Action. Cambridge: Cambridge University Press, 1984: 21-27.

[35] LYNCH M. Scientific Practice and Ordinary Action: Ethnomethodology and Social Studies of Science[M]. Cambridge: Cambridge University Press, 1993.

[36] 于国栋, 李枫. 会话分析: 尊重语言事实的社会学研究方法 [J]. 科学技术与辩证法, 2009, 26(4): 14-17.

参 考 文 献

[37] GUMPERZ J J, BERENZ N. Transcribing conversational exchange[C]//EDWARDS J A, LAMPERT M D.Transcription and Coding Method for Language Research. Hillsdale, NJ: Lawrence Erlbaum Associates, Inc., 1993: 91-121.

[38] 郑立华. 交际与面子博弈: 互动社会语言学研究 [M]. 上海: 上海外语教育出版社, 2012.

[39] GUMPERZ J J. Interactional sociolinguistics: A personal perspective[C]// SCHIFFRIN D, TANNEN D, HAMILTON H E. The Handbook of Discourse Analysis. London: Blackwell Publishing, 2001: 215-228.

[40] GUMPERZ J J. On the development of interactional sociolinguistics[J]. 语言教学与研究, 2003(1): 1-10.

[41] 鞠实儿. 论证的语用学基础 [R]. [S.l.]: 中山大学逻辑与认知研究所报告, 2017.

[42] 茉莉. 一盅两件: 广式早茶 [M]. 广州: 广东教育出版社, 2009.

[43] 张励妍, 倪列怀. 港式广州话词典 [M]. 香港: 万里机构·万里书店, 1999.

[44] JU S, LIU W, CHEN Z. L'argumentation sur la titulature imperiale dans la dynastie ming au prisme de la "theorie generalisee de l'argumentation"[J/OL]. Argumentation et Analyse du Discours, 2020, 25: 1-23.

[45] 鞠实儿. 广义论证的理论与方法 [J]. 逻辑学研究, 2020, 13(1):1-27.

[46] 刘广明. 宗法中国: 中国宗法社会形态的定型、完型和发展动力 [M]. 南京: 南京大学出版社, 2011.

[47] 李文治. 明代宗族制的体现形式及其基层政权作用——论封建所有制是宗法宗族制发展变化的最终根源 [J]. 中国经济史研究, 1988(1): 54-72.

[48] 瞿同祖. 中国封建社会 [M]. 北京: 商务印书馆, 2017.

[49] 金景芳. 论宗法制度 [J]. 人文科学学报, 1956(9): 203-225.

[50] 张践. 儒家孝道观的形成与演变 [J]. 中国哲学史, 2000(3): 74-79.

[51] 肖群忠. 孝与中国国民性 [J]. 哲学研究, 2000(7): 33-41.

[52] 张显清, 林金树. 明代政治史（上、下册）[M]. 桂林: 广西师范大学出版社, 2003.

[53] 王天有. 明代国家机构研究 [M]. 北京: 故宫出版社, 2014.

[54] 张廷玉等. 明史（全二十八册）[M]. 北京: 中华书局, 1974.

[55] 吴智和. 明代祖制释义与功能试论 [J]. 史学集刊, 1991(3): 20-29.

[56] 皇明祖训 [M]//四库全书存目丛书（史部第二六四册）. 济南: 齐鲁书社, 1996.

[57] 杨廷和, 费宏, 等. 明武宗实录 [M]. [S.l.]: 台湾"中央研究院"历史语言研究所, 1962.

[58] 张居正, 等. 明世宗实录 [M]. [S.l.:s.n.], 2005.

[59] 田澍. 正德十六年: "大礼议"与嘉隆万改革 [M]. 北京: 人民出版社, 2013.

[60] 杨一清, 等. 明伦大典 [M]. [S.l.]: 嘉靖八年湖广刻本, 1528.

[61] 赵克生. 明代国家礼制与社会生活 [M]. 北京: 中华书局, 2012.

[62] 谷应泰. 明史纪事本末 [M]. 北京: 中华书局, 2015.

[63] （明）朱元璋. 皇明祖训 [M]. [S.l.]: 齐鲁书社, 1996.

[64] DUNG P M. On the acceptability of arguments and its fundamental role in nonmonotonic reasoning, logic programming and n-person games[J]. Artificial Intelligence, 1995, 77(2): 321- 357.

[65] PALAU R M, MOENS M F. Argumentation mining: The detection, classification and structure of arguments in text[C]//ICAIL '09: Proceedings of the 12th International Conference on Artificial Intelligence and Law. New York, NY, USA: Association for Computing Machinery, 2009: 98-107.

[66] MOCHALES R, MOENS M F. Argumentation mining[J]. Artificial Intelligence and Law, 2011, 19: 1-22.

[67] 柏拉图. 柏拉图全集·第 2 卷 [M]. 王晓朝, 译. 北京: 人民出版社, 2003.

[68] 亚里士多德. 范畴篇·解释篇 [M]. 方书春, 译. 北京: 商务印书馆, 1959.

[69] 亚里士多德. 修辞术·亚历山大修辞学·论诗 [M]. 颜一, 崔延强, 译. 北京: 中国人民大学出版社, 2003.

[70] VAN EEMEREN F, GROOTENDORST R, KRUIGER T. Handbook of Argumentation Theory: A Critical Survey of Classical Backgrounds and Modern Studies[M]. Berlin: De Gruyter Mouton, 2019.

[71] 武宏志, 周建武, 唐坚. 非形式逻辑导论 [M]. 北京: 人民出版社, 2009.

[72] FREEMAN J B. Dialectics and the Macrostructure of Arguments: A Theory of Argument Structure[M]. New York: Foils Publications, 1991.

[73] HAYEN A. L'homme et l'histoire. VIe congrès des socétés de philosophie de langue française. strasbourg, septembre 1952[C/OL]//Revue Philosophique de Louvain. Troisieme serie, tome 50, nř8, 1952: 674-678. https://www.persee.fr/doc/phlou_0035-3841_1952_num_50_28_4423.

[74] Ch. 佩雷尔曼, 朱庆育. 法律与修辞学 [J]. 法律方法, 2003(1): 146-151.

[75] VAN EEMEREN F H, GROOTENDORST R. A Systematic Theory of Argumentation: The Pragma-dialectical Approach[M]. New York: Cambridge University Press, 2004.

[76] VAN EEMEREN F H, EEMEREN F. Examining Argumentation in Context: Fifteen studies on Strategic Maneuvering[M]. Amsterdam-Philadelphia: John Benjamins, 2009.

[77] BROCKRIEDE W. Where is argument?[J]. The Journal of the American Forensic Association, 1975, 11(4): 179-182.

[78] POLLOCK J L. Defeasible reasoning[J]. Cognitive Science, 1987, 11(4): 481-518.

[79] SIMARI G R, LOUI R P. A mathematical treatment of defeasible reasoning and its implementation[J]. Artificial Intelligence, 1992, 53(2-3): 125-157.

[80] BENTAHAR J, MOULIN B, BÉLANGER M. A taxonomy of argumentation models used for knowledge representation[J]. Artificial Intelligence Review, 2010, 33: 211-259.

[81] RAHWAN I, SIMARI G R. Argumentation in Artificial Intelligence[M]. New York: Springer, 2009.

[82] MOENS M F, BOIY E, PALAU R M, et al. Automatic detection of arguments in legal texts[C/OL]//ICAIL '07: Proceedings of the 11th International Conference on Artificial Intelligence and Law. New York, Association for Computing Machinery, 2007: 225-230. https://doi.org/10.1145/1276318.1276362.

[83] TEUFEL S, MOENS M. Summarizing scientific articles: Experiments with relevance and rhetorical status[J]. Computational Linguistics, 2002, 28(4): 409-445.

[84] LIPPI M, TORRONI P. Argumentation mining: State of the art and emerging trends[J]. ACM Transactions on Internet Technology, 2016, 16(2): 1-25.

[85] FLOROU E, KONSTANTOPOULOS S, KOUKOURIKOS A, et al. Argument extraction for supporting public policy formulation[C/OL]//Proceedings of the 7th Workshop on Language Technology for Cultural Heritage, Social Sciences, and Humanities. Sofia, Bulgaria: Association for Computational Linguistics, 2013: 49-54.https://www.aclweb.org/anthology/W13-2707.

[86] LIPPI M, TORRONI P. Context-independent claim detection for argument mining[C]//IJCAI'15: Proceedings of the 24th International Conference on Artificial Intelligence. [S.l.]: AAAI Press, 2015: 185-191.

[87] SARDIANOS C, KATAKIS I M, PETASIS G, et al. Argument extraction from news[C/OL]//Proceedings of the 2nd Workshop on Argumentation Mining. Denver, CO: Association for Computational Linguistics, 2015: 56-66. https://www.aclweb.org/anthology/W15-0508.

[88] PARK J, CARDIE C. Identifying appropriate support for propositions in online user comments[C/OL]//Proceedings of the First Workshop on Argumentation Mining. Baltimore, Maryland: Association for Computational Linguistics, 2014: 29-38. https://www.aclweb.org/anthology/W14-2105.

[89] STAB C, GUREVYCH I. Identifying argumentative discourse structures in persuasive essays[C/OL]//Proceedings of the 2014 Conference on Empirical Methods in Natural Language Processing (EMNLP). Doha, Qatar: Association for Computational Linguistics, 2014: 46-56. https://aclanthology.org/D14-1006.pdf.

[90] ECKLE-KOHLER J, KLUGE R, GUREVYCH I. On the role of discourse markers for discriminating claims and premises in argumentative discourse[C]//Proceedings of the 2015 Conference on Empirical Methods in Natural Language Processing (EMNLP). Lisbon, Portugal: Association for Computational Linguistics, 2015: 2249-2255.

[91] RINOTT R, DANKIN L, ALZATE PEREZ C, et al. Show me your evidence—an automatic method for context dependent evidence detection[C/OL]//Proceedings of the 2015 Conference on Empirical Methods in Natural Language Processing. Lisbon, Portugal: Association for Computational Linguistics, 2015: 440-450.https://www.aclweb.org/anthology/D15-1050.

[92] BIRAN O, RAMBOW O. Identifying justifications in written dialogs by classifying text as argumentative[J]. International Journal of Semantic Computing, 2011, 5: 363-381.

[93] PARK J, KATIYAR A, YANG B. Conditional random fields for identifying appropriate types of support for propositions in online user comments[C/OL]//Proceedings of the 2nd Workshop on Argumentation Mining. Denver, CO: Association for Computational Linguistics, 2015: 39-44. https://www.aclweb.org/anthology/W15-0506.

[94] GRAVES H, GRAVES R, MERCER R, et al. Titles that announce argumentative claims in biomedical research articles[C/OL]//Proceedings of the First Workshop on Argumentation Mining. Baltimore, Maryland: Association for Computational Linguistics, 2014: 98-99. https://www.aclweb.org/anthology/W14-2113.

[95] NGUYEN H, LITMAN D. Extracting argument and domain words for identifying argument components in texts[C/OL]//Proceedings of the 2nd Workshop on Argumentation Mining. Denver, CO: Association for Computational Linguistics, 2015: 22-28. https://www.aclweb.org/anthology/W15-0503.

[96] FERRARA A, MONTANELLI S, PETASIS G. Unsupervised detection of argumentative units though topic modeling techniques[C/OL]//Proceedings of the 4thWorkshop on Argument Mining. Copenhagen, Denmark: Association for Computational Linguistics, 2017: 97-107. https://www.aclweb.org/anthology/W17-5113.

[97] LEVY R, BILU Y, HERSHCOVICH D, et al. Context dependent claim detection[C/OL]//Proceedings of COLING 2014, the 25th International Conference on Computational Linguistics: Technical Papers. Dublin, Ireland: Dublin City University and Association for Computational Linguistics, 2014: 1489-1500. https://www.aclweb.org/anthology/C14-1141.

[98] ONG N, LITMAN D J, BRUSILOVSKY A. Ontology-based argument mining and automatic essay scoring [C/OL]//Proceedings First Workshop on Argumentation Mining, 2014. http://d-scholarship.pitt.edu/22680/.

[99] SOMASUNDARAN S, WIEBE J. Recognizing stances in online debates[C/OL]//Proceedings of the Joint Conference of the 47th Annual Meeting of the ACL and the 4th International Joint Conference on Natural Language Processing of the AFNLP. Suntec, Singapore: Association for Computational Linguistics, 2009: 226-234. https://www.aclweb.org/anthology/P09-1026.

[100] SCHNEIDER J, WYNER A. Identifying consumers' arguments in text[Z/OL]. SWAIE 2012: Semantic Web and Information Extraction, Galway Ireland, 2012. http://www.jodischneider.com/pubs/swaie2012.pdf.

[101] TREVISAN B, DICKMEIS E, JAKOBS E M, et al. Indicators of argument-conclusion relationships. An approach for argumentation mining in German discourses[C/OL]//Proceedings of the First Workshop on Argumentation Mining. Baltimore, Maryland: Association for Computational Linguistics, 2014: 104-105. https://www.aclweb.org/anthology/W14-2116.

[102] BOLTUŽIĆF, ŠNAJDER J. Identifying prominent arguments in online debates using semantic textual similarity[C/OL]//Proceedings of the 2nd Workshop on Argumentation Mining. Denver, CO: Association for Computational Linguistics, 2015: 110-115. https://www.aclweb.org/anthology/W15-0514.

[103] HABERNAL I, ECKLE-KOHLER J, GUREVYCH I. Argumentation mining on the web from information seeking perspective[C/OL]//Proceedings of ArgNLP. [S.l.: s.n.], 2014. http://ceur-ws.org/Vol-1341/paper4.pdf.

[104] NGUYEN N, GUO Y S. Comparisons of sequence labeling algorithms and extensions[C/OL]//ICML '07: Proceedings of the 24th International Conference on Machine Learning. New York, NY, USA: Association for Computing Machinery, 2007: 681-688. https://doi.org/10.1145/1273496.1273582.

[105] STAB C, GUREVYCH I. Parsing argumentation structures in persuasive essays[J]. Computational Linguistics, 2017, 43(3): 619-659.

[106] LEVY R, GRETZ S, SZNAJDER B, et al. Unsupervised corpus-wide claim detection[C/OL]//Proceedings of the 4th Workshop on Argument Mining. Copenhagen, Denmark: Association for Computational Linguistics, 2017: 79-84. https://www.aclweb.org/anthology/W17-5110.

[107] FENG V W, HIRST G. Classifying arguments by scheme[C/OL]//Proceedings of the 49th Annual Meeting of the Association for Computational Linguistics: Human Language Technologies. Portland, Oregon, USA: Association for Computational Linguistics, 2011: 987-996. https://www.aclweb.org/anthology/P11-1099.

[108] RAJENDRAN P, BOLLEGALA D, PARSONS S. Contextual stance classification of opinions: A step towards enthymeme reconstruction in online reviews[C/OL]//Proceedings of the ThirdWorkshop on Argument Mining (ArgMining2016). Berlin, Germany: Association for Computational Linguistics, 2016: 31-39. https://www.aclweb.org/anthology/W16-2804.

[109] BOLTUŽIĆ F, ŠNAJDER J. Fill the gap! analyzing implicit premises between claims from online debates[C/OL]//Proceedings of the Third Workshop on Argument Mining (ArgMining2016). Berlin, Germany: Association for Computational Linguistics, 2016: 124-133. https://www.aclweb.org/anthology/W16-2815.

[110] AJJOUR Y, CHEN W F, KIESEL J, et al. Unit segmentation of argumentative texts[C/OL]//Proceedings of the 4th Workshop on Argument Mining. Copenhagen, Denmark: Association for Computational Linguistics, 2017: 118-128. https://aclanthology.org/W17-5115/.

[111] KWON N, HOVY E, ZHOU L, et al. Identifying and classifying subjective claims[C]//Proceedings of the 8th Annual International Conference on Digital Government Research: Bridging Disciplines and Domains.[S.l.]: Digital Government Society of North America, 2007: 76-81.

[112] MOCHALES R, IEVEN A. Creating an argumentation corpus: Do theories apply to real arguments? A case study on the legal argumentation of the ECHR[C/OL]//ICAIL '09: Proceedings of the 12th International Conference on Artificial Intelligence and Law. New York, NY, USA: Association for Computing Machinery, 2009: 21-30. https://doi.org/10.1145/1568234.1568238.

[113] ROONEY N, WANG H, BROWNE F. Applying kernel methods to argumentation mining[C]//Proceedings of the 25th International Florida Artificial Intelligence Research Society Conference, [S.l.: s.n.], 2012: 272-275.

[114] ORABY S, REED L, COMPTON R, et al. And that's a fact: Distinguishing factual and emotional argumentation in online dialogue[C/OL]//Proceedings of the 2nd Workshop on Argumentation Mining. Denver, CO: Association for Computational Linguistics, 2015: 116-126. https://www.aclweb.org/anthology/W15-0515.

[115] HABERNAL I, GUREVYCH I. Argumentation mining in user-generatedweb discourse[J]. Computational Linguistics, 2017, 43(1): 125-179.

[116] HIDEY C, MUSI E, HWANG A, et al. Analyzing the semantic types of claims and premises in an online persuasive forum[C/OL]//Proceedings of the 4th Workshop on Argument Mining. Copenhagen, Denmark: Association for Computational Linguistics, 2017: 11-21. https://www.aclweb.org/anthology/W17-5102.

[117] LAWRENCE J, REED C, ALLEN C, et al. Mining arguments from 19th century philosophical texts using topic based modelling[C/OL]//Proceedings of the FirstWorkshop on Argumentation Mining. Baltimore, Maryland: Association for Computational Linguistics, 2014: 79-87. https://www.aclweb.org/anthology/W14-2111.

[118] ADDAWOOD A, BASHIR M. "what is your evidence?" a study of controversial topics on social media[C/OL]//Proceedings of the Third Workshop on Argument Mining (ArgMining2016). Berlin, Germany: Association for Computational Linguistics, 2016: 1-11. https://www.aclweb.org/anthology/W16-2801.

[119] PELDSZUS A. Towards segment-based recognition of argumentation structure in short texts[C/OL]//Proceedings of the FirstWorkshop on Argumentation Mining. Baltimore, Maryland: Association for Computationa l Linguistics, 2014: 88-97. https://www.aclweb.org/anthology/W14-2112.

[120] CABRIO E, VILLATA S. Combining textual entailment and argumentation theory for supporting online debates interactions[C/OL]//Proceedings of the 50th Annual Meeting of the Association for Computational Linguistics (Volume 2: Short Papers). Jeju Island, Korea: Association for Computational Linguistics, 2012: 208-212. https://www.aclweb.org/anthology/P12-2041.

[121] DAGAN I, GLICKMAN O, MAGNINI B. The PASCAL recognising textual entailment challenge[C/OL]//MLCW'05: Proceedings of the First International Conference on Machine Learning Challenges: Evaluating Predictive Uncertainty Visual Object Classification, and Recognizing Textual Entailment. Berlin: Springer-Verlag, 2005: 177-190. https://doi.org/10.1007/11736790_9.

[122] BOLTUŽIĆ F, ŠNAJDER J. Back up your stance: Recognizing arguments in online discussions[C]//Proceedings of the First Workshop on Argumentation Mining(ArgMining 2014). [S.l.]: Association for Computational Linguistics, 2014: 49-58.

[123] CARSTENS L, TONI F. Towards relation based argumentation mining[C/OL]//Proceedings of the 2nd Workshop on Argumentation Mining. Denver, CO: Association for Computational Linguistics, 2015: 29-34. https://www.aclweb.org/anthology/W15-0504.

[124] GHOSH D, MURESAN S, WACHOLDER N, et al. Analyzing argumentative discourse units in online interactions[C]//Proceedings of the FirstWorkshop on Argumentation Mining. 2014.

[125] PENG N, DREDZE M. Multi-task domain adaptation for sequence tagging[C/OL]//Proceedings of the 2nd Workshop on Representation Learning for NLP. Vancouver, Canada: Association for Computational Linguistics, 2017: 91-100. https://www.aclweb.org/anthology/W17-2612.

[126] LAWRENCE J, REED C. Mining argumentative structure from natural language text using automatically generated premise-conclusion topic models[C/OL]//Proceedings of the 4th Workshop on Argument Mining. Copenhagen, Denmark: Association for Computational Linguistics, 2017: 39-48. https://www.aclweb.org/anthology/W17-5105.

[127] GREEN N. Identifying argumentation schemes in genetics research articles [C/OL]//Proceedings of the 2nd Workshop on Argumentation Mining. Denver, CO: Association for Computational Linguistics, 2015: 12-21. https://www.aclweb.org/anthology/W15-0502.

[128] GREEN N. Manual identification of arguments with implicit conclusions using semantic rules for argument mining[C/OL]//Proceedings of the 4th Workshop on Argument Mining. Copenhagen, Denmark: Association for Computational Linguistics, 2017: 73-78. https://www.aclweb.org/anthology/W17-5109.

[129] KIRSCHNER C, ECKLE-KOHLER J, GUREVYCH I. Linking the thoughts: Analysis of argumentation structures in scientific publications[C/OL]//Proceedings of the 2nd Workshop on Argumentation Mining. Denver, CO: Association for Computational Linguistics, 2015: 1-11. https://www.aclweb.org/anthology/W15-0501.

[130] ASHLEY K D, WALKER V R. Toward constructing evidence-based legal arguments using legal decision documents and machine learning[C/OL]//ICAIL '13: Proceedings of the Fourteenth International Conference on Artificial Intelligence and Law. New York, NY, USA: Association for Computing Machinery, 2013: 176-180. https://doi.org/10.1145/2514601.2514622.

[131] HOUNGBO H, MERCER R E. An automated method to build a corpus of rhetorically-classified sentences in biomedical texts[C/OL]//Proceedings of the First Workshop on Argument Mining, Baltimore,Maryland, USA. The Association for Computer Linguistics, 2014: 19-23. https://doi.org/10.3115/v1/w14-2103.

[132] GREEN N. Towards creation of a corpus for argumentation mining the biomedical genetics research literature [C/OL]//Proceedings of the First Workshop on Argumentation Mining. Baltimore, Maryland, USA: Association for Computational Linguistics, 2014: 11-18. https://www.aclweb.org/anthology/W14-2102.

[133] STAB C, GUREVYCH I. Annotating argument components and relations in persuasive essays[C/OL]//Proceedings of COLING 2014, the 25th International Conference on Computational Linguistics: Technical Papers. Dublin, Ireland: Dublin City University and Association for Computational Linguistics, 2014: 1501-1510. https://www.aclweb.org/anthology/C14-1142.

[134] GOUDAS T, LOUIZOS C, PETASIS G, et al. Argument extraction from news, blogs, and social media[C]//LIKAS A, BLEKAS K, KALLES D. Artificial Intelligence: Methods and Applications. 8th Hallenic Conference on AI, SETN 2014, Ioannina, Greece, May 15-17, 2014, Proceedings. Berlin: Springer, 2014: 287-299.

[135] REISERT P, MIZUNO J, KANNO M, et al. A corpus study for identifying evidence on microblogs[C/OL]//Proceedings of LAW VIII - The 8th Linguistic Annotation Workshop. Dublin, Ireland: Association for Computational Linguistics and Dublin City University, 2014: 70-74. https://www.aclweb.org/anthology/W14-4910.

[136] BECKER M, PALMER A, FRANK A. Argumentative texts and clause types[C/OL]//Proceedings of the Third Workshop on Argument Mining (ArgMining2016). Berlin, Germany: Association for Computational Linguistics, 2016: 21-30. https://www.aclweb.org/anthology/W16-2803.

[137] WACHSMUTH H, TRENKMANN M, STEIN B, et al. A review corpus for argumentation analysis[C/OL]//CICLing 2014: Proceedings of the 15th International Conference on Computational Linguistics and Intelligent Text Processing - Volume 8404. Berlin: Springer-Verlag, 2014: 115-127. https://doi.org/10.1007/978-3-642-54903-8_10.

[138] PERSING I, NG V. End-to-end argumentation mining in student essays[C/OL]//Proceedings of the 2016 Conference of the North American Chapter of the Association for Computational Linguistics: Human Language Technologies. San Diego, California: Association for Computational Linguistics, 2016: 1384-1394. https://www.aclweb.org/anthology/N16-1164.

[139] AKER A, SLIWA A, MA Y, et al. What works and what does not: Classifier and feature analysis for argument mining[C/OL]//Proceedings of the 4th Workshop on Argument Mining. Copenhagen, Denmark: Association for Computational Linguistics, 2017: 91-96. https://www.aclweb.org/anthology/W17-5112.

[140] CAMBRIA E, WHITE B. Jumping NLP curves: A review of natural language processing research[J]. IEEE Computational Intelligence Magazine, 2014, 9(2): 48-57.

[141] YOUNG T, HAZARIKA D, PORIA S, et al. Recent trends in deep learning based natural language processing[J]. IEEE Computational Intelligence Magazine, 2018, 13(3): 55-75.

[142] MIKOLOV T, KARAFIÁT M, BURGET L, et al. Recurrent neural network based language model[C]//Proceedings of the 11th Annual Conference of the International Speech Communication Association, INTERSPEECH 2010: volume 2. [S.l.: s.n.], 2010: 1045-1048.

[143] MIKOLOV T, SUTSKEVER I, CHEN K, et al. Distributed representations of words and phrases and their compositionality[C]//NIPS'13: Proceedings of the 26th International Conference on Neural Information Processing Systems - Volume 2. Red Hook, NY, USA: Curran Associates Inc., 2013: 3111-3119.

[144] PENNINGTON J, SOCHER R, MANNING C. GloVe: Global vectors for word representation[C/OL]//Proceedings of the 2014 Conference on Empirical Methods in Natural Language Processing (EMNLP). Doha, Qatar: Association for Computational Linguistics, 2014: 1532-1543. https://www.aclweb.org/anthology/D14-1162.

[145] LE Q, MIKOLOV T. Distributed representations of sentences and documents[C]//ICML'14: Proceedings of the 31st International Conference on International Conference on Machine Learning, Beijing, China. JMLR: W&CP Volume 32. 2014: II–1188-II–1196.

[146] PALANGI H, DENG L, SHEN Y L, et al. Deep sentence embedding using long short-term memory networks: Analysis and application to information retrieval[J/OL]. IEEE/ACM Transactions on Audio, Speech, and Language Processing, 2016, 24(4): 694-707.

[147] ZHANG X, LECUN Y. Text understanding from scratch[R]. ArXiv, 2015, https://arxiv.org/pdf/1502.01710.pdf.

[148] MA X Z, HOVY E. End-to-end sequence labeling via bi-directional LSTM-CNNs-CRF[C/OL]//Proceedings of the 54th Annual Meeting of the Association for Compu-

tational Linguistics (Volume 1: Long Papers). Berlin, Germany: Association for Computational Linguistics, 2016: 1064-1074. https://www.aclweb.org/anthology /P16-1101.

[149] KIM Y. Convolutional neural networks for sentence classification [C/OL]// Proceedings of the 2014 Conference on Empirical Methods in Natural Language Processing (EMNLP). Doha, Qatar: Association for Computational Linguistics, 2014: 1746-1751. https://www.aclweb.org/anthology/D14-1181.

[150] GUGGILLA C, MILLER T, GUREVYCH I. CNN- and LSTM-based claim classification in online user comments[C/OL]//Proceedings of COLING 2016, the 26th International Conference on Computational Linguistics: Technical Papers. Osaka, Japan: The COLING 2016 Organizing Committee, 2016: 2740-2751.https://www.aclweb.org/anthology/C16-1258.

[151] CHEN W F, KU L W. UTCNN: A deep learning model of stance classification on social media text[C/OL]//Proceedings of COLING 2016, the 26th International Conference on Computational Linguistics: Technical Papers. Osaka, Japan: The COLING 2016 Organizing Committee, 2016: 1635-1645. https://www.aclweb.org/anthology/C16-1154.

[152] KOREEDA Y, YANASE T, YANAI K, et al. Neural attention model for classification of sentences that support promoting/suppressing relationship[C/OL]//Proceedings of the ThirdWorkshop on Argument Mining (ArgMining2016). Berlin, Germany: Association for Computational Linguistics, 2016: 76-81. https://www.aclweb.org/anthology/W16-2809.

[153] EGER S, DAXENBERGER J, GUREVYCH I. Neural end-to-end learning for computational argumentationmining[C/OL]//Proceedings of the 55th Annual Meeting of the Association for Computational Linguistics (Volume 1: Long Papers). Vancouver, Canada: Association for Computational Linguistics, 2017: 11-22. https://www.aclweb.org/anthology/P17-1002.

[154] LIN W H, WILSON T, WIEBE J, et al. Which side are you on? Identifying perspectives at the document and sentence levels[C/OL]//Proceedings of the Tenth Conference on Computational Natural Language Learning(CoNLL-X). New York City: Association for Computational Linguistics, 2006: 109-116. https://www.aclweb.org/anthology/W06-2915.

[155] SOMASUNDARAN S, WIEBE J. Recognizing stances in ideological on-line debates[C/OL]//Proceedings of the NAACL HLT 2010 Workshop on Computational Approaches to Analysis and Generation of Emotion in Text. Los Angeles, CA: Association for Computational Linguistics, 2010: 116-124. https://www.aclweb.org/anthology/W10-0214.

[156] FAULKNER A R. Automated classification of argument stance in student essays: A linguistically motivated approach with an application for supporting argument summarization[D]. New York: The City University of New York, 2014.

[157] HASAN K S, NG V. Stance classification of ideological debates: Data, models, features, and constraints[C/OL]//Proceedings of the Sixth International Joint Conference on Natural Language Processing. Nagoya, Japan: Asian Federation of Natural Language Processing, 2013: 1348-1356. https://www.aclweb.org/anthology/I13-1191.

[158] RANADE S, SANGAL R, MAMIDI R. Stance classification in online debates by recognizing users'intentions[C/OL]//Proceedings of the SIGDIAL 2013 Conference. Metz, France, 2013: 61-69. https://aclanthology.org/W13-4008.pdf.

[159] BAR-HAIM R, EDELSTEIN L, JOCHIM C, et al. Improving claim stance classification with lexical knowledge expansion and context utilization[C/OL]//Proceedings of the 4thWorkshop on Argument Mining. Copenhagen, Denmark, 2017: 32-38. https://aclanthology.org/W17-5104.pdf.

[160] EGAN C, SIDDHARTHAN A, WYNER A. Summarising the points made in online political debates[C/OL]//Proceedings of the Third Workshop on Argument Mining (ArgMining2016). Berlin, Germany: Association for Computational Linguistics, 2016: 134-143. https://www.aclweb.org/anthology/W16-2816.

[161] WALTON D. Argumentation theory: A very short introduction[M]//RAHWAN I, SIMARI G R. Argumentation in Artificial Intelligence. Berlin: Springer, 2009: 1-22.

[162] JOHNSON R, BLAIR J. Key titles in rhetoric, argumentation, and debate series: Logical self-defense[M/OL]. International Debate Education Association, 1994. https://books.google.com/books?id=JxatoAEACAAJ.

[163] PERSING I, NG V. Modeling argument strength in student essays[C/OL]//Proceedings of the 53rd Annual Meeting of the Association for Computational Linguistics and the 7th International Joint Conference on Natural Language Processing (Volume 1: Long Papers). Beijing, China: Association for Computational Linguistics, 2015: 543-552. https://www.aclweb.org/anthology/P15-1053.

[164] CHEN X, BENNETT P, COLLINS-THOMPSON K, et al. Pairwise ranking aggregation in a crowdsourced setting[C/OL]//Proceedings of the 6thACMInternational Conference on Web Search and Data Mining (WSDM'13). Proceedings of the 6th acm international conference on web search and data mining (wsdm '13) ed. ACM, 2013. https://www.microsoft.com/en-us/research/publication/pairwise-ranking-aggregation-in-a-crowdsourced-setting/.

[165] HABERNALI, GUREVYCHI. Which argument is more convincing? analyzing and predicting convincingness of web arguments using bidirectional LSTM[C/OL]// Proceedings of the 54th Annual Meeting of the Association for Computational Linguistics

(Volume 1: Long Papers). Berlin, Germany: Association for Computational Linguistics, 2016: 1589-1599. https://www.aclweb.org/ anthology/P16-1150.

[166] SONG Y, HEILMAN M, BEIGMAN KLEBANOV B, et al. Applying argumentation schemes for essay scoring[C/OL]//Proceedings of the First Workshop on Argumentation Mining. Baltimore, Maryland: Association for Computational Linguistics, 2014: 69-78. https://www.aclweb.org/anthology/W14-2110.

[167] BEIGMAN KLEBANOVB, STABC, BURSTEIN J, et al. Argumentation: Content, structure, and relationship with essay quality[C/OL]//Proceedings of the ThirdWorkshop on Argument Mining (ArgMining2016). Berlin, Germany: Association for Computational Linguistics, 2016: 70-75. https://www.aclweb.org/anthology/W16-2808.

[168] YANG Y M, PEDERSEN J O. A comparative study on feature selection in text categorization[C]//ICML: volume 97. [S.l.: s.n.], 1997: 412-420.

[169] LIU H, MOTODA H, SETIONO R, et al. Feature selection: An ever evolving frontier in data mining[C]//The Fourth Workshop on Feature Selection in Data Mining. [S.l.: s.n.], 2010: 4-13.

[170] CHANDRASHEKAR G, SAHIN F. A survey on feature selection methods[J]. Computers & Electrical Engineering, 2014, 40(1): 16-28.

[171] GUYON I, ELISSEEFF A. An introduction to variable and feature selection[J]. Journal of Machine Learning Research, 2003, 3: 1157-1182.

[172] 周志华. 机器学习 [M]. 北京：清华大学出版社, 2016.

[173] DUCH W. Filter methods[M]//GUYON I, NIKRAVESH M, GUNN S, et al. Feature Extraction: Foundations and Applications. Berlin: Springer, 2006: 89-117.

[174] FORMAN G. An extensive empirical study of feature selection metrics for text classification[J]. Journal of Machine Learning Research, 2003, 3: 1289-1305.

[175] KHOSHGOFTAAR T M, GAO K, NAPOLITANO A, et al. A comparative study of iterative and non-iterative feature selection techniques for software defect prediction[J]. Information Systems Frontiers, 2014, 16(5): 801-822.

[176] MLADENIC D, GROBELNIK M. Feature selection for unbalanced class distribution and Naive Bayes[C]//ICML'99: Proceedings of the Sixteenth Internation Conference on Machine Learing. [S.l.: s.n.], 1999: 258-267.

[177] UCHYIGIT G. Experimental evaluation of feature selection methods for text classification[C]// 2012 9th International Conference on Fuzzy Systems and Knowledge Discovery (FSKD). [S.l.]: IEEE, 2012: 1294-1298.

[178] LIU H, SETIONO R. Chi2: Feature selection and discretization of numeric attributes[C]//Proceedings of the IEEE 7th International Conference on Tools with Artificial Intelligence. [S.l.]: IEEE, 1995: 388-391.

[179] KIRA K, RENDELL L A. The feature selection problem: Traditional methods and a new algorithm[C]//Proceedings of the Tenth National Conference on Artificial Intelligence, [S.l.: s.n.], 1992: 129-134.

[180] FORMAN G, SCHOLZ M. Apples-to-apples in cross-validation studies: pitfalls in classifier performance measurement[J]. ACM SIGKDD Explorations Newsletter, 2010, 12(1): 49-57.

[181] AGRESTI A. An Introduction to Categorical Data Analysis[M]. 2nd edition. New York: John Wiley and Sons, 2007.

[182] STAB C, GUREVYCH I. Annotating argument components and relations in persuasive essays[C]//Proceedings of the 25th International Conference on Computational Linguistics (COLING 2014). Dublin, Ireland: Dublin City University and Association for Computational Linguistics, 2014: 1501-1510.

[183] STAB C, GUREVYCH I. Identifying argumentative discourse structures in persuasive essays[C]//Conference on Empirical Methods in Natural Language Processing (EMNLP 2014). Stroudsburg, PA, USA: Association for Computational Linguistics, 2014: 46-56.

[184] DAXENBERGER J, FERSCHKE O, GUREVYCH I, et al. Dkpro TC: A java-based framework for supervised learning experiments on textual data[C/OL]//Proceedings of 52nd Annual Metting of the Association for Computational Linguistics: System Demonstrations. Batimore, Maryland: Association for Computational Linguistics, 2014: 61-66. https://aclanthology.org/P14-5011/.

[185] HALL M, FRANK E, HOLMES G, et al. The weka data mining software: an update[J]. ACM SIGKDD explorations newsletter, 2009, 11(1): 10-18.

[186] MITCHELL D. The Nicomachean Ethics by Aristotle, David Ross[J]. The Journal of Hallenic Studies, 1957, 77(1): 172.

[187] COHEN R. Analyzing the structure of argumentative discourse[J]. Computational Linguistics, 1987, 13(1-2): 11-24.

[188] STENETORP P, PYYSALO S, TOPIĆG, et al. Brat: A web-based tool for NLP-assisted text annotation [C/OL]//Proceedings of the Demonstrations at the 13th Conference of the European Chapter of the Association for Computational Linguistics. Avignon, France: Association for Computational Linguistics, 2012: 102-107. https://www.aclweb.org/anthology/E12-2021.

[189] 宗成庆. 统计自然语言处理 [M]. 2 版. 北京: 清华大学出版社, 2013.

[190] TOULMIN S E. The Uses of Argument[M]. Updated edition. Cambridge: Cambridge university press, 2003.

[191] MIKOLOV T, CHEN K, CORRADO G, et al. Efficient estimation of word representations in vector space[C/OL]//BENGIO Y, LECUN Y. 1st International Con-

ference on Learning Representations, ICLR 2013,Scottsdale, Arizona, USA, May 2-4, 2013,Workshop Track Proceedings. 2013. http://arxiv.org/abs/1301.3781.

[192] MIKOLOV T, YIH W-T, ZWEIG G. Linguistic regularities in continuous space word representations[C/OL]//Proceedings of the 2013 Conference of the North American Chapter of the Association for Computational Linguistics: Human Language Technologies. Atlanta, Georgia: Association for Computational Linguistics, 2013: 746-751. https://www.aclweb.org/anthology/N13-1090.

[193] MOCHALES-PALAU R, MOENS M-F. Study on sentence relations in the automatic detection of argumentation in legal cases[C]//Proceedings of the 2007 Conference on Legal Knowledge and Information Systems: JURIX 2007: The Twentieth Annual Conference. NLD: IOS Press, 2007: 89-98.

[194] HE K M, ZHANG X Y, REN S Q, et al. Deep residual learning for image recognition[C/OL]//2016 IEEE Conference on Computer Vision and Pattern Recognition (CVPR). 2016: 770-778. https://ieeexplore.ieee.org/document/7780459.

[195] CHAN W, JAITLY N, LE Q, et al. Listen, attend and spell: A neural network for large vocabulary conversational speech recognition[C/OL]//2016 IEEE International Conference on Acoustics, Speech and Signal Processing (ICASSP). 2016: 4960-4964. https://ieeexplore.ieee.org/document/7472621.

[196] BAHDANAU D, CHO K, BENGIO Y. Neural machine translation by jointly learning to align and translate[C/OL]//BENGIO Y, LECUN Y. 3rd International Conference on Learning Representations, ICLR 2015, San Diego, CA, USA, May 7-9, 2015, Conference Track Proceedings. 2015. http://arxiv.org/abs/1409.0473.

[197] VINYALS O, LE Q V. A neural conversational model[C/OL]//Proceedings of the 31st International Conference on Machine Learning, Lille, France, 2015. https://arxiv.org/pdf/1506.05869.pdf.

[198] BOWMAN S R, ANGELI G, POTTS C, et al. A large annotated corpus for learning natural language inference[C/OL]//Proceedings of the 2015 Conference on Empirical Methods in Natural Language Processing. Lisbon, Portugal: Association for Computational Linguistics, 2015: 632-642. https://www.aclweb.org/anthology/D15-1075.

[199] SUTSKEVER I, VINYALS O, LE Q. Sequence to sequence learning with neural networks[J]. Advances in Neural Information Processing Systems, 2014, 4: 3104-3112.

[200] SPEER R, HAVASI C. Representing general relational knowledge in ConceptNet 5[C/OL]//Proceedings of the Eighth International Conference on Language Resources and Evaluation (LREC'12). Istanbul, Turkey: European Language Resources Association (ELRA), 2012: 3679-3686. http://www.lrec-conf.org/proceedings/lrec2012/pdf/1072_Paper.pdf.

[201] GONG Y C, LUO H, ZHANG J. Natural language inference over interaction space[C/OL]//Sixth International Conference on Learning Representations. [S.l.: s.n.], 2018. https://arxiv.org/pdf/1709.04348.pdf.

[202] HU Z, MA X, LIU Z, et al. Harnessing deep neural networks with logic rules[C]//Proceedings of the 54th Annual Meeting of the Association for Computational Linguistics (Volume 1: Long Papers). [S.l.: s.n.], 2016: 2410-2420.

[203] BOS J, MARKERT K. Recognising textual entailment with logical inference[C/OL]//HLT '05: Proceedings of the Conference on Human Language Technology and Empirical Methods in Natural Language Processing. USA: Association for Computational Linguistics, 2005: 628-635. https://doi.org/10.3115/1220575.1220654.

[204] ABZIANIDZE L. A pure logic-based approach to natural reasoning[C]//Proceedings of the 20th Amsterdam Colloquium. Amsterdam: Amsterdam University Press, 2015: 40-49.

[205] CHANG C-L, LEE R C-T. Symbolic Logic and Mechanical Theorem Proving[M]. Boston: Academic Press, Inc., 1997.

[206] MACCARTNEY B, MANNING C D. Natural logic for textual inference[C]// Proceedings of the ACL-PASCAL Workshop on Textual Entailment and Paraphrasing. [S.l.]: Association for Computational Linguistics, 2007: 193-200.

[207] ANGELI G, MANNING C D. NaturalLI: Natural logic inference for common sense reasoning[C/OL]//Proceedings of the 2014 Conference on Empirical Methods in Natural Language Processing (EMNLP). Doha, Qatar: Association for Computational Linguistics, 2014: 534-545. https://www.aclweb.org/anthology/D14-1059.

[208] NANGIA N, WILLIAMS A, LAZARIDOU A, et al. The repeval 2017 shared task: Multi-genre natural language inference with sentence representations[C/OL]//Proceedings of the 2nd Workshop on Evaluating Vector Space Representations for NLP. Copenhagen, Denmark: Association for Computational Linguistics, 2017: 1-10.

[209] CONNEAU A, KIELA D, SCHWENK H, et al. Supervised learning of universal sentence representations from natural language inference data[C]//Proceedings of the 2017 Conference on Empirical Methods in Natural Language Processing. Copenhagen, Denmark:, 2017: 670-680.

[210] MUNKHDALAI T, YU H. Neural semantic encoders[C/OL]//Proceedings of the 15th Conference of the European Chapter of the Association for Computational Linguistics: Volume 1, Long Papers. Valencia, Spain: Association for Computational Linguistics, 2017: 397-407. https://www.aclweb.org/anthology/E17-1038.

[211] CHEN Q, ZHU X D, LING Z-H, et al. Recurrent neural network-based sentence encoder with gated attention for natural language inference[C/OL]//Proceedings of

the 2nd Workshop on Evaluating Vector Space Representations for NLP. Copenhagen, Denmark: Association for Computational Linguistics, 2017: 36-40. https://www.aclweb.org/anthology/W17-5307.

[212] SHEN T, ZHOU T Y, LONG G D, et al. Disan: Directional self-attention network for rnn/cnn-free language understanding[J]. National Conference on Artificial Intelligence, 2018.

[213] CHOI J, YOO K M, LEE S G. Learning to compose task-specific tree structures[J]. https://arxiv.org/pdf/1709.04696.pdfs.

[214] WANG Z G, HAMZA W, FLORIAN R. Bilateral multi-perspective matching for natural language sentences[C]//IJCAI'17: Proceedings of the 26th International Joint Conference on Artificial Intelligence. [S.l.]: AAAI Press, 2017: 4144-4150.

[215] SHA L, CHANG B B, SUI Z F, et al. Reading and thinking: Re-read LSTM unit for textual entailment recognition[C/OL]//Proceedings of COLING 2016, the 26th International Conference on Computational Linguistics: Technical Papers. Osaka, Japan: The COLING 2016 Organizing Committee, 2016: 2870-2879. https://www.aclweb.org/anthology/C16-1270.

[216] CHEN Q, ZHU X D, LING Z H, et al. Enhanced LSTM for natural language inference[C]//Proceedings of the 55th Annual Meeting of the Association for Computational Linguistics (Volume 1: Long Papers). [S.l.: s.n.], 2017: 1657-1668.

[217] Huang G, Liu Z, Van Der Maaten L, et al. Densely connected convolutional networks[C]//2017 IEEE Conference on Computer Vision and Pattern Recognition (CVPR). 2017: 2261-2269.

[218] YANG B, MITCHELL T. Leveraging knowledge bases in LSTMs for improving machine reading[C/OL]//Proceedings of the 55th Annual Meeting of the Association for Computational Linguistics (Volume 1: Long Papers). Vancouver, Canada: Association for Computational Linguistics, 2017: 1436-1446. https://www.aclweb.org/anthology/P17-1132.

[219] SHI C, LIU S J, REN S, et al. Knowledge-based semantic embedding for machine translation[C/OL]//Proceedings of the 54th Annual Meeting of the Association for Computational Linguistics (Volume 1: Long Papers). Berlin, Germany: Association for Computational Linguistics, 2016: 2245-2254. https://www.aclweb.org/anthology/P16-1212.

[220] CHEN Q, ZHU X D, LING Z, et al. Natural language inference with external knowledge[J]. ArXiv, 2017, abs/1711.04289.

[221] SOCHER R, HUVAL B, MANNING C D, et al. Semantic compositionality through recursive matrixvector spaces[C/OL]//Proceedings of the 2012 Joint Conference on Empirical Methods in Natural Language Processing and Computational Natural Lan-

guage Learning. Jeju Island, Korea: Association for Computational Linguistics, 2012: 1201-1211. https://www.aclweb.org/anthology/D12-1110.

[222] MA M B, HUANG L, XIANG B, et al. Dependency-based convolutional neural networks for sentence embedding[C]//Proceedings of the 53rd Annual Meeting of the Association for Computational Linguistics and the 7th International Joint Conference on Natural Language Processing (Volume 2: Short Papers). Beijing, China: Association for Computational Linuistics, 2015: 174-179.

[223] MOU L L, MEN R, LI G, et al. Natural language inference by tree-based convolution and heuristic matching[C/OL]//Proceedings of the 54th Annual Meeting of the Association for Computational Linguistics (Volume 2: Short Papers). Berlin, Germany: Association for Computational Linguistics, 2016: 130-136. https://www.aclweb.org/anthology/P16-2022.

[224] XU J Y, ZHANG Z L, FRIEDMAN T, et al. A semantic loss function for deep learning with symbolic knowledge[C/OL]//Proceedings of 35th International Conference on Machine Learning. Stockholmsmassan, Stockholm Sweden: PMLR, 2018: 5502-5511. http://proceedings.mlr.press/v80/xu18h.html.

[225] HU Z T, YANG Z C, SALAKHUTDINOV R, et al. Deep neural networks with massive learned knowledge[C]//Proceedings of the 2016 Conference on Empirical Methods in Natural Language Processing. Austin, Texas: Association for Computational Linguistics, 2016: 1670-1679.

[226] ZEILER M D. Adadelta: An adaptive learning rate method[J]. ArXiv, 2012, abs/1212.5701.

[227] PRAKKEN H. An abstract framework for argumentation with structured arguments[J]. Argument and Computation, 2010, 1(2): 93-124.

[228] MODGIL S, PRAKKEN H. The ASPIC+ framework for structured argumentation: A tutorial[J]. Argument and Computation, 2014, 5(1): 31-62.

[229] PRAKKEN H, BISTARELLI S, SANTINI F, et al. Computational models of argument: volume 326[C]. [S.l.]: IOS Press, 2020.

[230] BARONI P, CAMINADA M, GIACOMIN M. An introduction to argumentation semantics[J]. The Knowledge Engineering Review, 2011, 26(4): 365-410.

[231] 廖备水. 论辩系统的动态性及其研究进展 [J]. 软件学报, 2012, 23(11): 2871-2884.

[232] CAMINADA M. Semi-stable semantics[C]//Proceedings of the 2006 Conference on Computational Models of Argument. [S.l.]: IOS Press, 2006: 121-130.

[233] VERHEIJ B. Two approaches to dialectical argumentation: Admissible sets and argumentation stages[C]//The Eighth Dutch Conference on Artificial Intelligence. [S.l.: s.n.], 1996: 357-368.

[234] DUNG P M, MANCARELLA P, TONI F. Computing ideal sceptical argumentation[J]. Artificial Intelligence, 2007, 171(10-15): 642-674.

[235] BARONI P, GIACOMIN M, GUIDA G. SCC-recursiveness: A general schema for argumentation semantics[J]. Artificial Intelligence, 2005, 168(1-2): 162-210.

[236] BARONI P, GIACOMIN M. On principle-based evaluation of extension-based argumentation semantics[J]. Artificial Intelligence, 2007, 171(10-15): 675-700.

[237] CAMINADA M, AMGOUD L. On the evaluation of argumentation formalisms[J]. Artificial Intelligence, 2007, 171(5-6): 286-310.

[238] MODGIL S, PRAKKEN H. A general account of argumentation with preferences[J]. Artificial Intelligence, 2013, 195: 361-397.

[239] BONDARENKO A, DUNG P M, KOWALSKI R A, et al. An abstract, argumentation-theoretic approach to default reasoning[J]. Artificial Intelligence, 1997, 93(1-2): 63-101.

[240] DUNG P M, KOWALSKI R A, TONI F. Assumption-based Argumentation[M]//RAHWAN I, SIMARI G R. Argumentation in Artificial Intelligence. Boston, MA: Springer, 2009: 100-218.

[241] GARCÍA A J, SIMARI G R. Defeasible logic programming: An argumentative approach[J]. Theory and Practice of Logic Programming, 2004, 4(1-2): 95-138.

[242] GARCÍA A J, DIX J, SIMARI G R. Argument-based logic programming[M]//RAHWAN I, SIMARI G R. Argumentation in Artificial Intelligence. Boston, MA: Springer, 2009: 153-171.

[243] BESNARD P, HUNTER A. A logic-based theory of deductive arguments[J]. Artificial Intelligence, 2001, 128(1-2): 203-235.

[244] BESNARD P, HUNTER A. Practical first-order argumentation[C]//AAAI'05: Proceedings of the 20th National Conference on Artificial Intelligence-Volume 2. Pittsburgh, Pennsylvania: AAAI Press, 2005: 590-595.

[245] BESNARD P, HUNTER A. Argumentation based on classical logic[M]//RAHWAN I, SIMARI G R. Argumentation in Artificial Intelligence. Boston, MA: Springer, 2009: 133-152.

[246] AMGOUD L, BODENSTAFF L, CAMINADA M, et al. Draft formal semantics for inference and decision-making[R]. ASPIC project: Deliverable D2.2, 2004.

[247] AMGOUD L, BODENSTAFF L, CAMINADA M, et al. Final review and report on formal argumentation system[R]. ASPIC project: Deliverable D2.6, 2006.

[248] POLLOCK J L. Cognitive Carpentry: A Blueprint for How to Build a Person[M]. Cambridge, MA: MIT Press, 1995.

[249] CAMINADA M, MODGIL S, OREN N. Preferences and unrestricted rebut[C]//Proceedings of Computational Models of Argument (COMMA2014). Amsterdam: IOS Press, 2014: 209-220.

[250] WU Y, PODLASZEWSKI M. Implementing crash-resistance and non-interference in logic-based argumentation[J]. Journal of Logic and Computation, 2015, 25(2): 303-333.

[251] HEYNINCK J, STRASSER C. Revisiting unrestricted rebut and preferences in structured argumentation[C]//IJCAI'17: Proceedings of the Twenty-Sixth International Joint Conference on Artificial Intelligence (IJCAI2017). Melbourne, Australia: [s.n.], 2017: 1088-1092.

[252] TONI F. A tutorial on assumption-based argumentation[J]. Argument and Computation, 2014, 5(1): 89-117.

[253] GARCIA A J, SIMARI G R. Defeasible logic programming: Delp-servers, contextual queries, and explanations for answers[J]. Argument and Computation, 2014, 5(1): 63-88.

[254] LIU X L, CHEN W W. Solid semantics and extension aggregation using quota rules under integrity constraints[C]//AAMAS'21: Proceedings of the 20th International Conference on Autonomous Agents and Multiagent Systems. [S.l.]: IFAAMAS, 2021: 1590-1592.

[255] GROSSI D, MODGIL S. On the graded acceptability of arguments in abstract and instantiated argumentation[J]. Artificial Intelligence, 2019, 275: 138-173.

[256] CHEN W W. Preservation of admissibility with rationality and feasibility constraints[C]//DASTANI M, DONG H M, VAN DER TORRE L. Logic and Argumentation: Third International Conference, CLAR 2020. Hangzhou, China, April 6-9, 2020, Proceedings. [S.l.]: Springer, 2020: 245-258.

[257] CAMINADA M, DUNNE P. Strong admissibility revisited: Theory and applications[J]. Argument and Computation, 2019, 10(3): 277-300.

[258] COSTE-MARQUIS S, DEVRED C, MARQUIS P. Constrained argumentation frameworks[C]//KR'06: Proceedings of the Tenth International Conference on Priciples of Knowledge Representation and Reasoning. [S.l.s.n.], 2006: 112-122.

[259] LEITE J, MARTINS J. Social abstract argumentation[C]//IJCAI'11: Proceedings of the Twenty-Second International Joint Conference on Artificial Intelligence. [S.l.: s.n.], 2011: 2287-2292.

[260] MATT P-A, TONI F. A game-theoretic measure of argument strength for abstract argumentation[C]//HOLLDÖBLER S, LUTZ C, WANSING H. Logics in Artificial Intelligence, 11th European Coference, JELIA 2008, Dresden,Germany, September/October 2008, Proceedings. [S.l.]: Springer, 2008: 285-297.

[261] GABBAY D M. Equational approach to argumentation networks[J]. Argument and Computation, 2012, 3(2-3): 87-142.

[262] JAKOBOVITS H, VERMEIR D. Robust semantics for argumentation frameworks[J]. Journal of Logic and Computation, 1999, 9(2): 215-261.

[263] WU Y N, CAMINADA M. A labelling-based justification status of arguments[J]. Studies in Logic, 2010, 3(4): 12-29.

[264] CAYROL C, LAGASQUIE-SCHIEX M C. Graduality in argumentation[J]. Journal of Artificial Intelligence Research, 2005, 23: 245-297.

[265] AMGOUD L, BEN-NAIM J. Ranking-based semantics for argumentation frameworks[C]//LIU W R, SUBRAHMANIAN V S, WIJSEN J. Scalable Uncertainty Management, 7th International Conference, SUM 2013, Washington, DC, USA, September 2013, Proceedings. Heidelberg: Springer, 2013: 134-147.

[266] BONZON E, DELOBELLE J, KONIECZNY S, et al. A comparative study of ranking-based semantics for abstract argumentation[C]//AAA'16: Thirtieth AAAI Conference on Artificial Intelligence. [S.l.: s.n.], 2016: 914-920.

[267] AMGOUD L, BEN-NAIM J, DODER D, et al. Ranking arguments with ompensation-based semantics[C]//Fifteenth International Conference on the Principles of Knowledge Representation and Reasoning. [S.l.: s.n.], 2016: 12-21.

[268] CHEN W W, ENDRISS U. Aggregating alternative extensions of abstract argumentation frameworks: Preservation results for quota rules.[C]//Proceedings of the 7th International Conference on Computational Models of Argument(COMMA)[S.l.: s.n.], 2018: 425-436.

[269] ZENG Z W, FAN X Y, MIAO C Y, et al. Context-based and explainable decision making with argumentation[C]//AAMAS'18: Proceedings of the 17th International Conference on Autonomous Agents and Multiagent Systems (AAMAS 2018): volume 2. Stockholm, Sweden: International Foundation for Autonomous Agents and Multiagent Systems (IFAAMAS), 2018: 1114-1122.

[270] TEZE J C, GOTTIFREDI S, GARCÍA A J, et al. Improving argumentation-based recommender systems through context-adaptable selection criteria[J]. Expert Systems with Applications, 2015, 42(21): 8243-8258.

[271] TEZE J C L, GODOL, SIMARIGR. An argumentative recommendation approach based on contextual aspects[C]//CIUCCI D, PASI G, VANTAGGI B. Scalable Uncertainty Management. 12th International Conference, SUM 2018, Milan, Italy, October 3-5, 2018, Proceedings. Cham: Springer Nature Switzerland AG, 2018: 405-412.

[272] TOSATTO S C, BOELLA G, VAN DER TORRE L, et al. Abstract normative systems: Semantics and proof theory[C]//KR'12: Proceedings of the Thirteenth International Conference on Principles of Knowledge Representation and Reasoning, 2012: 358-368.

[273] TOSATTO S C, BOELLA G, VAN DER TORRE L, et al. Visualizing normative systems: An abstract approach[C]//ÅGOTNES T, BROERSEN J, ELGESEM D. Deontic Logic in Computer Science. 11th International Conference, DEON 2012, Bergen, Norway, July 16-18, 2012, Proceedings. Berlin: Springer, 2012: 16-30.

[274] LIAO B S, OREN N, VAN DER TORRE L, et al. Prioritized norms and defaults in formal argumentation[C]// Proceedings of the 13th International Conference on Deontic Logic and Normative Systems (DEON2016).Bayreuth, Germany: [s.n.], 2016: 139-154.

[275] LIAO B S, OREN N, VAN DER TORRE L, et al. Prioritized norms in formal argumentation[J]. Journal of Logic and Computation, 2019, 29(2): 215-240.

[276] LIAO B S, SLAVKOVIK M, VAN DER TORRE L W N. Building jiminy cricket: An architecture for moral agreements among stakeholders[C]//AIES'19: Proceedings of the 2019 AAAI/ACM Conference on AI, Ethics, and Society, AIES 2019. Honolulu, HI, USA: [s.n.], 2019: 147-153.

[277] BARONI P, GIACOMIN M. Semantics of abstract argument systems[M]//Rahwan I, Simari G R. Argumentation in Artificial Intelligence. Boston, MA: Springer, 2009: 25-44.

后 记

本书内容是教育部人文社会科学重点研究基地重大项目"基于符号化学习的推理系统研究"(18JJD720005)的结项成果。该项目由鞠实儿负责，研究工作从 2018 年至 2021 年，历时 3 年。本书的主要作者是鞠实儿教授、鲜于波副教授和崔建英副教授。课题的组织统筹和本书的统稿工作由崔建英协助鞠实儿完成。各部分具体分工如下。

序言：鞠实儿、鲜于波、崔建英

第一篇引言：鞠实儿

第 1 章：鞠实儿

第 2 章：麦劲恒、鞠实儿

第 3 章：刘文、何杨、鞠实儿

第二篇引言：鲜于波

第 4 章：鲜于波

第 5 章：张有枝、鲜于波

第 6 章：陈晓艺、鲜于波

第 7 章：黄殷雅、鲜于波

第 8 章：黄文冠

第 9 章：言佳润、鲜于波

第三篇引言：崔建英

第 10 章：崔建英

第 11 章：余喆

第 12 章：刘小龙、陈伟伟

第 13 章：余喆

最后，我们感谢为本书撰写提出宝贵意见的文学锋教授，感谢为本书制作插图、参与排版校对的刘子华同学，感谢为本书出版付出积极努力的赖永红老师和刘惠兴老师。特别地，感谢中山大学逻辑与认知研究所和科学出版社为本书的出版提供的支持和帮助。

鞠实儿　鲜于波　崔建英